माध्यमिक रेखागणित

माध्यमिक रेखागणित

(हाईस्कूल कक्षाओं के लिए)

डॉ. ब्रजमोहन

4695, 21-ए, दरियागंज, नयी दिल्ली 110 002

शाखा

अशोक राजपथ, पटना 800 004

फ़ोनः +91 11 23273167 फ़ैक्सः +91 11 23275710

www.vaniprakashan.in
vaniprakashan@gmail.com

MADHYAMIK REKHAGANIT
Edited by Dr. Brijmohan

ISBN : 978-93-87409-75-0
Maths

संस्करण 2018

मूल्य : ₹ 450

सिटी प्रेस, दिल्ली-110 095 में मुद्रित

वाणी प्रकाशन का लोगो मक़बूल फ़िदा हुसेन की कूची से

अवैज्ञानिक है; दूसरी पद्धति में यह कठिनाई पड़ेगी कि कॉलेज की पुस्तकों में यह लोग कौन-सी पद्धति अपनायेंगे ? क्या लम्बाइयों और गुणांकों के लिये बड़े अक्षरों **का, खा, गा,......**का प्रयोग कर सकेंगे जिनका प्रयोग प्रत्येक पुस्तक में हजारों स्थलों पर होगा ? कदापि नहीं। उक्त पद्धति का परिणाम यह निकलेगा कि ऐसे लेखक स्कूल की पुस्तकों में संकेत-लिपि (२) का प्रयोग करेंगे और उच्च गणित की पुस्तकों में संकेतलिपि (१) का। और संकेत-लिपि की यही खिचड़ी हमें नापसन्द है। इसलिये हमने उस पद्धति को अपनाया है जो हमारे विचार में अधिक तर्क संगत है और जिसे हम ऊँची से ऊँची पुस्तक तक में निभा सकते हैं।

यदि बिन्दुओं को **क, ख, ग,......**से निरूपित किया जाय तो एक कठिनाई और भी पड़ेगी। मान लीजिये कि हमें p . A B लिखना है जिसका अर्थ है p × रेखा A B की लम्बाई। तो उक्त पद्धति में हम लिखेंगे **प . क ख**। इसका अर्थ निकलेगा **प × क × ख** अथवा **प ×**(**क ख** की लम्बाई)। ऐसे भ्रम बीजगणित और नियामक ज्यामिति में प्रति दिन पड़ा करेंगे। किन्तु हमारी पद्धति में इसे इस प्रकार लिखेंगे: **प . का खा**। इसमें भ्रम की तनिक भी गुंजाइश नहीं है।

प्रस्तुत पुस्तक के प्रायः समस्त पारिभाषिक शब्द केन्द्रीय सरकार की निम्नलिखित आधिकारिक शब्दावली से लिये गये हैं :—

Technical Terms in Hindi for Secondary Schools,
Ministry of Education,
Government of India, 1955.

—लेखक

विषय-सूची

माध्यमिक रेखागणित

अध्याय १

विषय प्रवेश

(१) रेखायें [Lines]

बिन्दु (Point) उसे कहते हैं जिसका स्थान नियत हो, पर जिसमें **परिमाण** (Magnitude) न हो। बिन्दु में लम्बाई, चौड़ाई अथवा मोटाई नहीं होती। इसलिये बिन्दु में कोई आयाम (Dimension) नहीं होता।

बिन्दु का अस्तित्व काल्पनिक है। हम जो बिन्दु कापी पर पेन्सिल से बनाते हैं वास्तव में बिन्दु नहीं होता। चाहे हमारी पेन्सिल कितनी ही बारीक हो और हम कितना ही सूक्ष्म बिन्दु कापी पर बनायें, उसमें कुछ न कुछ लम्बाई चौड़ाई अवश्य होगी। किन्तु हम इन 'बिन्दुओं' को बिन्दु मान लेते हैं; क्योंकि हमारी परिभाषा के अनुसार एक आदर्श बिन्दु बनाना असम्भव है जिसमें लम्बाई चौड़ाई, मोटाई बिल्कुल न हो।

रेखा (Line) उसे कहते हैं, जिसमें लम्बाई हो पर चौड़ाई और मोटाई न हो। रेखा में एक आयाम होता है।

वास्तविक रेखा का बनाना भी असम्भव है। हम पेन्सिल से कापी पर कितनी ही बारीक 'रेखा' क्यों न बनायें उसमें कुछ न कुछ चौड़ाई अवश्य होगी। हम इन पेन्सिल से बनी रेखाओं को रेखा मान लेते हैं; क्योंकि ऐसी रेखा बनाना, जिसमें चौड़ाई और मोटाई हो ही नहीं, असम्भव है।

रेखायें बिन्दुओं से बनती हैं और रेखाओं के सिरे बिन्दु होते हैं। बिन्दु को सरकाने से रेखा बनती है। यदि पेन्सिल की नोक को कापी पर चलाओगे तो उससे रेखा बनेगी।

जो रेखायें एक दूसरे को काटती हैं प्रतिच्छेदक रेखायें (Intersecting Lines) कहलाती हैं और जिस बिन्दु पर काटती हैं, वह उन रेखाओं का कटान बिन्दु (Point of intersection) कहलाता है ।

दो बिन्दुओं के बीच के सबसे छोटे मार्ग को सरल रेखा या ऋजु रेखा (Straight Line) कहते हैं ।

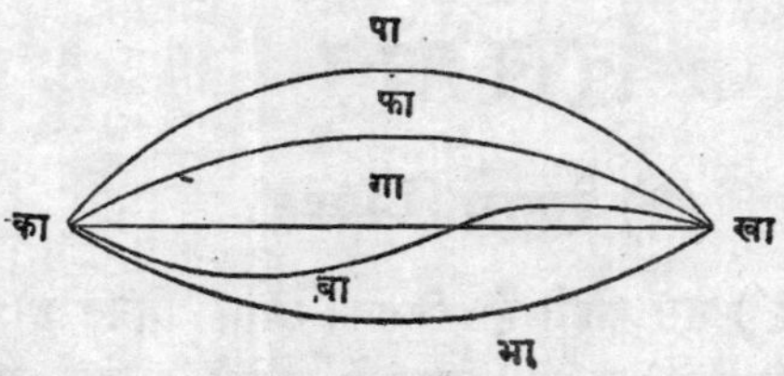

चित्र में का से खा तक जाने के लिए कई मार्ग दिए हैं; का पा खा, का फा खा, का गा खा, का बा खा, का भा खा...इनमें सबसे छोटा मार्ग का गा खा एक ऋजु रेखा है । अन्य सब मार्ग वक्र रेखायें (Curved Lines) कहलाते हैं । दो बिन्दुओं के बीच वक्र रेखायें असंख्य होती हैं परन्तु ऋजु रेखा केवल एक होती है ।

एक रेखा ऋजु है या वक्र, इस बात की परीक्षा इस प्रकार हो सकती है—एक डोरा लो और उसके दोनों सिरे दी हुई रेखा के सिरों पर रखो । अब डोरे को दोनों ओर से कस कर खींचो । यदि डोरा बराबर रेखा से मिला रहे तो रेखा ऋजु है, जैसा इस चित्र में दिया है ।

यदि डोरा रेखा से अलग हो जाय तो वक्र है, जैसा इस चित्र में दिया है ।

ऋजु रेखा का एक लक्षण और भी है । इसके दोनों सिरे पकड़कर घुमाने से

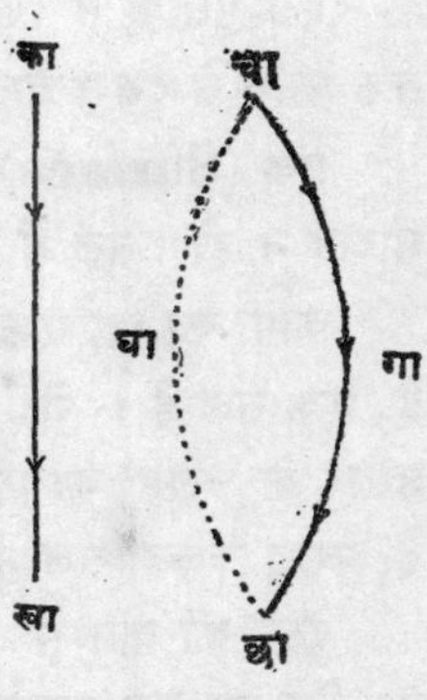

यह स्थिर रहती है। का खा घुमाने से भी इसी स्थिति में रहेगी। परन्तु रेखा चा गा छा सिरे पकड़कर घुमाने से चा घा छा की स्थिति में आ जायेगी। इसलिए का खा ऋजु रेखा और चा गा छा वक्र रेखा है।

यदि हम का से खा की ओर चलें और अपनी गति की दिशा तीर से दिखायें तो का से खा तक सदैव एक ही दिशा रहेगी। परन्तु वक्र रेखा चा छा पर दिशा सदैव बदलती रहेगी। जो दिशा चा से गा तक है वह गा से छा तक नहीं है।

हमको ऋजु रेखा के विषय में चार बातें ज्ञात हुई हैं:—

(१) ऋजु रेखा दो बिन्दुओं के बीच का सबसे छोटा मार्ग है।

(२) दो बिन्दुओं के बीच में केवल एक ही ऋजु रेखा खिंच सकती है। वक्र रेखायें अनेक खिंच सकती हैं।

(३) यदि किसी ऋजुरेखा के सिरे को पकड़कर घुमायें तो रेखा स्थिर रहेगी। वक्र रेखा की स्थिति बदल जावेगी।

(४) ऋजु रेखा एक ही दिशा प्रकट करती है।

कभी-कभी तो 'ऋजु रेखा का खा' से हमारा तात्पर्य उस रेखा से होता है जो ठीक का तथा खा के बीच में हो। इस रेखा का परिणाम स्थिर है। इसकी लम्बाई

बढ़ाई नहीं जा सकती। इस रेखा का कोई बिन्दु का से बाईं ओर अथवा खा से दाईं ओर नहीं है। ऐसी रेखा को **परिमित या सान्त ऋजु रेखा** (Finite straight line) कहते हैं।

कभी हमारा तात्पर्य 'ऋजु रेखा का खा' से उस ऋजुरेखा से होता है जिसका 'ऋजु रेखा का खा' केवल एक भाग है। इस रेखा का कोई निश्चित परिणाम नहीं है। यह रेखा दोनों ओर जितनी दूर चाहे बढ़ाई जा सकती है।

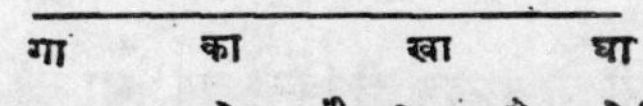

इस रेखा में कोई बिन्दु गा, का से बाईं ओर और कोई बिन्दु घा, खा से दाईं ओर ले सकते हैं। ऐसी रेखा को **अनन्त ऋजु रेखा** (Infinite straight line) कहते हैं।

इस पुस्तक में रेखा से हमारा तात्पर्य सदैव 'ऋजु रेखा' से ही होगा, जब तक प्रसंग से दूसरा तात्पर्य न निकलता हो।

तल (Surface) उसे कहते हैं जिसमें लम्बाई और चौड़ाई हो, परन्तु मोटाई न हो। तल में दो **आयाम** होते हैं।

कापी का पृष्ठ एक तल है। नदी का ऊपरी 'स्तर' जो हमें दिखाई देता है, एक तल है। गेंद का ऊपरी भाग जिसे हम छू सकते हैं, एक तल है। उस्तरे के 'ब्लेड' का एक ओर का भाग जिस पर हम हाथ फेर सकते हैं, तल है; परन्तु 'ब्लेड' तल नहीं है क्योंकि उसमें मोटाई भी है।

रेखा की गति से तल बनता है। यदि मेज पर पेन्सिल लुढ़काई जाय तो वह मेज का तल बनायेगी। तल रेखाओं से घिरे होते हैं और तल एक दूसरे को रेखाओं पर काटते हैं। कापी के दो पृष्ठ एक दूसरे को ऋजु रेखा पर काटते हैं।

रेखायें और तल एक दूसरे को बिन्दुओं पर काटते हैं।

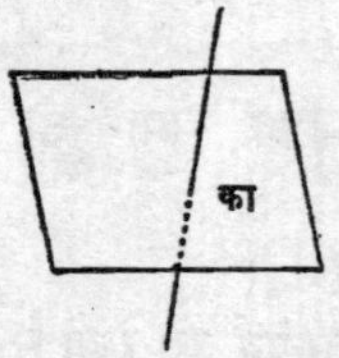

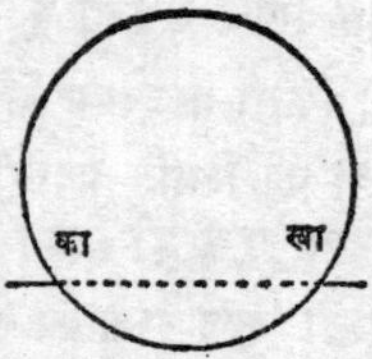

समतल (Plane) उस तल को कहते हैं जो चौरस हो। इसकी पहिचान यह है कि यदि इस तल में कोई दो बिन्दु एक ऋजुरेखा से जोड़ें तो सारी रेखा उसी तल में रहेगी। यदि तुम अपनी कापी पर कोई दो बिन्दु का, खा लेकर एक ऋजु रेखा से मिलाओ तो रेखा आदि से अन्त तक कापी पर ही रहेगी।

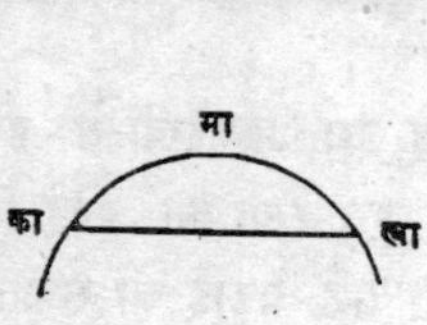

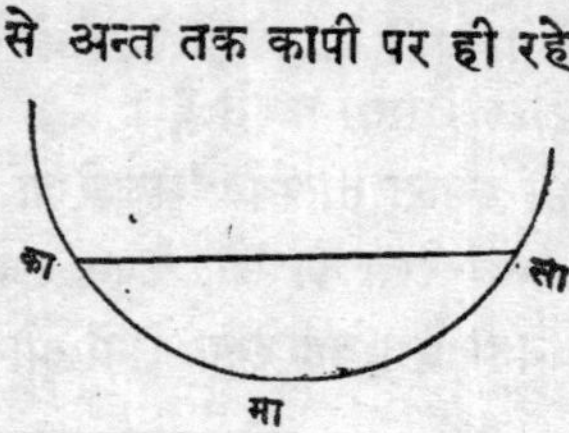

परन्तु यदि तुम टोकरी के अन्दर दो बिन्दु का, खा लो तो ऋजु रेखा का खा टोकरी के तल का मा खा पर नहीं रहेगी। इसलिए टोकरी का आन्तरिक तल समतल नहीं है। ऐसे तल को **विषम तल** (Irregular surface) कहते हैं।

उदाहरणों से स्पष्ट है कि समतल वह तल है जो बिल्कुल चपटा हो, ऊपर उठा हुआ या अन्दर धसा हुआ न हो।

जिस आकृति की सब रेखायें और बिन्दु एक ही समतल पर हों, उसे **समतल आकृति** (Plane figure) कहते हैं।

इस पुस्तक में यह समझना चाहिए कि सब बिन्दु और सब रेखायें एक ही समतल पर स्थित हैं जब तक स्पष्टतः इसके विरुद्ध न दिया हो।

ठोस (Solid) उसे कहते हैं, जिसमें लम्बाई, चौड़ाई और मोटाई हो। ठोस में तीन आयाम होते हैं। कुर्सी, मेज, गेंद, पेन्सिल, कागज, सब ठोस हैं।

ठोस तलों से घिरे होते हैं और एक दूसरे को तलों पर काटते हैं।

(२) कोण [Angles]

जब दो रेखायें क बिन्दु पर मिलती हैं तब कोना या **कोण** (Angle) बनाती हैं। बिन्दु को कोण का शीर्ष (Vertex) कहते हैं और रेखाओं को कोण की बाहुयें (Arms)।

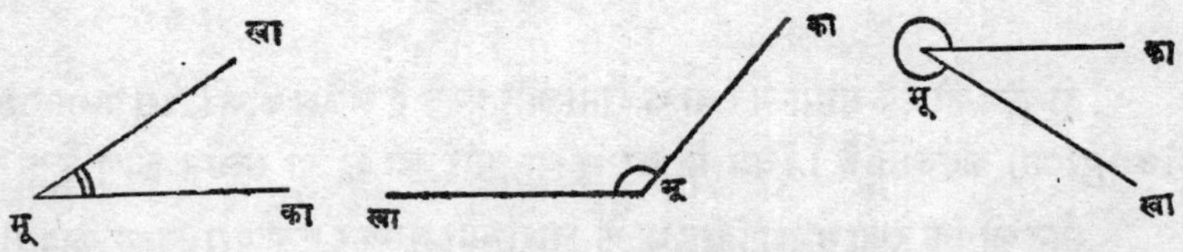

इस कोण का नाम **का मू खा** है। शीर्ष मू सदैव शेष दोनों अक्षरों **का खा** के बीच में रहता है। इस कोण को केवल कोण मू भी कह सकते हैं।

मान लो कि मू का एक रेखा है जिसका बिन्दु मू स्थिर है और रेखा मू का घूमती है। उसकी भिन्न-भिन्न स्थितियाँ संलग्न चित्र में दी हैं।

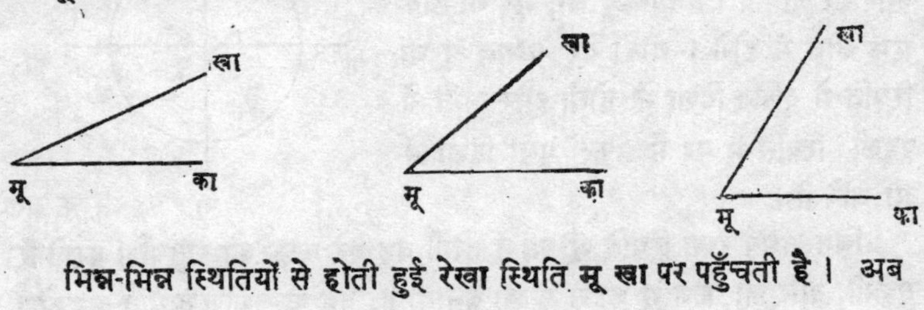

भिन्न-भिन्न स्थितियों से होती हुई रेखा स्थिति मू खा पर पहुँचती है। अब

रेखा मू खा के झुकाव का परिमाण ही कोण का मू खा का नाप है ।

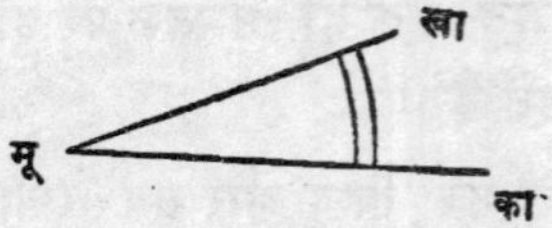

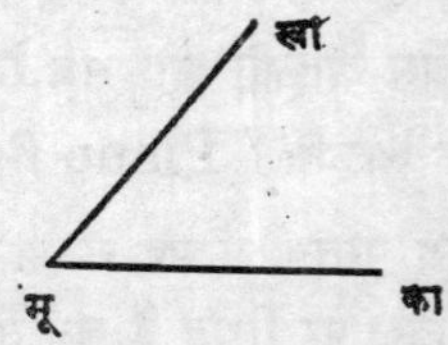

यदि हम रेखायें मू का और मू खा छोटी या अधिक लम्बी लेते, तो भी कोण का मू खा बनाने के लिए रेखा मू खा को उतना ही घूमना पड़ता जितना अब घूमना पड़ता है । अतएव स्पष्ट है कि कोण का नाप बाहुओं की लम्बाई पर निर्भर नहीं है । केवल झुकाव या दिशान्तर पर ही निर्भर हैं ।

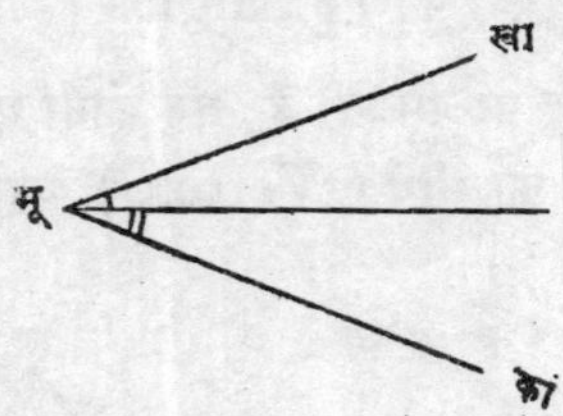

दो कोण जो एक सामान्य रेखा के दोनों ओर बनते हैं **संलग्न कोण** (Adjacent angles) कहलाते हैं । चित्र में का मू या और खा मू या संलग्न कोण हैं ।

मान लो कि रेखा मू का बिन्दु मू के चारों ओर घूमकर एक पूरा चक्कर लगाती है और पुनः अपनी पहली स्थिति में लौट आती है । यदि आरम्भ में रेखा मू का की दिशा मू से पूर्व की ओर है तो कुछ देर पीछे मू खा स्थिति में उत्तर की ओर हो जायेगी । कुछ देर पश्चात् मू गा स्थिति में पश्चिम की ओर हो जायगी । तब बिन्दु का, मू, गा ठीक एक सीध में होंगे । थोड़ी देर पश्चात् मू घा स्थिति में दक्षिण दिशा में होगी और अन्त में पहली स्थिति मू का में फिर पूर्व दिशा में आ जायेगी ।

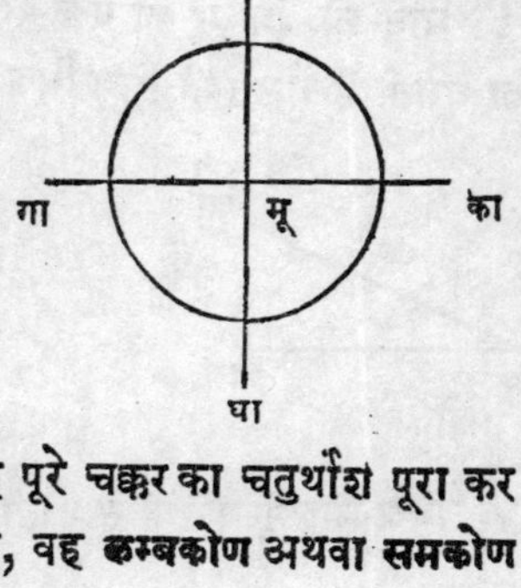

जिस समय रेखा स्थिति मू खा में होगी वह पूरे चक्कर का चतुर्थांश पूरा कर चुकेगी, और जो कोण मू का से मू खा बनाती है, वह **लम्बकोण अथवा समकोण**

(**Right angle**) कहलाता है। अतः कोण का मू खा = १ लम्बकोण। स्पष्ट है कि कोण खा मू गा, कोण गा मू का, कोण घा मू का सब लम्बकोण है।

जब रेखा स्थिति मू गा में आ जाती है, अर्थात् जब का, मू, गा, एक सीध में हो जाते है तब कोण का मू गा ऋजुकोण (Straight angle) कहलाता है।

स्पष्ट है कि १ ऋजुकोण = २ लम्बकोण

जब दो रेखायें परस्पर लम्बकोण बनाती हैं तब एक दूसरे पर लम्ब (Perpendicular) कहलाती हैं।

प्रत्येक लम्बकोण के ९० भाग होते हैं। प्रत्येक भाग को अंश (Degree) कहते हैं। प्रत्येक अंश के ६० भाग होते हैं जिन्हें मिनट (Minutes) कहते हैं। प्रत्येक मिनट के $\frac{१}{६०}$ वें भाग को सेकिंड (Seconds) कहते हैं, अतः

६० सेकिंड	=	१ मिनट
६० मिनट	=	१ अंश
९० अंश	=	१ लम्बकोण
१८० अंश	=	२ लम्बकोण = १ ऋजुकोण
३६० अंश	=	४ लम्बकोण = २ ऋजुकोण

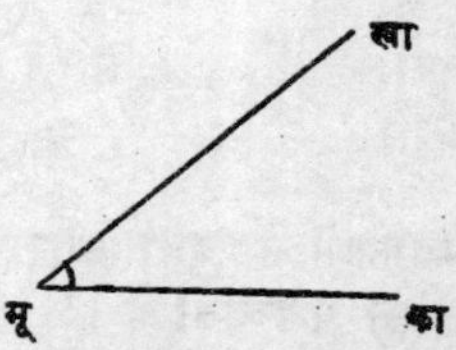

एक कोण जो एक लम्बकोण से छोटा हो, न्यूनकोण (Acute angle) कहलाता है।

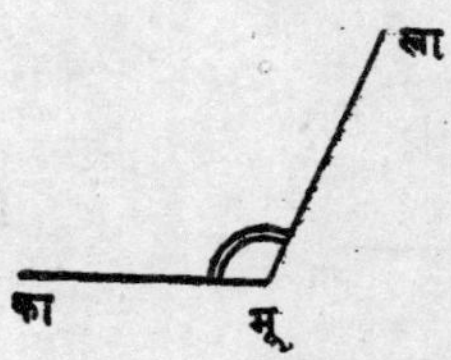

जो कोण एक लम्बकोण से बड़ा और २ लम्बकोणों से छोटा हो, अधिककोण (Obtuse angle) कहलाता है।

जब हम कहते हैं कि रेखा **का खा**, रेखा **गा घा** पर खड़ी है, तो उसका तात्पर्य यह नहीं होता कि **का खा**, **गा घा** पर लम्ब है। तात्पर्य यह होता है कि **का खा**, **गा घा** के एक ही ओर से उसको मिलाती है।

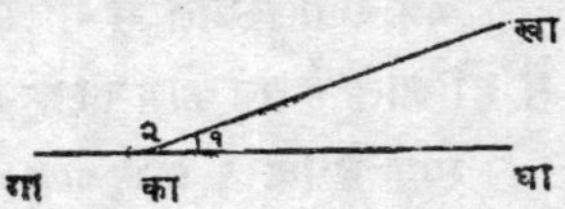

ऐसी स्थिति में दो रेखाओं के बीच दो कोण बनते हैं जिनमें एक अधिकतर न्यूनकोण होता है और दूसरा अधिककोण।

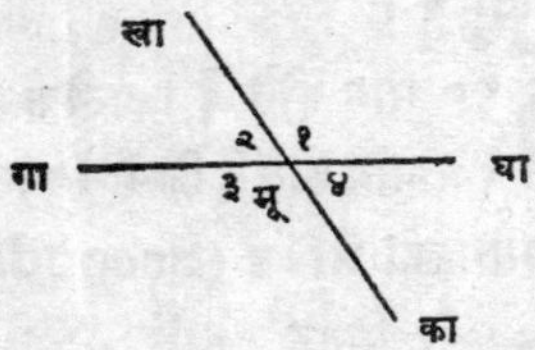

प्रायः जब दो रेखायें एक दूसरे को काटती हैं तब चार कोण बनते हैं। उनमें २ न्यूनकोण और २ अधिककोण होते हैं।

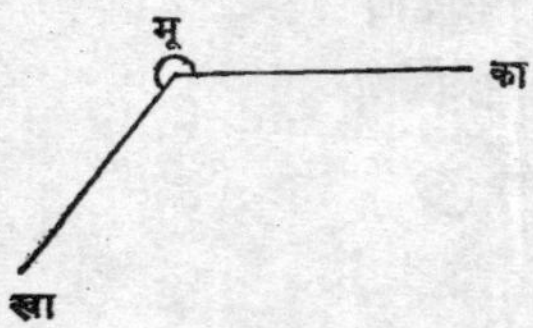

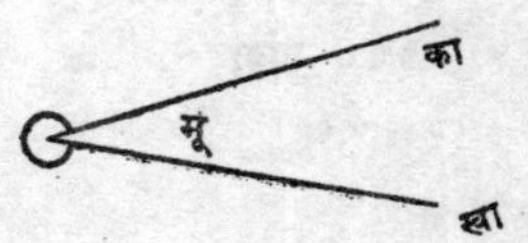

वह कोण जो दो लम्बकोणों से बड़ा और ४ लम्बकोणों से छोटा हो, **वृहत्कोण** (Reflex angle) कहलाता है।

जब दो रेखाएँ एक बिन्दु पर मिलती हैं तो बिन्दु पर दो कोण बनते हैं, जिनमें से एक न्यून या अधिककोण होता है और दूसरा वृहत्कोण। यदि प्रसंग में इसके

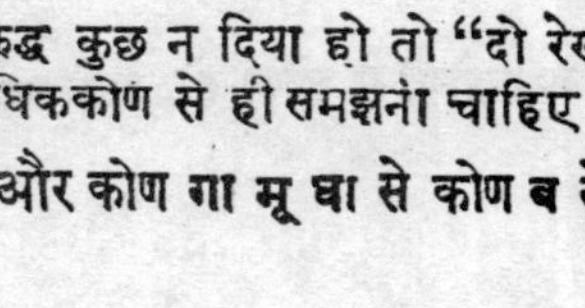

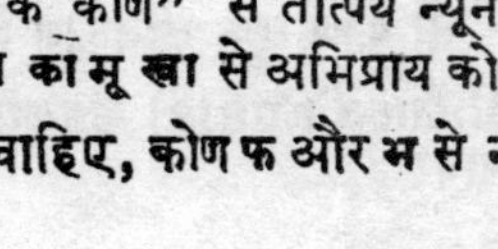

विरुद्ध कुछ न दिया हो तो "दो रेखाओं के बीच के कोण" से तात्पर्य न्यून या अधिककोण से ही समझना चाहिए। चित्र में कोण **का मू खा** से अभिप्राय कोण **प** से और कोण **गा मू घा** से कोण **ब** से ही समझना चाहिए, कोण **फ** और **भ** से नहीं

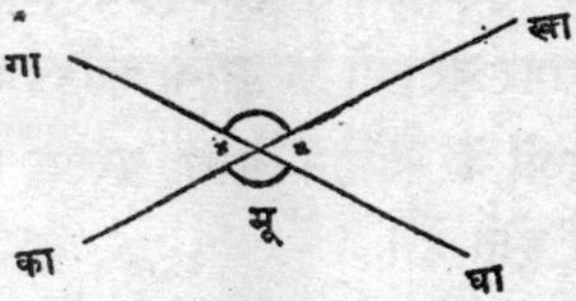

जब दो रेखायें एक दूसरे को काटें तो आमने-सामने के कोण सम्मुख शीर्ष कोण (Vertically opposite angles) कहलाते हैं। संलग्न चित्र का मू घा और गा मू खा सम्मुख शीर्षकोण हैं। का मू गा, खा मू घा भी सम्मुख शीर्ष कोण हैं।

(३) प्राथमिक सिद्धान्त [First Principles]

जब हम रेखागणित सम्बन्धी किसी बात को तर्क से सिद्ध करते हैं, तो उसे **प्रमेय** (Theorem) कहते हैं। जैसे हम सिद्ध करें कि "जब एक रेखा दूसरी रेखा पर खड़ी होती है तो संलग्न कोणों का योग २ लम्ब कोण होता है"। यह एक प्रमेय कहलायेगा।

रेखागणित में यथासंभव हम प्रत्येक प्रमेय तर्क से सिद्ध करते हैं। परन्तु कुछ बातें इतनी सरल होती हैं कि उसका प्रमाण दिया ही नहीं जा सकता। ऐसी बातें बिना प्रमाण के ही मान ली जाती हैं। यदि मोहन और सोहन के पास बराबर पैसे हैं और दोनों के दो-दो पैसे व्यय हो जायें, तो दोनों के पास शेष पैसे बराबर ही रहेंगे। यह बात इतनी प्रत्यक्ष है कि इसके लिये प्रमाण की आवश्यकता नहीं।

वह सरल सत्य जो बिना प्रमाण के ही मान लिया जाता है, **स्वयंतथ्य** (Axiom) कहलाता है।

व्यापक स्वयंतथ्य (General Axioms)

(१) जो वस्तुएँ एक ही वस्तु के बराबर हों, परस्पर बराबर होती हैं।

(२) यदि बराबर वस्तुओं में बराबर वस्तुएँ जोड़ दी जायँ, तो योगफल बराबर होंगे।

(३) यदि बराबर वस्तुओं में से बराबर वस्तुयें निकाल लें, तो शेषफल बराबर होंगे।

(४) यदि बराबर संख्याओं से बराबर वस्तुओं को गुणा करें तो फल बराबर होंगे, जैसे—बराबर वस्तुओं के दुगुने बराबर होते हैं।

(५) बराबर वस्तुओं के समान भाग परस्पर बराबर होते हैं। बराबर वस्तुओं के आधे बराबर होते हैं।

(६) यदि एक वस्तु दूसरी से बड़ी है और दोनों में बराबर वस्तुयें जोड़ी जायँ, तो बड़ी वस्तु वाला योगफल दूसरे योगफल से बड़ा होगा।

(७) यदि एक वस्तु दूसरे से बड़ी है और दोनों में से बराबर वस्तुयें निकाल लें, तो बड़ी वस्तु का शेष दूसरे शेष से बड़ा होगा।

(८) कोई भी वस्तु अपने सब अंशों के योग के बराबर होती है।

(९) कोई भी वस्तु अपने किसी भी अंश से बड़ी होती है।

ज्यामितीय स्वयंतथ्य (Geometrical Axioms)

(१०) यदि दो वस्तुयें परस्पर बराबर हैं, तो एक को उठा कर दूसरी पर इस प्रकार रख सकते हैं कि वे एक दूसरे को ढक लें।

यदि दो वस्तुयें ऐसी हैं कि एक दूसरे को पूर्णतया ढक लेती हैं, तो वे सब प्रकार से बराबर होंगी। एक वस्तु को दूसरी पर उठाकर रखने की क्रिया को **अध्यारोपन** (Superposition) कहते हैं।

(११) दो ऋजु रेखायें कोई स्थान नहीं घेर सकती। यदि दो रेखायें कोई स्थान घेर लेती हैं, तो उनमें से कम से कम एक वक्र होगी।

इस स्वयंतथ्य को इस प्रकार भी कह सकते हैं कि यदि ऋजु रेखाओं पर दो बिन्दु सामान्य हों, तो दोनों ऋजु रेखायें एक दूसरे से भिन्न नहीं हो सकती। दोनों एक ही ऋजु रेखा होंगी। अर्थात् जैसा हम पहले कह चुके हैं, दो बिन्दुओं के बीच एक ही ऋजु रेखा खिंच सकती है।

(१२) यदि किसी विशेष क्रिया से एक ही आकृति या चित्र बन सके, तो उस क्रिया से जितनी भी आकृतियाँ या चित्र बनाये जायँ सब आपस में बराबर होंगे। अर्थात् एक आकृति या चित्र को बिना उसका कोई गुण नष्ट किए दूसरे स्थान पर रख सकते हैं।

(१३) सब लम्बकोण बराबर होते हैं।

जब हम रेखागणित सम्बन्धी किसी क्रिया की विधि निकालें, तो उसे निर्मेय (Problem) कहते हैं।

जैसे—"हम किसी परिमित रेखा का मध्यबिन्दु निकालने की क्रिया" को निर्मेय कहेंगे।

प्रमेय और निर्मेय दोनों को **साध्य** (Proposition) कहते हैं।

उपसाध्य (Corollary) उस परिणाम को कहते हैं, जो साध्य से तुरन्त निकाला जा सकता है। उपसाध्य भी दो प्रकार के होते हैं—**उपप्रमेय** और **उपनिर्मेय**।

साध्य के चार भाग होते हैं:—

पहला भाग **साधारण प्रतिज्ञा** (General Enunciation) कहलाता है। इसमें साध्य का आशय व्यापक शब्दों में बतलाया जाता है। यह भाग बतलाता है कि क्या दिया है और क्या सिद्ध करना है या बनाना है।

प्रमेय की साधारण प्रतिज्ञा के पहले भाग को **परिकल्पना** (Hypothesis) और दूसरे भाग को **परिणाम** (Conclusion) कहते हैं। जैसे एक प्रमेय की साधारण प्रतिज्ञा है—"जब दो रेखायें एक दूसरे को एक बिन्दु पर काटती हैं तो सम्मुख शीर्ष बराबर होते हैं।" इस प्रतिज्ञा में परिकल्पना है "दो दी हुई रेखायें" और परिणाम है "सम्मुख शीर्ष कोण बराबर होते हैं।"

निर्मेय की साधारण प्रतिज्ञा में पहले भाग को **न्यास** (Data) और दूसरे को **करणीय** कहते हैं। जैसे एक निर्मेय की साधारण प्रतिज्ञा है—

दी हुई ऋजु रेखा का अर्धन करना। इसमें न्यास है "एक ऋजु रेखा" और करणीय है "अर्धन करना"।

साध्य के दूसरे भाग को **विशेष प्रतिज्ञा** (Particular Enunciation) कहते हैं। इसमें साध्य का अभिप्राय किसी चित्र को खींचकर उसके बिंदुओं और रेखाओं के संबन्ध में बतलाया जाता है। जैसे उपरिलिखित प्रमेय की विशेष प्रतिज्ञा होगी—मान लो कि रेखायें का खा और गा घा बिन्दु मू पर एक दूसरे को काटती है, तो सिद्ध करना है कि—

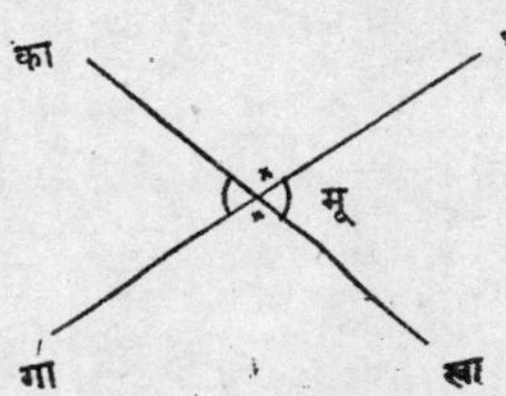

२

कोण का मू गा = सम्मुख शीर्षकोण खा मू घा,
कोण का मू घा = ” ” खा मू गा।

साध्य के लिए कुछ बिन्दुओं और रेखाओं का बनाना बहुधा आवश्यक होता है। इस क्रिया को रचना (Construction) कहते हैं। यह साध्य का तीसरा भाग होता है।

साध्य का अन्तिम भाग उपपत्ति (Proof) कहलाता है। इस भाग में यदि प्रमेय हो तो उसका प्रमाण दिया जाता है। यदि निर्मेय हो तो इस बात का प्रमाण दिया जाता है कि वास्तव में निर्माण की रीति ठीक है।

संकेत और संक्षिप्तिकायें (Symbols and Abbreviations)

∵ “चूँकि” के लिये

∴ “इसलिए” के लिए

= ‘के बराबर है’ या ‘के बराबर हैं’ के लिए

≡ ‘सर्वांगसम है’ के लिए

|| ‘समान्तर’ (Parallel) के लिए

> ‘बड़ा है…से’ के लिए

< ‘छोटा है…से’ के लिए

∼ अन्तर (Difference) का चिह्न

∠ ‘कोण’ के लिए

⊥ ‘लम्ब’ के लिए

△ ‘त्रिभुज’ (Triangle) के लिए

▱ ‘सामान्तर ‘चतुर्भुज’ (parallelogram)

○ ‘वृत्त’ (Circle) के लिए

° ‘अंश’ के लिए

अध्याय २

एक बिन्दु पर बने कोण [Angles at a point]

प्रमेय १

यदि एक ऋजु रेखा दूसरी ऋजु रेखा पर खड़ी हो, तो इस प्रकार बने संलग्न कोणों का योग दो लम्बकोण होगा।

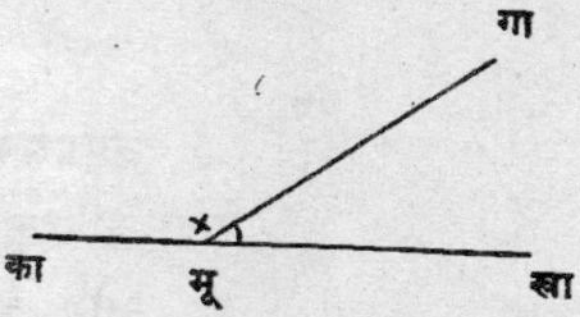

कल्पना करो कि ऋजु रेखा का खा पर ऋजु रेखा मू गा खड़ी है और इस प्रकार संलग्न कोण गा मू का और गा मू खा बनते हैं।

तो सिद्ध करना है कि—

$$\angle \text{गा मू का} + \angle \text{गा मू खा} = \text{२ लम्बकोण।}$$

उपपत्ति : का खा एक ऋजु रेखा है जिसमें मू एक बिन्दु है

$\therefore$ $\angle$का मू खा = १ ऋजु कोण

परन्तु $\angle$गा मू का + $\angle$गा मू खा = $\angle$ का मू खा

$\therefore$ $\angle$गा मू का + $\angle$गा मू खा = १ ऋजुकोण

= २ लम्बकोण

उपप्रमेय १—यदि एक ऋजु रेखा दूसरी ऋजु रेखा पर खड़ी हो और इस प्रकार बने संलग्न कोण बराबर हों, तो प्रत्येक कोण एक लम्ब कोण होगा।

परिभाषा १ : यदि किसी कोण की एक बाहु को बढ़ायें और इस प्रकार बने संलग्न कोणों के अर्धक खींचें, तो उनको क्रमानुसार अन्तरार्धक (Internal Bisector) और बाह्यार्धक (External Bisector) कहते हैं।

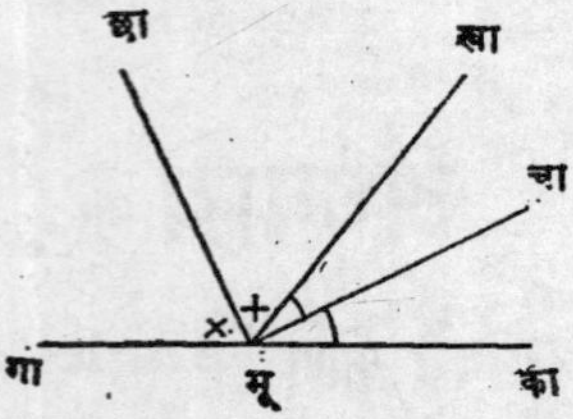

उपप्रमेय २—किसी कोण के अन्तरार्धक और बाह्यार्धक एक दूसरे पर लम्ब होते हैं।

उपप्रमेय ३—दो प्रतिच्छेदक रेखाओं के कटान-बिन्दु पर बने चारों कोणों का योग ४ लम्बकोण होता है।

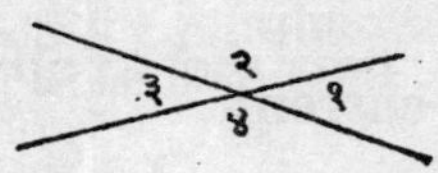

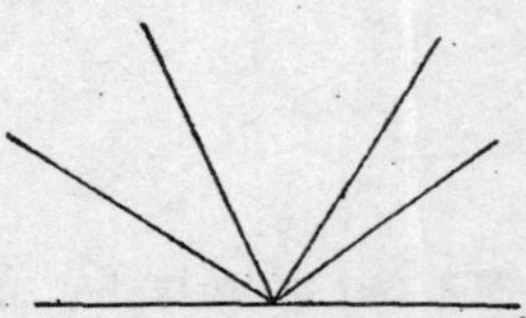

उपप्रमेय ४—यदि किसी ऋजु रेखा के एक बिन्दु में से उसके एक ही ओर कई ऋजु रेखायें खींची जायँ, तो इस प्रकार बने संलग्न कोणों का योग दो लम्बकोण होगा।

उपप्रमेय ५—यदि एक बिन्दु पर कई ऋजु रेखायें मिलें, तो इस प्रकार बने सब कोणों का योग ४ लम्बकोण होगा।

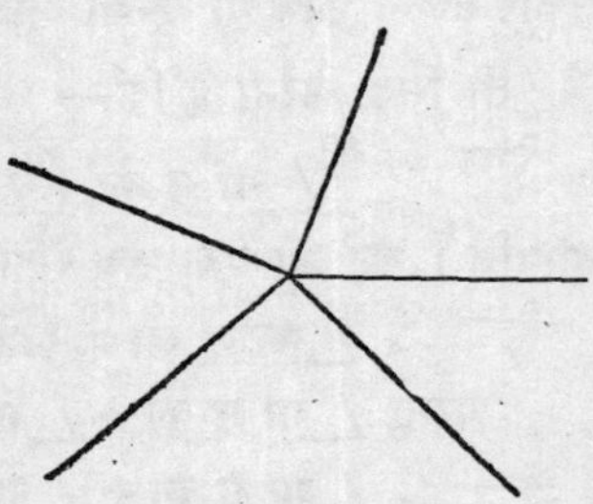

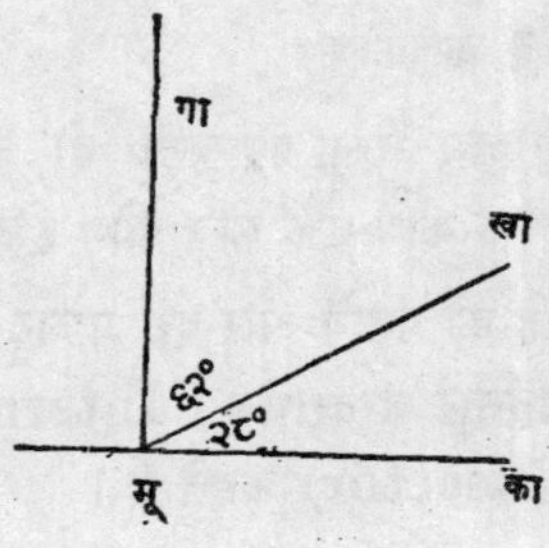

परिभाषा २ : दो कोण जिनका योग १ लम्बकोण हो **कोटिपूरक कोण** (Complementary angles) कहलाते हैं और प्रत्येक कोण दूसरे का **कोटिपूरक** (Complement) कहलाता है। संलग्न चित्र में में ∠**का मू खा** और ∠**गा मू खा** कोटि-पूरक कोण हैं।

परिभाषा ३ : दो कोण जिनका योग २ लम्बकोण हो **ऋजुपूरक कोण** (Supplementaɹy Angles) कहलाते हैं और प्रत्येक कोण दूसरे का **ऋजुपूरक** (Supplement) कहलाता है। प्रत्यक्ष है कि (१) किसी कोण के ऋजुपूरक बराबर होते हैं।

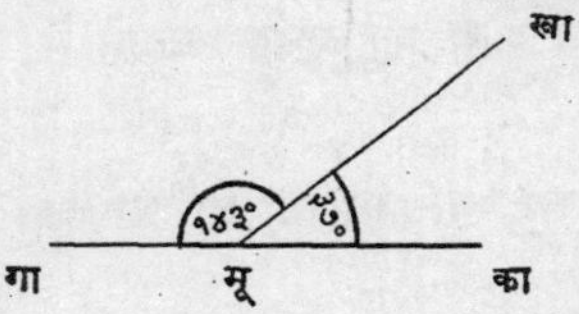

(२) किसी कोण के कोटिपूरक बराबर होते हैं। बराबर कोणों के कोटिपूरक भी बराबर होते हैं।

परिभाषा ४ : जो रेखायें एक बिन्दु पर मिलती हैं, **संगामी** (Concurrent) रेखायें कहलाती हैं। उपप्रमेय ५ के चित्र में सब रेखायें संगामी हैं।

प्रश्नावली १

१—(क) निम्नलिखित कोणों के कोटिपूरक लिखो—

(१) ६५° (२) २२½° (३) ४९°।

(ख) निम्नलिखित कोणों के ऋजुपूरक लिखो—

(१) १२५° (२) ४° (३) ७२°।

२—(क) एक कोण अपने कोटिपूरक का आधा है। उसका मान बताओ।
(ख) एक कोण अपने ऋजुपूरक का ५ गुना है। उसका मान बताओ।

३—७५° का एक कोण बनाओ। उसकी सहायता से बिना नापे १०५° का कोण बनाओ।

४—यदि एक न्यूनकोण का खा गा की एक बाहु का खा बिन्दु घा तक बढ़ाई जाय, तो सिद्ध करो कि ∠गा खा घा एक अधिककोण है।

५—यदि दो प्रतिच्छेदक रेखाओंके कटान बिन्दु पर एक कोण ५०° का हो, तो अन्य तीनों कोणों के मान बताओ।
यदि एक कोण लम्बकोण हो तो अन्य कोणों के विषय में क्या कह सकते हो?

६—यदि एक पहिये में ९ तीलियाँ हैं, तो दो क्रमागत तीलियों के बीच के कोण के ऋजुपूरक और कोटिपूरक बताओ।

७—दो रेखायें एक बिन्दु पर इस प्रकार मिलती हैं कि एक कोण न्यून और दूसरा बृहत् बनता है। सिद्ध करो कि न्यून कोण का अर्धक बढ़ाने से बृहत् कोण का भी अर्धक हो जायगा।

८—एक बिन्दु या से पाँच रेखायें या का, या खा, या गा, या घा, या छा खींची गई हैं।

∠का या खा = ∠गा या घा = ५२°

∠का या छा = १०५°, ∠छा या घा = ४°

तो ∠खा या गा का मान निकालो।

९—९½ बजे घड़ी की सुइयों में क्या कोण बनता है? घड़ी की सुइयों के बीच २०४° का कोण कब बनेगा?

१०—कागज पर एक ऋज रेखा पा या फा खींचो। कागज को इस प्रकार मोड़ो कि पा या, फा या पर पड़े। सिद्ध करो कि कागज के मोड़ का चिह्न पा फा पर लम्ब है।

प्रमेय २

यदि दो संलग्न कोणों का योग दो लम्बकोण हो, तो उनकी बाहरी बाहुयें एक ही ऋजु रेखा में होंगी।

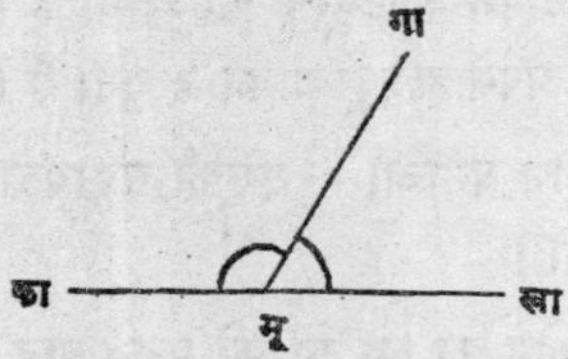

कल्पना करो कि ऋजु रेखायें मू का, मू खा, मू गा बिन्दु मू पर इस प्रकार मिलती हैं कि ∠का मू गा + ∠खा मू गा = २ लम्बकोण।

तो सिद्ध करना है कि का मू खा एक ही ऋजुरेखा है।

∵ ∠का मू गा + खा मू गा = २ लम्बकोण

= १ ऋजकोण

∴ का मू खा एक ही ऋजुरेखा है, अर्थात् का मू और मू खा एक ही रेखा में हैं।

उपप्रमेय १ —यदि एक ऋजु रेखा के किसी बिन्दु पर दो लम्ब विपरीत दिशाओं में डाले जायँ तो वे एक ही ऋजु रेखा में स्थित होंगे।

२—यदि दो संलग्न कोणों के अन्तरार्धक और बाह्यार्धक एक दूसरे पर लम्ब हों, तो संलग्न कोणों की बाहरी बाहुयें एक ही ऋज रेखा में होंगी।

टिप्पणी (१)–प्रमेय १की परिकल्पना है "ऋजु रेखा मू गा ऋज रेखा का खा पर खड़ी है।" परिणाम है "संलग्न कोणों गा मू का, गा मू खा का योग दो लम्ब-कोण हैं।" प्रमेय २ की परिकल्पना है "संलग्न कोणों गा मू का, गा मू खा का योग दो लम्बकोण है।" परिणाम है "का खा एक ऋजु रेखा है।"

ऐसे दो प्रमेयों को जिनमें से एक की परिकल्पना दूसरे का परिणाम हो और दूसरे की परिकल्पना पहिले का परिणाम हो, एक दूसरे के **विलोम (Converse)** कहते हैं। प्रमेय १ और २ एक दूसरे के विलोम हैं।

टिप्पणी (२)–प्रमेय १ का विलोम (अर्थात् प्रमेय २) सत्य है, परन्तु सब साध्यों के विलोम सत्य नहीं होते। जैसे, प्रत्येक सिंह एक पशु होता है। इसका विलोम हुआ—प्रत्येक पशु एक सिंह होता है। यह सत्य नहीं है। प्रत्येक नीम एक वृक्ष होता है, परन्तु प्रत्येक वृक्ष नीम नहीं होता।

प्रश्नावली २

१—सिद्ध करो कि एक न्यूनकोण का अर्धक और उसके बृहत् कोण का अर्धक एक सीध में होते हैं।

२—किसी बिन्दु या से चार ऋज रेखायें या का, या खा, या गा और या घा इस प्रकार खींचो गई हैं कि—

$\angle$का या घा = $\angle$खा या गा, और

$\angle$खा या घा = $\angle$का या गा।

सिद्ध करो कि का या, या खा एक सीध में हैं, और गा या, या घा भी एक सीध में हैं।

३—यदि एक बिन्दु से चार ऋजु रेखायें इस प्रकार खींची जायँ कि प्रत्येक दो के बीच का कोण लम्बकाण हो, तो सिद्ध करो कि ये चारों रेखायें वास्तव में दो ही रेखायें हैं।

४—विलोम से तुम क्या समझते हो ? क्या प्रत्येक प्रमेय का विलोम सत्य होता है ? निम्नलिखित साध्यों के विलोम सत्य हैं या नहीं ?—

(१) सब अमरूद फल होते हैं।

(२) सब अध्यापक मनुष्य होते हैं।

(३) प्रत्येक कुम्हार के पास गधा होता है।

प्रमेय ३

यदि दो ऋजु रेखायें एक दूसरे को काटें तो सम्मुख शीर्ष कोण बराबर होंगे।

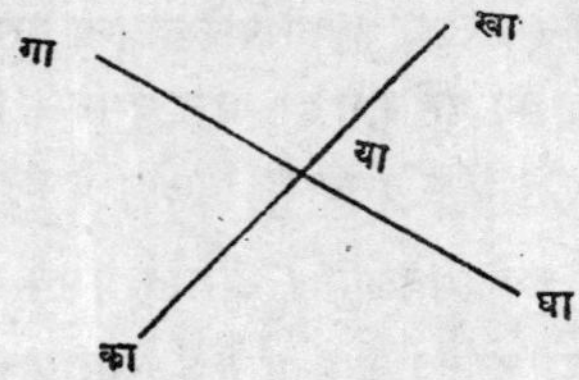

कल्पना करो कि ऋजु रेखायें का खा, गा घा एक दूसरे को बिन्दु या पर काटती हैं।

तो सिद्ध करना है कि ∠का या घा = सम्मुख शीर्ष ∠गा या खा।

और ∠का या गा = " ∠घा या खा।

उपपत्ति : ∵ ऋजु रेखा का खा पर ऋजु रेखा या गा खड़ी है,

∴ संलग्न कोणों का या गा, गा या खा का योग = २ समकोण।

इसी प्रकार ऋजु रेखा गा घा पर ऋजु रेखा या खा खड़ी है।

∴ संलग्न कोणों गा या खा, खा या घा का योग = २ लम्बकोण।

∴ ∠का या गा + ∠गा या खा = ∠गा या खा + खा या घा।

∴ ∠का या गा = ∠खा या घा

इसी प्रकार, ∠गा या खा = ∠का या घा।

उपप्रमेय : सम्मुख कोणों के अर्धक एक ही सीध में होते हैं।

अध्याय ३

सर्वांगसम त्रिभुज [Congruent Tringles] (क)

परिभाषायें इत्यादि

जो समतल क्षेत्र केवल ऋजु रेखाओं से घिरा हो, **ऋजुरेखीय आकृति** (Rectilineal Figure) कहलाता है। प्रत्येक ऋजु रेखा **भुजा** (side) कहलाती है और दो भुजाओं के मिलन-बिन्दु (Meeting point) को **शीर्ष** (Vertex) कहते हैं।

जो समतल क्षेत्र तीन ऋजु रेखाओं से घिरा हो **त्रिभुज** (Triangle) कहलाता है।

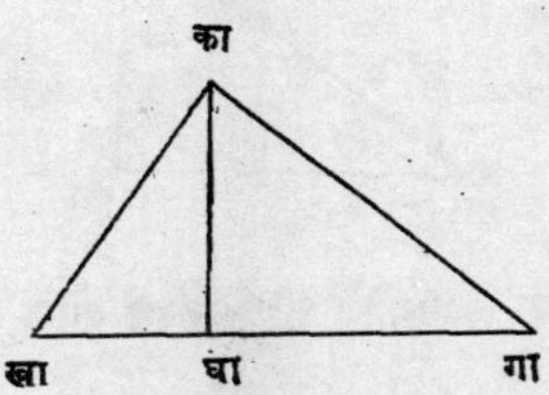

एक त्रिभुज में तीन भुजायें और तीन कोण होते हैं। सब भुजायें और कोण मिलकर त्रिभुज के छः **अंग** (Parts) कहलाते हैं।

देखने से ऐसा प्रतीत होता है कि △ अपनी किसी एक भुजा पर खड़ा है। इस भुजा को त्रिभुज का **आधार** (Base) कहते हैं। आधार के सामने के बिन्दु को △ का **शीर्ष** (Vertex) कहते हैं। आधार पर बने दोनों कोणों को **आधार कोण** (Base Angles) कहते हैं।

चित्र में △ का खा गा में खा गा आधार है। का शीर्ष है। ∠ खा और ∠ गा आधार कोण हैं।

प्रायः त्रिभुज की जो भुजा लेटी हुई बनाई जाती है उसे आधार कहते हैं। परन्तु सुविधानुसार △ की किसी भी भुजा को आधार मान सकते हैं।

किसी त्रिभुज में शीर्ष से आधार पर जो लम्ब डाला जाता है, △ की ऊँचाई (Height) कहलाता है। चित्र में का घा, △ का खा गा की ऊँचाई है। स्पष्ट है कि किसी त्रिभुज का परिमाण उसके आधार और ऊँचाई पर अवलम्बित है।

कोणों के विचार से △ तीन प्रकार के होते हैं—

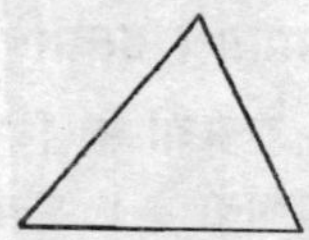

(१) जिस त्रिभुज में तीनों कोण न्यून हों, न्यूनकोण (Acute angled) त्रिभुज कहलाता है।

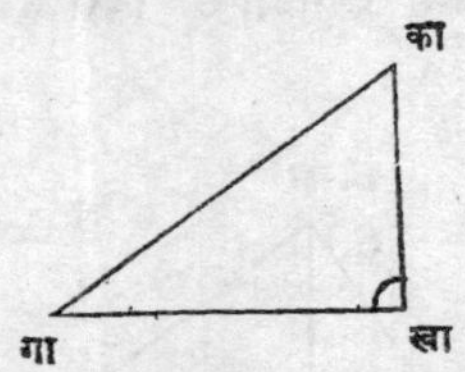

(२) जिस △ में एक लम्बकोण हो, लम्ब कोण (Right angled) त्रिभुज कहलाता है।

लम्ब कोण की सम्मुख भुजा को △ का कर्ण (Hypotenuse) कहते हैं। चित्र में ∠ खा लम्बकोण है और का गा कर्ण है।

(३) अधिक कोण (Obtuse angled) त्रिभुज उस △ को कहते हैं, जिसमें एक कोण अधिक कोण हो।

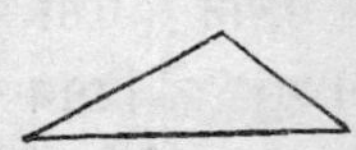

आगे चलकर देखोगे कि किसी त्रिभुज में एक ही लम्बकोण या अधिक कोण हो सकता है।

भुजाओं के विचार से भी △ तीन प्रकार के होते हैं—

(१) समबाहु त्रिभुज (Equilateral triangle) उस त्रिभुज को कहते हैं, जिसकी तीनों भुजायें बराबर हों।

(२) **समद्विबाहु त्रिभुज** (Isosceles triangle) वह त्रिभुज है जिसकी दो भुजायें बराबर हों। जिस बिन्दु पर बराबर भुजायें मिलती हैं, △ का शीर्ष कहलाता है। शीर्ष के सामने वाली भुजा इस △ का आधार होती है।

(३) **विषम-बाहु** (Scalene) **त्रिभुज** वह △ है, जिसकी सब भुजायें असमान हों।

माध्यिका (Median) उस ऋजु रेखा को कहते हैं, जो त्रिभुज के किसी शीर्ष को सम्मुख भुजा के मध्य बिन्दु से मिलाये।

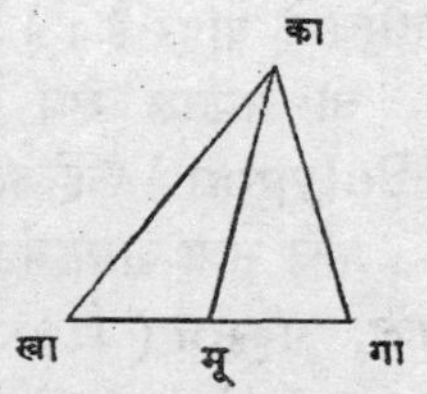

चित्र में मू, **खा गा** का मध्य बिन्दु है।

∴ **का मू** △ की एक माध्यिका है।

यदि किसी △ की एक भुजा गा खा बिन्दु घा तक बढ़ाई जाय, तो इस प्रकार बना कोण **का खा घा बाह्यकोण** (Exterior angle) कहलाता है

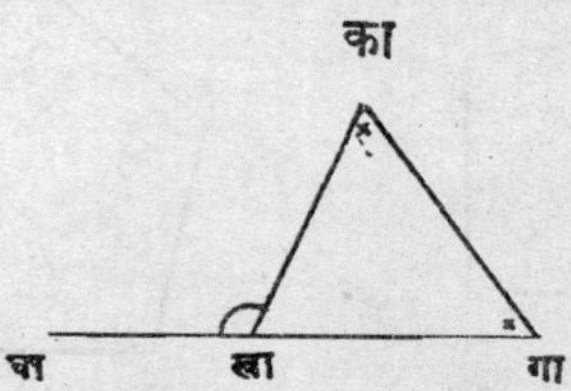

और △ के कोण **का** और **गा** उस बाह्यकोण के **सम्मुख अन्तःकोण** (Interior opposite angles) कहलाते हैं।

चतुर्भुज (Quadrilateral) उस समतल क्षेत्र को कहते हैं, जो चार ऋजु रेखाओं से घिरा हो।

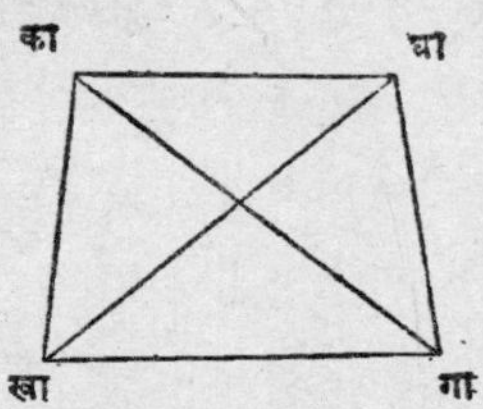

चित्र में **का खा गा घा** एक चतुर्भुज है।

चतुर्भुज में **विकर्ण** (Diagonal) उस ऋजु रेखा को कहते हैं, जो उसके दो सम्मुख शीर्षों को मिलाये।

ऊपर के चित्र में **का गा** और **खा घा** चतुर्भुज के विकर्ण हैं।

संलग्न चित्र में भी का गा और खा घा विकर्ण हैं। (इसमें से एक, खा घा,

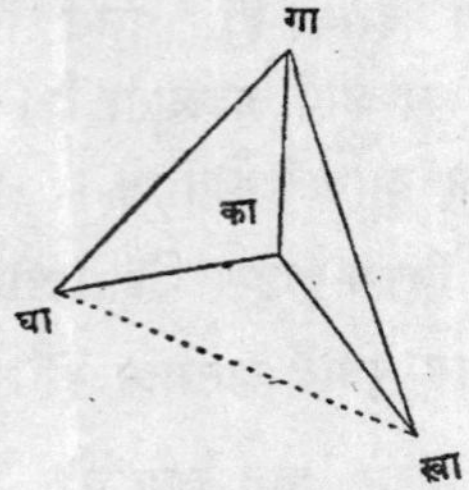

चतुर्भुज के बाहर है।)

जो समतल क्षेत्र चार से अधिक ऋजु रेखाओं से घिरा हो **बहुभुज** (Polygon) कहलाता है।

पाँच भुजा वाला बहुभुज **पंचभुज** (Pentagon) कहलाता है, छः भुजा वाला, **षड्भुज** (Hexagon)। इसी प्रकार **सप्तभुज** (Heptagon), **अष्टभुज** (Octagon), **नवभुज** (Nonagon), **दशभुज** (Decagon), **एकादशभुज** (Undecagon), **द्वादशभुज** (Do-decagon), इत्यादि।

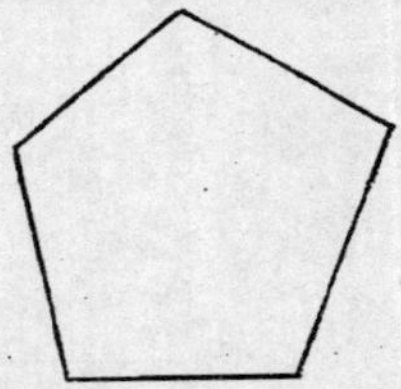

जिस बहुभुज में कम से कम एक कोण बृहत् हो, **अवतल** (Concave) बहुभुज कहलाता है। जिस बहुभुज में कोई कोण बृहत् न हो, **उत्तल** (Convex) बहुभुज कहलाता है।

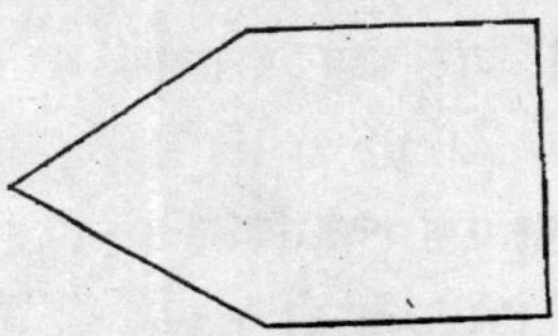

जिस बहुभुज की सब भुजायें बराबर हों, वह **समभुजीय** (Equilateral) बहुभुज कहलाता है।

जिस बहुभुज के सब कोण बराबर हों **समानकोण** (Equiangular) बहुभुज कहलाता है।

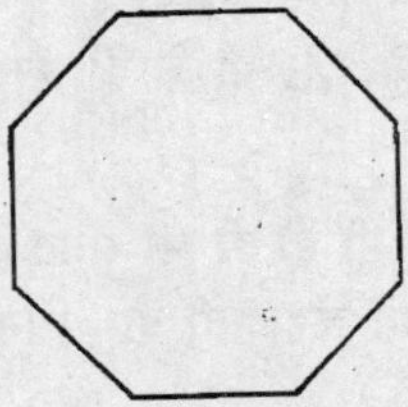

समबहुभुज (Regular polygon) वह बहुभुज है, जिसके सब कोण और सब भुजायें बराबर हों।

हम पहले कह चुके हैं कि त्रिभुज के तीनों कोण और तीनों भुजायें उसके ६ अंग कहलाते हैं। दो त्रिभुज **सर्वांगसम** (Congruent) कहलाते हैं—यदि एक के छः अंग दूसरे के छः अंगों के अलग अलग बराबर हों। इसकी परीक्षा के लिए एक △ को उठाकर दूसरे पर रक्खो। यदि एक दूसरे को पूरी तरह ढक ले तो वे सर्वांगसम हैं, अन्यथा नहीं।

सर्वांगसम त्रिभुजों में जो कोण समान भुजाओं के सम्मुख हों, **संगत कोण** (Corresponding angles) कहलाते हैं। इसी प्रकार, जो भुजायें बराबर कोणों के सम्मुख हों, **संगत भुजायें** (Corresponding sides) कहलाती हैं।

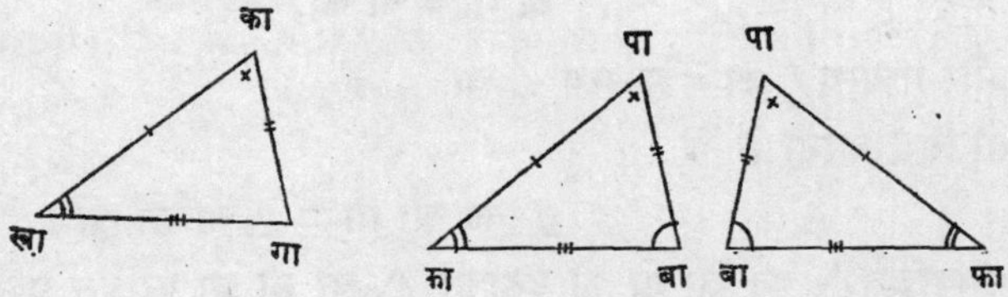

मान लो कि **का खा गा, पा फा बा** दो सर्वांगसम त्रिभुज हैं, जिनमें **का खा = पा फा**, तो ∠ **गा** और ∠ **बा** संगत कोण हैं। इसी प्रकार ∠ **खा** और ∠ **फा**, ∠ **का** और ∠ **पा** संगत कोण हैं।

यदि यह दिया हो कि ∠ **का** = ∠ **पा**, तो **खा गा** और **फा बा** संगत भुजायें होंगी। इसी प्रकार **का खा, पा फा** और **का गा, पा बा** संगत भुजायें होंगी।

सर्वांगसम त्रिभुजों में यह नहीं समझना चाहिए कि एक △का कोई अंग दूसरे त्रिभुज के किसी भी अंग के बराबर होगा, वरन् यह कि एक △का कोई अंग दूसरे △के संगत अंग के ही बराबर हो सकता है। ऊपर के चित्र में यदि खा गा = फा बा तो ∠ का, ∠ पा के ही बराबर होगा, ∠ फा या ∠ बा के बराबर नहीं होगा।

यदि △ सर्वांगसम न भी हो तो भी संगत शब्द का प्रयोग किया जाता है। ऐसी दशा में वे भुजायें संगत कहलाती हैं, जिनका समान या असमान होना दिया हो या सिद्ध करना हो।

प्रमेय ४

यदि दो त्रिभुजों में एक की दो भुजायें दूसरे की दो भुजाओं के अलग-अलग बराबर हों और इनके मध्यस्थ कोण भी बराबर हों, तो त्रिभुज सर्वांगसम होंगे।

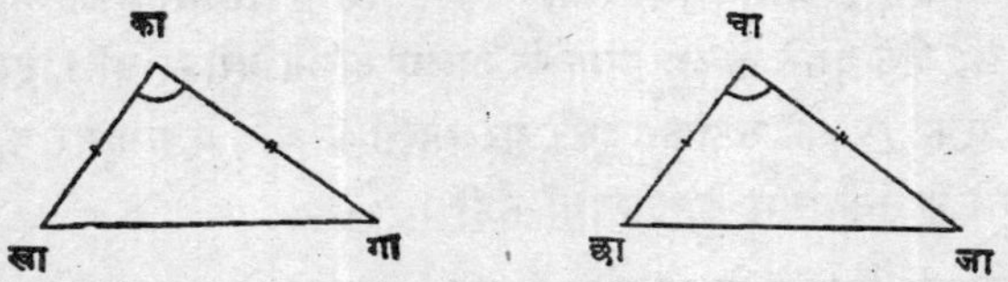

कल्पना करो कि का खा गा, चा छा जा दो △ हैं, जिनमें—

का खा = चा छा,

का गा = चा जा,

और मध्यस्थ ∠ का = मध्यस्थ ∠ चा

तो सिद्ध करना है कि

△का खा गा ≡ △चा छा जा।

उपपत्ति: △ का खा गा को उठाकर △ चा छा जा पर इस प्रकार रक्खो कि बिन्दु का बिन्दु चा पर और भुजा का खा भुजा चा छा पर पड़े।

अब, ∵ का खा = चा छा,

∴ बिन्दु खा बिन्दु छा पर पड़ेगा।

फिर, का खा पड़ रही है चा छा पर और ∠का = ∠चा

∴ का गा, चा जा पर पड़ेगी।

परन्तु का गा = चा जा,

∴ बिन्दु गा पड़ेगा बिन्दु जा पर।

अब, बिन्दु खा पड़ रहा है बिन्दु छा पर,

और बिन्दु गा पड़ रहा है बिन्दु जा पर,

∴ खा गा पड़ेगी छा जा पर।

∴ △का खा गा की तीनों भुजायें, △चा छा जा की तीनों भुजाओं को ढक लेती हैं; अर्थात् एक △ दूसरे △ को पूर्ण रूप से ढक लेता है।

∴ △का खा गा ≡ △चा छा जा

उपप्रमेय १ : समद्विबाहु त्रिभुज के शीर्ष कोण का अर्धक आधार को दो बराबर भागों में विभक्त करता है और उस पर लम्ब होता है।

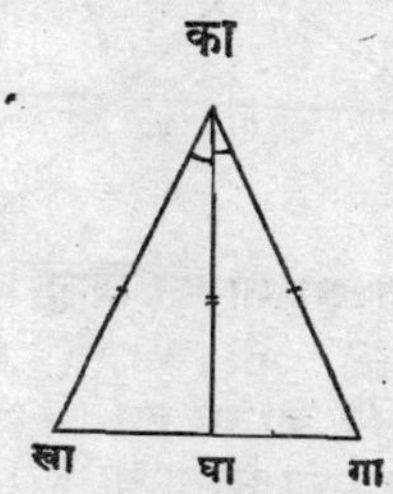

मान लो कि △ का खा गा में का खा = का गा और का घा शीर्ष ∠ का अर्धक है।

अब, △ का खा घा और △का गा घा में—

का खा = का गा,

का घा सामान्य है,

और मध्यस्थ ∠ खा का घा = मध्यस्थ ∠ गा का घा।

∴ △का खा घा ≡ △का गा घा

∴ खा घा = संगत भुजा घा गा

और ∠ खा घा का = ∠ गा घा का।

परन्तु ये दोनों संलग्न कोण हैं,

∴ इनमें से प्रत्येक लम्बकोण है,

अर्थात् का घा ⊥ खा गा।

उपप्रमेय २ : किसी ऋजु रेखा का खा का लम्बार्धक गा घा है। गा घा पर यदि चा कोई बिन्दु है तो चा का = चा खा। अर्थात् गा घा का कोई भी बिन्दु का, खा से बराबर दूरी पर स्थित होगा।

उपप्रमेय ३ : यदि किसी त्रिभुज की माध्यिका उसके आधार पर लम्ब हो, तो त्रिभुज समद्विबाहु होगा।

उपप्रमेय ४ : यदि किसी △ की कोई भुजा बढ़ाई जाय तो बाह्यकोण सम्मुख अन्त:कोणों में से प्रत्येक से बड़ा होगा।

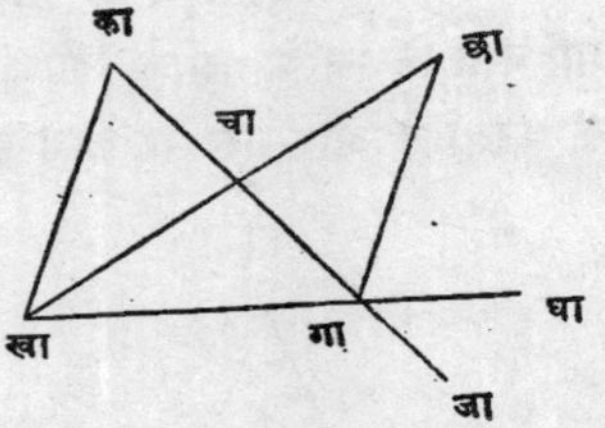

△ का खा गा की भुजा खा गा को बिन्दु घा तक बढ़ा लो।

तो सिद्ध करना है कि

बाह्यकोण का गा घा > ∠का गा खा।

मान लो कि का गा का मध्य बिन्दु चा है। खा चा को मिलाकर बढ़ाओ और चा छा = खा चा काट लो।

गा छा को मिलाओ।

अब △ का खा चा और गा छा चा में

∵ { चा खा = चा छा (रचना से)
चा का = चा गा (रचना से)
मध्यस्थ ∠का चा खा = मध्यस्थ सम्मुख ∠गा चा छा }

∴ △का खा चा ≡ △गा छा चा।

अत: ∠चा गा छा = संगत ∠का।

परन्तु ∠का गा घा > ∠चा गा छा,

∴ का गा घा > ∠का।

इसी प्रकार हम का गा को जा तब बढ़ाकर यह सिद्ध कर सकते हैं कि बाह्यकोण खा गा जा > अन्त:कोण खा।

परन्तु ∠ का गा घा = सम्मुख शीर्ष ∠ खा गा जा,

∴ ∠का गा घा > ∠खा।

प्रश्नावली ३

१—किसी समद्विबाहु △ के आधार कोण बराबर होते हैं।

[शीर्ष का अर्धक खींचकर सिद्ध करो]

२—का खा गा एक समद्विबाहु △ है। का चा शीर्ष∠का अर्धक है। सिद्ध करो कि का घा पर कई बिन्दु चा लेने से चा खा = चा गा।

३—△पा फा बा की माध्यिका पा गा बिन्दु का तक बढ़ाई गई है। यदि पा या = गा का, तो पा फा = का बा।

४—△का खा गा में का खा = का गा। का खा और का गा में पा और फा बिन्दु इस प्रकार लिये गये हैं कि का पा = का फा। सिद्ध करो कि खा फा = गा पा यदि पा और फा भुजाओं के मध्यबिन्दु हों, तो क्या परिणाम निकालोगे?

५—का खा और पा फा एक दूसरे को लम्बकोण पर अधियाती हैं। सिद्ध करो कि—

का पा = पा खा = खा फा = फा का।

[अर्थात् का फा खा पा एक समभुजीय चतुर्भुज है।]

६—किसी △ के शीर्षों से सम्मुख भुजाओं पर ⊥ डाले गए हैं। यदि वे उन भुजाओं के अर्धक हों, तो सिद्ध करो कि वह△समभुजीय है।

७—यदि एक चतुर्भुज के चारों कोण लम्बकोण हों और सब भुजायें बराबर हों, तो उसके विकर्ण भी बराबर होंगे।

८—ऋजु रेखा पा फा के बाहर एक बिन्दु का है। का से पा फा तक केवल दो बराबर ऋजु रेखायें खींची जा सकती हैं।

९—△का खा गा में पा कोई बिन्दु है। सिद्ध करो—

∠खा पा गा > ∠का

(अ) का पा को मिलाकर आगे बढ़ाकर।

(आ) खा पा को आगे बढ़ाकर।

१०—△का खा गा में पा मू और फा मू, का खा और का गा के लम्बार्धक हैं। तो सिद्ध करो कि—

मू का = मू खा = मू गा।

११—समबाहु △ की भुजाओं के मध्य बिन्दु मिलाने से चार नये समबाहु △ बन जाते हैं।

१२—चतुर्भुज का खा गा घा में सब कोण लम्बकोण हैं, और सब भुजायें बराबर हैं। पा, फा, बा भुजाओं का खा, खा गा, और गा घा के मध्य बिन्दु हैं। सिद्ध करो कि—

△पा खा फा ≡ △बा गा फा

△का खा फा ≡ △का घा बा

△घा गा फा ≡ खा गा बा ≡ △फा खा फा।

१३—चतुर्भुज का खा गा घा में चारों कोण लम्बकोण और सब भुजायें बराबर हैं। का खा, खा गा, गा घा तथा घा का में क्रमशः पा, फा, बा, भा बिन्दु इस प्रकार लिए गये हैं कि का पा = खा फा = गा बा = घा भा।

सिद्ध करो कि—

पा फा = फा बा = बा भा = भा पा।

१४—△का खा गा में का घा, ∠क का अर्धक है। सिद्ध करो कि—
∠का घा खा > ∠घा का खा और ∠का घा गा > ∠घा का गा।

अध्याय ४

समान्तर रेखायें [Parallel Lines]

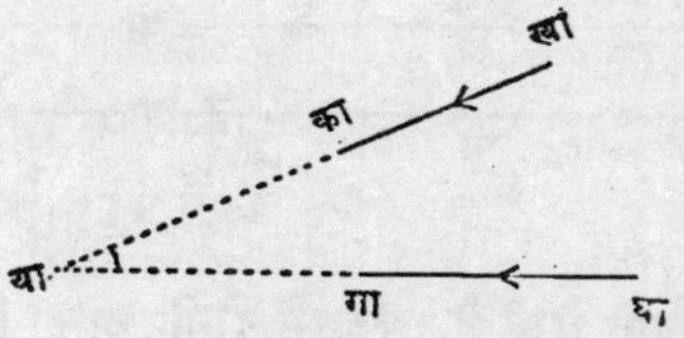

संलग्न चित्र में यदि रेखायें का खा और गा घा बढ़ाई जायँ, तो बिन्दु या पर मिलती हैं। इन दोनों के बीच का कोण या है।

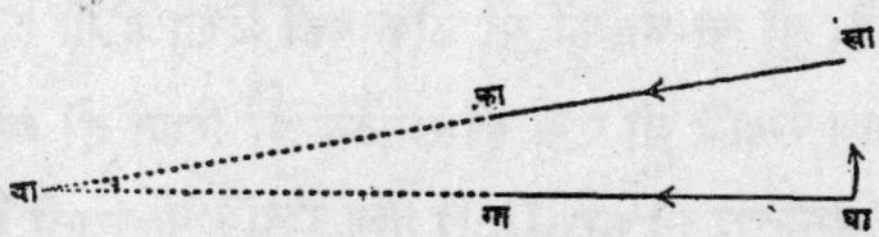

अब मान लो कि गा घा कुछ ऊपर की ओर घूमकर ऊपर दिये हुए चित्र की स्थिति में आ गई। अब गा घा और का खा अधिक दूर पर मिलेंगी और उनका या पर बना मध्यस्थ कोण छोटा हं जायगा।

इसी प्रकार यदि हम गा घा को ऊपर की ओर घुमाते जायँ ओर गा को जमाये रहें, तो ∠या छोटा होता जायगा और या बिन्दु का, गा से दूर होता जायगा।

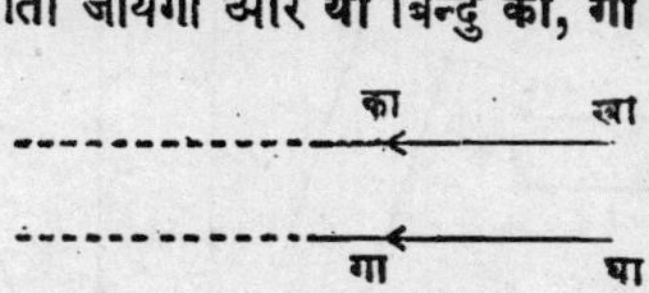

अन्त में एक स्थिति ऐसी आ जायगी जब का खा, गा घा बिल्कुल एक ही दिशा में हो जायँगो और बढ़ाई जाने पर कभी न मिलेंगी।

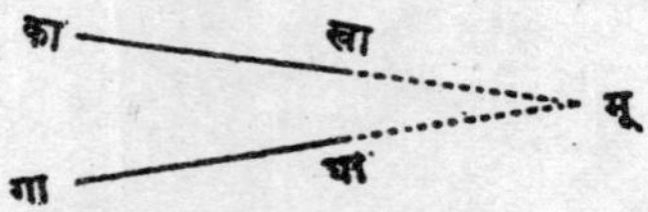

अब, यदि गा को जमाकर गा घा को और घुमायें तो दोनों रेखायें खा, घा की ओर बढ़ाने पर किसी बिन्दु मू पर मिलेंगी।

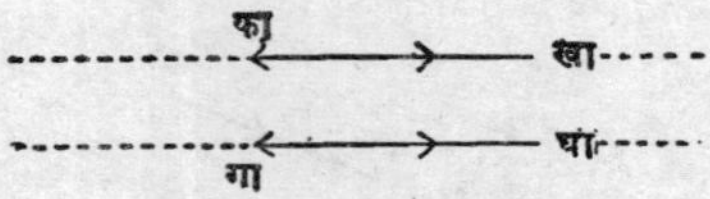

अतः एक ही स्थिति ऐसी है, जिसमें दोनों ओर कितनी ही दूर तक रेखाओं को बढ़ावें, वे कभी न मिलेंगी।

इस स्थिति में दोनों रेखायें एक ही दिशा में है। यदि का खा की दिशा ठीक पश्चिम पूर्व है, तो गा घा की भी ठीक यही दिशा होगी।

परिभाषा : ऋजु रेखायें जो एक ही समतल पर स्थित हों और बढ़ाई जाने पर कभी न मिलें, **समान्तर (Parallel)** ऋजु रेखायें कहलाती हैं। नीचे दिये हुए रेखाओं के जोड़े समान्तर हैं।

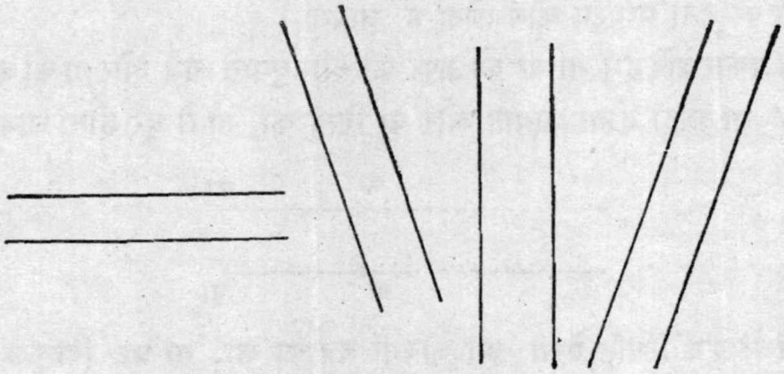

नीचे दिये हुए चित्र में चार-चार रेखायें ॥ हैं।

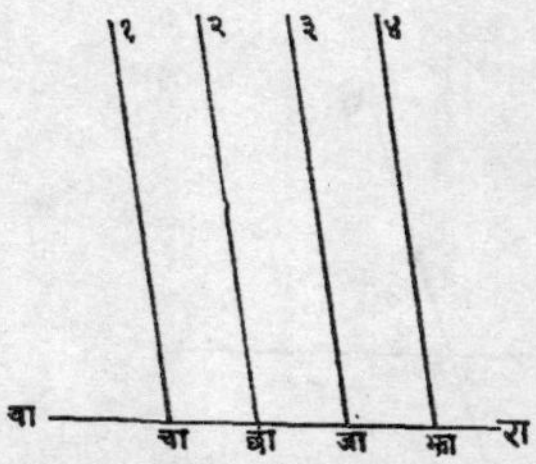

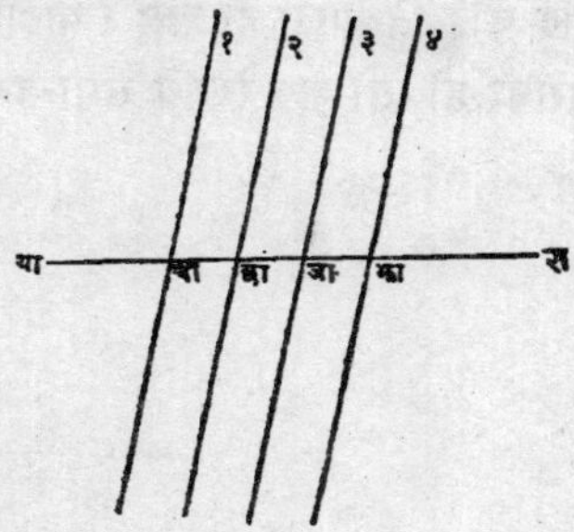

इन रेखाओं का एक समतल पर होना आवश्यक है।

जो रेखा दो या अधिक रेखाओं को काटे **तिर्यग्रेखा** (Transversal) कहलाती है। उपरिलिखित चित्र में **या रा** एक तिर्यग्रेखा है, जो चार समान्तर रेखाओं को **चा, छा, जा, झा** पर काटती है।

तिर्यग्रेखा का जो भाग दो रेखाओं के बीच में पड़ता है **अन्तःखण्ड** (Intercept) कहलाता है। चित्र में **चा छा, छा जा, जा झा** अन्तः-खण्ड हैं।

जब एक तिर्यग्रेखा दो रेखाओं को काटती है तो आठ कोण बनते हैं। संलग्न चित्र में **ट, ठ, ड, ढ** चार **बाह्यकोण** (Exterior angles) कहलाते हैं और **प, फ, ब, भ** चार **अन्तः कोण** (Interior angles) कहलाते हैं।

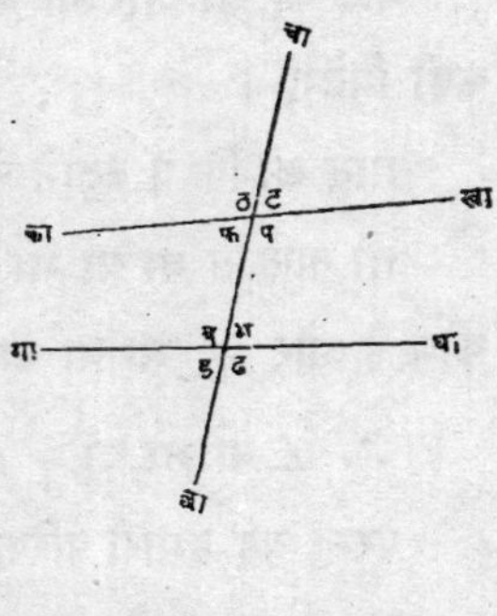

कोण **ट, भ** संगत कोण हैं। कोण **ठ, ब** भी संगत कोण हैं। इसी प्रकार कोण **प, ढ** और कोण **फ, ड** भी संगत कोण हैं।

कोण **प, ब, एकान्तर कोण** (Alternate angles) हैं। कोण **फ, भ** भी एकान्तर कोण हैं।

प्लेफेयर का स्वयंतथ्य : दो प्रतिच्छेदक रेखायें किसी एक ही ऋजु रेखा के समान्तर नहीं हो सकतीं। अर्थात्, किसी दिये हुए बिन्दु से किसी ऋजु रेखा के समान्तर केवल एक ही ऋजु रेखा खींची जा सकती है।

प्रमेय ५

यदि कोई तिर्यग्रेखा दो ऋजु रेखाओं को इस प्रकार काटे कि दो एकान्तर कोण बराबर हों, तो ऋजु रेखायें समान्तर होंगी।

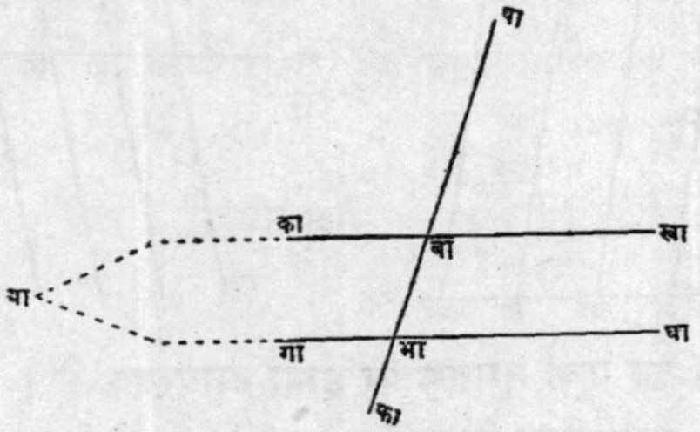

मान लो कि तिर्यग्रेखा पा फा दो ऋजु रेखाओं का खा, गा घा को इस प्रकार बा, भा पर काटती है कि ∠का बा भा = एकान्तर ∠बा भा घा।

तो सिद्ध करना है कि—

का खा || गा घा

यदि का खा और गा घा समान्तर नहीं हैं, तो बढ़ाने से अवश्य कहीं न कहीं मिलेंगी।

मान लो कि वे बढ़ाने से या पर मिलती हैं।

तो आकृति बा या भा एक △ हो गयी, जिसका ∠बा भा घा बाह्य-कोण है और ∠भा बा या उसके सामने का अन्तःकोण।

∴ ∠बा भा घा > ∠ भा बा या।

परन्तु यह हमारी परिकल्पना के विरुद्ध है।

∴ का खा और गा घा बढ़ाने पर न दाईं ओर मिल सकती है और न बाईं ओर। [चित्र में बाईं ओर बढ़ाई गई है, दूसरा चित्र दाईं ओर बढ़ा कर खींच सकते हैं]।

∴ का खा || गा घा।

टिप्पणी : कभी-कभी किसी प्रमेय को सिद्ध करने में कठिनाई पड़ती है। ऐसे अवसरों पर यह सिद्ध करना पड़ता है कि यदि प्रमेय असत्य है, तो परिणाम ऐसा निकलेगा जो असम्भव या असंगत है। इस क्रिया को **अनिष्ट प्रदर्शन** (reductio ad absurdum) कहते हैं। जब परिणाम असंभव निकलता है, तो यह मानना पड़ता है कि हमारी कल्पना असत्य है अर्थात् प्रमेय सच्चा है। इस प्रकार की उपपत्ति को **परोक्ष उपपत्ति** (Indirect proof) कहते हैं। प्रमेय ५ की उपपत्ति परोक्ष है।

पहले चारों प्रमेयों की उपपत्ति परोक्ष नहीं है। उनमें समक्ष रूप से प्रमेय की सत्यता सिद्ध की गयी है। ऐसी उपपत्ति को **प्रत्यक्ष उपपत्ति** (Direct proof) कहते हैं।

प्रमेय ६

यदि कोई तिर्यग्रेखा दो ऋजु रेखाओं को इस प्रकार काटे कि—

(क) दो संगत कोण बराबर हों, या

(ख) तिर्यग्रेखा के एक ही ओर के अन्तःकोणों का योग दो लम्बकोण हो,

तो ऋजु रेखायें समान्तर होंगी।

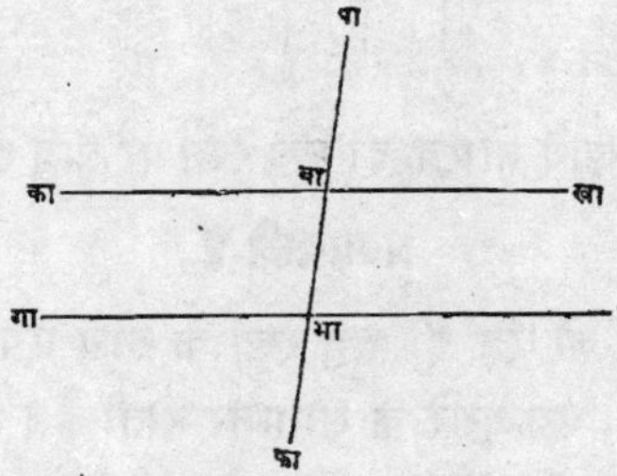

(क) मान लो कि तिर्यग्रेखा पा फा, रेखाओं का खा, गा घा को इस प्रकार काटती है कि—

∠पा बा खा = संगत कोण ∠बा भा घा।

तो सिद्ध करना है कि—

का खा ‖ गा घा।

∠पा बा खा = सम्मुख शीर्ष ∠का बा भा,

परन्तु ∠पा बा खा = संगत ∠बा भा घा (परिकल्पना से)

∴ ∠का बा भा = एकान्तर ∠बा भा घा ।

∴ का खा ‖ गा घा ।

(ख) मान लो कि तिर्यग्रेखा पा फा रेखाओं का खा, गा घा को इस प्रकार काटती है कि अन्तःकोण भा बा खा + ∠बा भा घा = २ लम्बकोण ।

तो सिद्ध करना है कि—

का खा ‖ गा घा ।

∵ ∠का बा भा + ∠भा बा खा = २ लम्बकोण (संलग्न कोण हैं),

और ∠भा बा खा + बा भा घा = २ लम्बकोण (परिकल्पना से) ।

∴ ∠का बा भा = एकान्तर ∠बा भा घा ।

∴ का खा ‖ गा घा ।

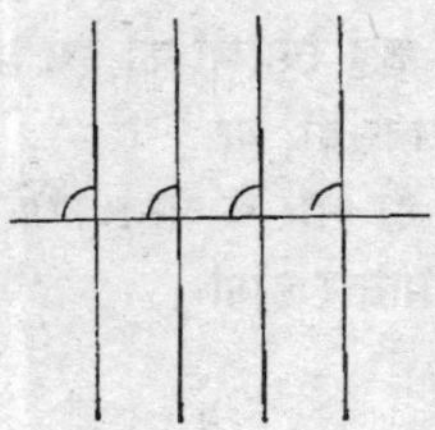

उपप्रमेय : ऋजु रेखायें जो एक ही ऋजु रेखा पर लम्ब हों, समान्तर होती है ।

प्रश्नावली ४

१—ऋजु रेखायें, जो एक ही ऋजु रेखा के साथ एक ही दिशा में बराबर कोण बनायें, एक दूसरे के समान्तर होती हैं ।

२—दो रेखाओं पा फा और बा भा को का घा, खा और गा पर इस प्रकार काटती है कि—

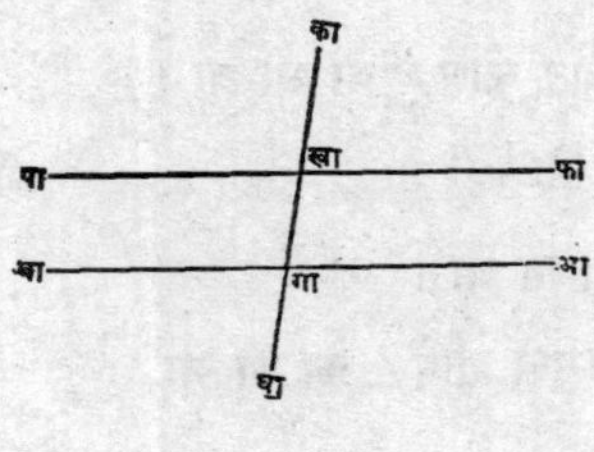

(अ) ∠का खा पा=∠भा गा घा, अथवा

(आ) ∠का खा फा=∠बा गा घा का ऋजुपूरक

तो सिद्ध करना है कि—

पा फा || बा भा ।

३—तुम्हारे कमरे की एक दीवार के चारों कोन लम्बकोण हैं। सिद्ध करो कि उसके सम्मुख किनारे समान्तर हैं।

४—प्रश्नावली ३ प्रश्न ३ में सिद्ध करो कि पा फा || बा का ।

५—प्रश्नावली ३ प्रश्न ५ में सिद्ध करो कि का पा || खा फा और पा खा || का फा ।

६—यदि किसी चतुर्भुज के विकर्ण एक दूसरे के अर्धक हों, तो सम्मुख भुजायें समान्तर होंगी ।

७—प्रश्नावली ३ प्रश्न १३ में सिद्ध करो कि पा फा || बा भा और फा बा || पा भा ।

प्रमेय ७

यदि कोई तिर्यग्रेखा दो समान्तर रेखाओं को काटे, तो इस प्रकार बने एकान्तर कोण बराबर होंगे ।

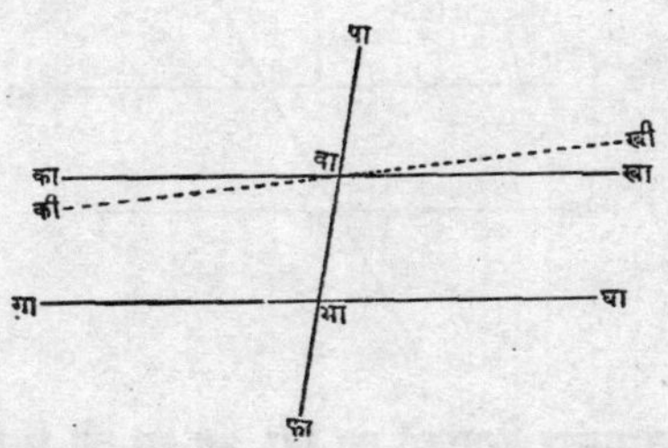

मान लो कि समान्तर रेखाओं का खा, गा घा को तिर्यग्रेखा पा फा बिन्दु बा और भा पर काटती है ।

तो सिद्ध करना है कि—

∠का बा भा=एकान्तर∠बा भा घा ।

यदि यह दोनों एकान्तर ∠बराबर नहीं हैं, तो दोनों में से एक दूसरे से बड़ा होगा । मान लो कि ∠का बा भा > ∠बा भा घा ।

रचना : एक रेखा की बा खी ऐसी खींचो जो ∠बा भा घा के बराबर ∠की बा भा बनाये ।

उपपत्ति : अब की बा भा=बा भा घा,

और यह एकान्तर कोण हैं ।

∴ की खी ‖ गा घा

परन्तु परिकल्पना से का खा ‖ गा घा

∴ दो प्रतिच्छेदक रेखायें का खा, की खी एक ही ऋजु रेखा गा घा के समान्तर हो गईं । यह असम्भव है ।

हमारी कल्पना कि ∠का बा भा, ∠ बा भा घा के बराबर नहीं है, असत्य है ।

अर्थात्, ∠का बा भा=एकान्तर ∠बा भा घा

प्रमेय ८

यदि कोई तिर्यग्रेखा दो समान्तर रेखाओं को काटे, तो—

(क) संगत कोण बराबर होंगे,

(ख) तिर्यग्रेखा के एक ही ओर के दो अन्तःकोणों का योग दो लम्बकोण होगा ।

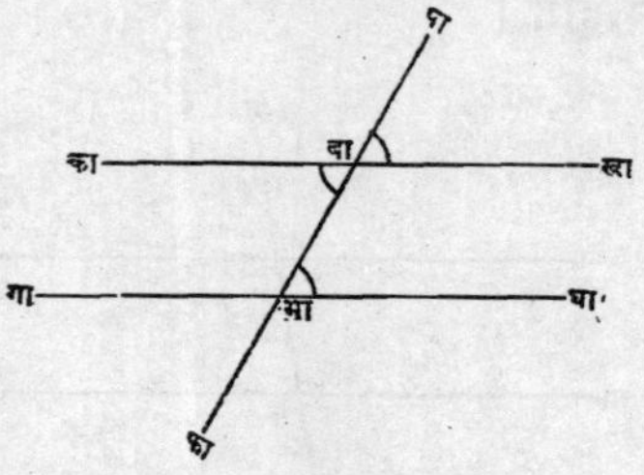

मान लो कि समान्तर रेखाओं का खा, गा घा को तिर्यग्रेखा पा फा बा, भा पर काटती है ।

तो सिद्ध करना है कि—

(क) ∠पा बा खा=संगत ∠बा भा घा,

(ख) अन्तःकोण भा बा खा + अन्तःकोण बा भा घा=२ लम्बकोण ।

[क] ∵ ∠का खा ‖ गा घा,

∴ ∠का बा भा=एकान्तर ∠बा भा घा ।

परन्तु ∠का बा भा = सम्मुख शीर्ष ∠पा बा खा,

∴ ∠पा बा खा = संगत ∠बा भा घा।

[ख] ∵ का खा = गा घा,

∴ ∠का बा भा = एकान्तर ∠बा भा घा।

परन्तु ∠का बा भा + ∠भा बा खा = २ लम्बकोण (संलग्नकोण है।)

∴ ∠भा बा खा + ∠बा भा घा = २ लम्बकोण।

टिप्पणी : संलग्न चित्र में—

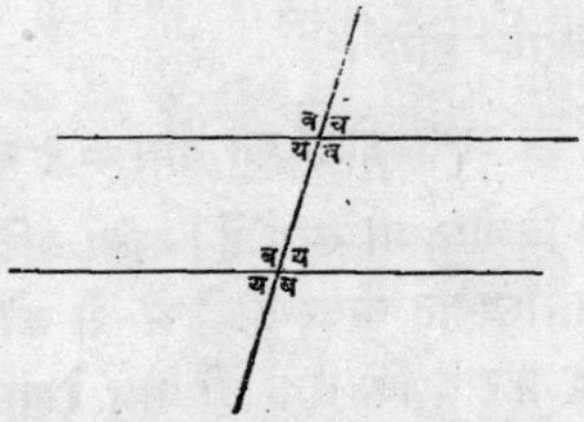

(क) जितने कोणों पर य चिह्न है सब बराबर हैं।

(ख) जितने कोणों पर ब चिह्न है सब बराबर हैं।

(ग) ∠ब + ∠य = २ लम्बकोण।

उपप्रमेय— : १—यदि एक ऋजु रेखा कई समान्तर रेखाओं में से एक पर लम्ब हो, तो वह सब पर लम्ब होगी।

उपप्रमेय : २—यदि दो कोणों की बाहुएँ समान्तर हों, तो कोण बराबर या ऋजुपूरक होंगे।

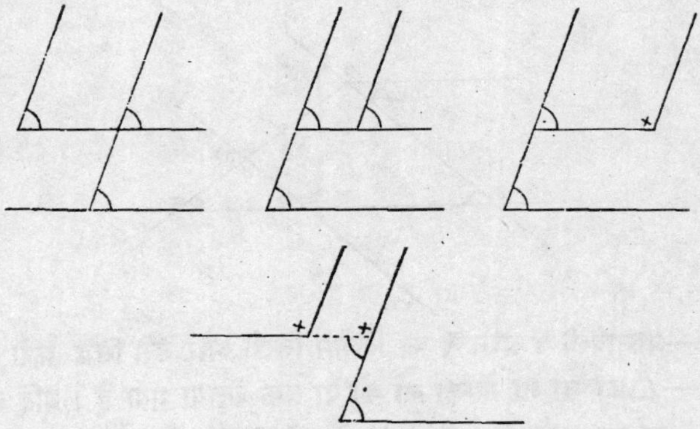

समान्तर रेखाओं के गुण

(१) || रेखाओं की एक ही दिशा होती है ।

(२) || रेखायें चाहे जितनी बढ़ाई जायँ, कभी न मिलेंगी ।

(३) || रेखाओं पर सामान्य लम्ब होते हैं ।

यदि एक ऋजु रेखा दो || रेखाओं को काटे, तो—

(४) एकान्तर कोण बराबर होंगे ।

(५) संगत कोण बराबर होंगे ।

(६) एक ही ओर के अन्तःकोणों का योग = २ लम्बकोण ।

इन सब साध्यों के विलोम भी सत्य हैं। अतः यदि दो रेखाओं को समान्तर सिद्ध करना है, तो उपरिलिखित अवस्थाओं में से कोई एक सिद्ध करनी पर्याप्त है । जैसे यदि हम सिद्ध कर दें कि एक ही ऋजु रेखा दो रेखाओं पर लम्ब है, तो ये दोनों रेखायें || होंगी ।

प्रश्नावली ५

१—यदि प्रमेय ८ के चित्र में ∠पा बा खा अपने ऋजुपूरक का $\frac{१}{३}$ हो, तो अन्य सब कोणों के मान बताओ ।

२—नीचे के चित्र में कुछ कोणों के मान दिये हैं । उनकी सहायता से अन्तःकोणों के मान बताओ ।

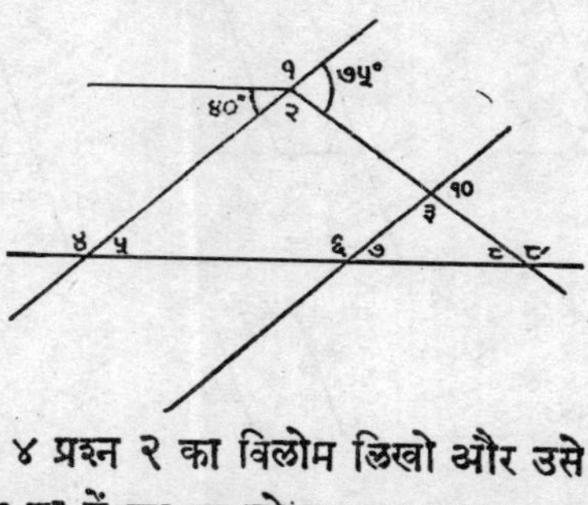

३—प्रश्नावली ४ प्रश्न २ का विलोम लिखो और उसे सिद्ध करो ।

४—△का खा गा में खा का को पा तक बढ़ाया गया है । यदि बाह्यकोण का का अर्धक खा गा के || हो, तो सिद्ध करो कि खा = गा ।

५—△ का खा गा में खा गा को पा तक बढ़ाया गया है। यदि गा ला || खा का तो सिद्ध करो कि—

(क) बाह्यकोण गा = अन्तःकोण का + खा।

(ख) का + खा + गा = २ लम्बकोण।

६—का खा || गा घा। सिद्ध करो कि खा, गा के अर्धक परस्पर ⊥ हैं।

७—दो समान्तर ऋजु रेखाओं को एक तिर्यग्रेखा काटती है। इस प्रकार बने संगत कोणों के अर्धक || होंगे।

८—उपप्रमेय २ का विलोम लिखो। क्या वह सत्य है?

९—लम्बकोण △ के कर्ण के मध्य बिन्दु से लम्ब कोण के शीर्ष को मिलाने वाली रेखा कर्ण की आधी होती है।

[शीर्ष को कर्ण के मध्य बिन्दु से मिलाकर उतना ही आगे बढ़ा दो।]

प्रमेय ९

जो ऋजु रेखायें एक ही रेखा के समान्तर होती हैं, परस्पर भी समान्तर होती हैं।

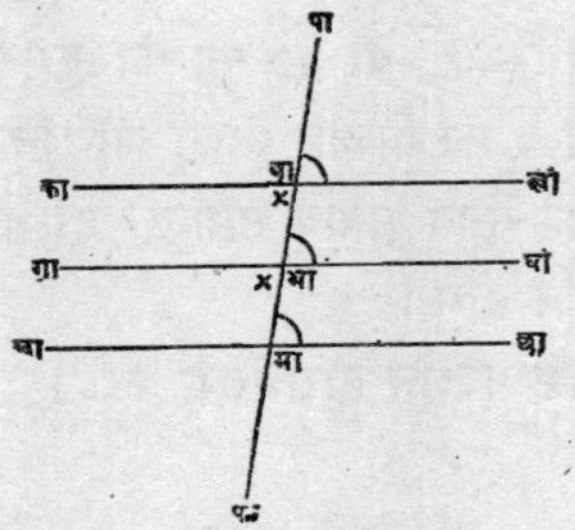

मान लो कि रेखायें का खा, गा घा रेखा चा छा के समान्तर हैं, तो सिद्ध करना है कि—

का खा || गा घा।

रचनाः मान लो कि तिर्यग्रेखा पा फा इन रेखाओं को बा, भा, मा पर काटती है।

उपपत्ति : ∵ का खा || चा छा,

∴ ∠पा बा खा = संगत ∠ भा मा छा।

फिर, ∵ गा घा ∥ चा छा,

∴ ∠ बा भा घा = संगत ∠ भा मा छा ।

∴ ∠ बा भा घा = ∠ पा बा खा ।

परन्तु यह संगत कोण है,

∴ का खा ∥ गा घा ।

उपप्रमेय : यदि एक बिन्दु से किसी ऋजु रेखा के समान्तर दो रेखायें खींची जायँ, तो वे दोनों एक ही ऋजु रेखा में स्थित होगी ।

प्रश्नावली ६

१—यदि एक ऋजु रेखा दो या दो से अधिक समान्तर ऋजु रेखाओं में से एक के समान्तर हो, तो वह अन्य रेखाओं के भी समान्तर होगी ।

२—एक ऋजु रेखा दो ऋजु रेखाओं का खा और गा घा को इस प्रकार काटती है कि वह का खा के साथ ८४^0 और गा घा के साथ ५०^0 का कोण बनाती है । तो बताओ कि गा घा कितने अंश और घूमे कि वह का खा के समान्तर हो जाय ।

३—△ का खा गा में पा फा ∥ खा गा । यदि ∠ खा ∠ गा का दुगुना हो, तो सिद्ध करो कि ∠ पा ∠ फा का दुगुना है ।

४—प्रश्नावली ५ प्रश्न ६ का विलोम लिखो और सिद्ध करो ।

५—यदि दो त्रिभुजों की संगत भुजायें समान्तर हों, तो त्रिभुजों के तोनों कोण अलग-अलग बराबर होंगे ।

६—प्रमेय ९ को अनिष्ट प्रदर्शन द्वारा सिद्ध करो ।

अध्याय ५

ऋजुरेखीय आकृतियों के कोण

[Angles of Rectilineal Figures]

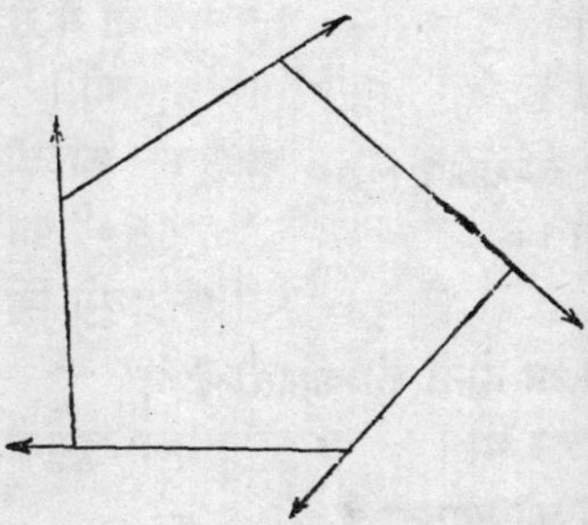

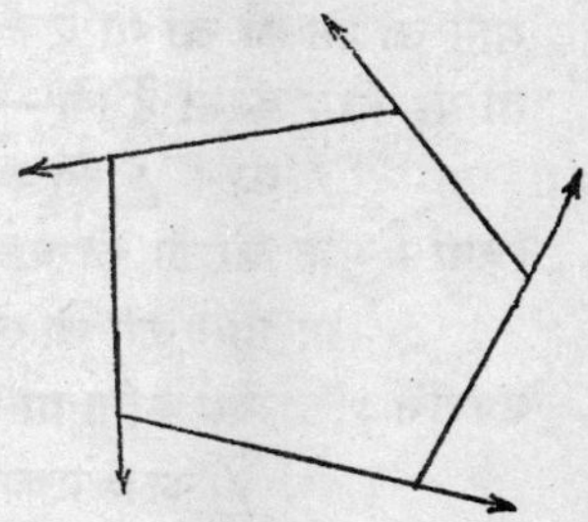

जब हम यह कहते हैं किसी ऋजुरेखीय आकृति की भुजायें एक ही क्रम से बढ़ाई गई हैं, तो उसका यह अर्थ होता है कि सब के बढ़ाये जाने की दिशा एक ही है। पहले चित्र में सब भुजायें  दिशा में बढ़ाई गई हैं, अर्थात् जिस दिशा में घड़ी की सुइयाँ घूमती हैं। दूसरे चित्र में सब भुजायें  दिशा में बढ़ाई गई हैं (घड़ी की सूइयों की दिशा के विपरीत)। दोनों में भुजायें एक ही क्रम से बढ़ाई गई हैं।

निम्न चित्र में भुजायें एक ही क्रम से नहीं बढ़ाई गई हैं।

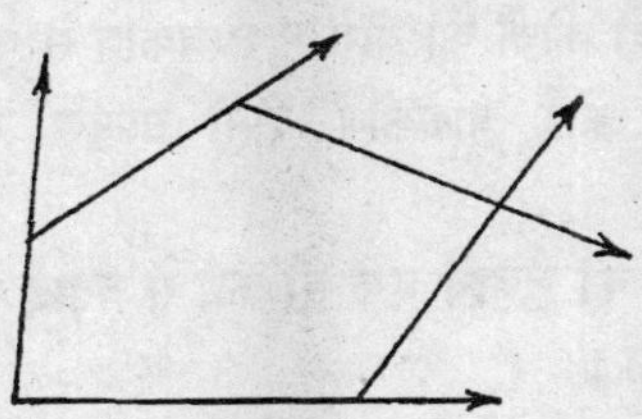

प्रमेय १०

किसी त्रिभुज के कोणों का योग दो लम्बकोण होता है।

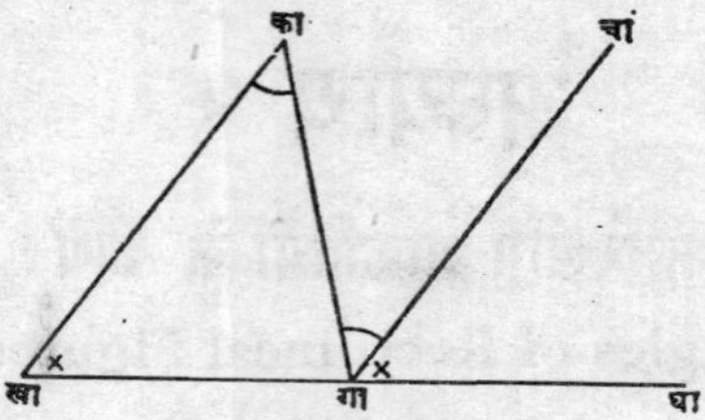

मान लो कि का खा गा एक त्रिभुज है।

तो यह सिद्ध करना है कि—

$\angle$का + $\angle$खा + $\angle$गा = २ लम्बकोण।

रचना : भुजा खा गा को घा तक बढ़ाओ।

गा चा ‖ खा का खींचो।

उपपत्ति : ∵ खा का ‖ गा चा और का गा दोनों को काटती है

∴ $\angle$का = एकान्तर $\angle$का गा चा।

फिर, खा का ‖ गा चा और खा घा दोनों को काटती है,

∴ $\angle$खा = संगत $\angle$चा गा घा।

इसलिए $\angle$का + $\angle$खा = $\angle$का गा चा + $\angle$चा गा घा

= बाह्यकोण का गा घा।

दोनों ओर $\angle$का गा खा जोड़ दो।

तो $\angle$का + $\angle$खा + $\angle$गा = $\angle$का गा घा + $\angle$का गा खा

= २ लम्बकोण (संलग्नकोण हैं)।

उपप्रमेय :

१—समान कोण △ का प्रत्येक कोण = ६०°

२—किसी △ के दो कोणों का योग २ लम्बकोण से कम होता है।

३—किसी △ का कोई बाह्यकोण दोनों सम्मुख कोणों के योग के बराबर होता है।

४—यदि किसी △ की भुजायें एक ही क्रम से बढ़ाई जायँ, तो बाह्यकोणों का योग ४ लम्बकोण होगा।

५—किसी लम्ब कोण △ में—

(क) लम्बकोण सबसे बड़ा कोण होता है।

(ख) शेष दोनों कोण कोटिपूरक होते हैं।

६—यदि किसी △ में दो कोणों का योग तीसरे कोण के बराबर हो, तो △ लम्बकोणीय होगा।

७—प्रत्येक △ में कम से कम दो न्यून कोण होते हैं।

८—किसी बिन्दु से किसी रेखा तक केवल एक लम्ब खींचा जा सकता है।

[अनिष्ट प्रदर्शन द्वारा]

९—यदि एक △ के दो कोण एक दूसरे △ के दो कोणों के अलग-अलग बराबर हों, तो त्रिभुज के तीसरे कोण भी बराबर होंगे।

१०—किसी चतुर्भुज के अन्तःकोणों का योग = ४ लम्बकोण।

प्रश्नावली ७

संख्यात्मक (Numerical)—

१—क्या निम्नलिखित कोणों वाले त्रिभुज बन सकते हैं ?

(अ) ५५°, १०२°, २३°।

(आ) ४०°, ९०°, ६०°।

(इ) ११३°, ३०°, ४५°।

२— △ का खा गा के आधार कोण शीर्ष के कोण से क्रमशः (क) दुगुने और तिगुने हैं (ख) ३ गुने और ५ गुने हैं। प्रत्येक का मान बताओ।

३—एक लम्बकोण △ में एक न्यूनकोण दूसरे का दुगुना है। न्यूनकोण के मान बताओ।

४—अपने दोनों गुनियों (Set Squares) के सब कोणों के मान ज्ञात करो।

५—एक △ के दो बाह्यकोणों का योग २३५° है। तीसरे अन्तःकोण का मान क्या होगा ?

६—एक △ का प्रत्येक आधार ∠ शीर्ष ∠ का दुनुना है। शीर्ष ∠ का मान बताओ।

७—$\triangle$ या रा ला में $\angle$ या + $\angle$ रा = १४०° और $\triangle$ का खा गा में $\angle$ का − $\angle$ खा = ५०° और $\angle$ गा = ३६°। $\angle$ का और $\angle$ ला का अन्तर बताओ।

८—$\triangle$ पा फा बा के आधार को दोनों ओर बढ़ाया गया है। $\angle$ फा = ७६° और $\angle$ बा = ८४°। फा और बा पर के बाह्यकोणों के अर्धक भा पर मिलते हैं। $\angle$ फा भा बा का मान बताओ। $\angle$ बा और $\angle$ फा के अर्धकों के मध्यस्थ कोण का मान भी निकालो।

९—एक चतुर्भुज के कोण क्रमशः २ क, ४ क, ६ क और ८ क हैं। प्रत्येक कोण का मान बताओ।

सैद्धान्तिक (Theoratical)—

१०—एक $\triangle$ के आधार कोण बराबर हैं। शीर्ष से आधार पर डाला गया लम्ब शीर्ष कोण का अर्धक होगा।

११—$\triangle$ का खा गा में $\angle$ का = $\angle$ खा; तो का और खा पर के बाह्यकोण अलग-अलग एक लम्बकोण से बड़े होंगे।

१२—किसी चतुर्भुज का एक बाह्यकोण सामने के दो अन्तःकोणों के योग से कम होता है।

१३—न्यूनकोण $\triangle$ में दो कोणों का योग तीसरे कोण से बड़ा होता है।

१४—का घा, $\angle$ का का अर्धक है, और $\angle$ गा, $\angle$ खा से बड़ा है। सिद्ध करो कि $\angle$ का घा खा > $\angle$ का घा गा।

१५—यदि $\triangle$ या रा ला में मू कोई बिन्दु है, तो सिद्ध करो

कि $\angle$ मू > $\angle$ या।

१६—$\triangle$ या रा ला में $\angle$ या = $\angle$ रा, तो सिद्ध करो कि—

$\angle$ या = ९०° − $\frac{\text{ला}}{२}$, अर्थात् $\angle$ ला के आधे का कोटिपूरक।

१७—$\triangle$ पा फा बा का आधार दोनों ओर का, खा तक बढ़ाया गया है। तो सिद्ध करो कि—

$\angle$ पा फा का + $\angle$ पा बा खा = १८०° + $\angle$ पा।

१८—एक △ के आधारकोणों के अर्धकों के बीच का कोण शीर्षकोण के आधे से एक लम्बकोण अधिक होगा।

१९—किसी △ के आधार पर के बाह्यकोणों के अर्धकों के बीच का कोण शीर्षकोण के आधे का कोटिपूरक होगा।

२०—दो समान्तर रेखाओं को एक तिर्यग्रेखा (Transversal) काटती है। उसके एक ओर के अन्तःकोणों के अर्धकों के बीच का कोण एक लम्बकोण होगा।

२१—किसी चतुर्भुज के दो कोणों के अर्धकों के बीच का कोण शेष कोणों के योग का आधा होता है।

२२—△ का खा गा के आधार खा गा को घा तक बढ़ाया गया है। खा या और गा या क्रमशः ∠ खा और ∠ का गा घा के अर्धक हैं। तो सिद्ध करो कि २ ∠ गा या खा = ∠ का।

२३—△ पा फा बा में बा भा और फा मा क्रमशः बा और फा से पा फा और पा बा पर लम्ब डाले गए हैं। सिद्ध करो कि ∠ भा फा मा = ∠ मा बा भा।

२४—शीर्ष के मध्येन आधार के समान्तर एक रेखा खींच कर प्रमेय १० की दूसरी उपपत्ति निकालो।

२५—यदि किसी चतुर्भुज के सम्मुख कोण बराबर हों, तो सम्मुख भुजायें समान्तर होंगी।

२६—△ या रा ला में मू कोई बिन्दु है। सिद्ध करो कि—

∠ या + ∠ या रा मू + ∠ या ला मू = ∠ रा मू ला।

२७—△ का खा गा में ∠ खा = ∠ गा और का पा बाह्यकोण गा का भा का अर्धक है, तो सिद्ध करो कि—

का पा ∥ खा गा।

२८—△ का खा गा में खा मू और गा मू आधार कोणों के अर्धक हैं, तो ∠ खा मू गा = बाह्यकोण का गा घा, यदि ∠ खा = ∠ गा।

२९—△ का खा गा में, ∠ खा = ∠ गा और खा था ⊥ का गा। तो सिद्ध करो कि—

∠ गा खा था = $\frac{१}{२}$ ∠ का।

प्रमेय ११

किसी बहुभुज के सब अन्तःकोणों का योग भुजाओं की संख्या के दुगुने से चार लम्बकोण कम होता है।

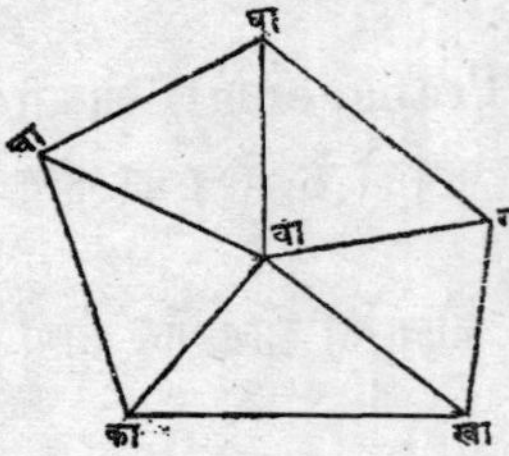

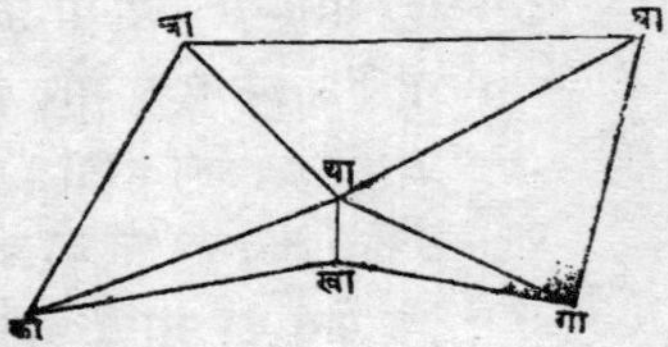

मान लो कि का खा गा घा चा एक बहुभुज है, जिसकी भुजाओं की संख्या स है। तो सिद्ध करना है कि—

∠का + ∠खा + ∠गा + ∠घा + ∠चा = (२ स − ४) लम्बकोण।

बहुभुज के भीतर कोई बिन्दु था ले लो। था को बहुभुज के सब शीर्षों से मिला दो। अब बिन्दु था पर स त्रिभुजों के शीर्ष मिलते हैं।

∵ इनमें से प्रत्येक त्रिभुज के तीनों कोणों का योग दो लम्बकोण हैं,

∴ स त्रिभुजों के सब कोणों का योग = २ स लम्बकोण।

अर्थात् ∠का + ∠खा + ∠गा + ∠घा + ∠चा = २ स लम्बकोण।

परन्तु था पर बने कोणों का योग = ४ लम्बकोण।

∴ ∠का + ∠खा + ∠गा + ∠घा + ∠चा + ४ लम्बकोण = २ स लम्बकोण।

अर्थात् ∠का + ∠खा + ∠गा + ∠घा + ∠चा = (२ स − ४) लम्बकोण।

उपप्रमेय : किसी समबहुभुज में प्रत्येक कोण = $\frac{\text{२ स − ४}}{\text{स}}$ लम्बकोण।

प्रश्नावली ८

१—यदि किसी बहुभुज के अन्तःकोणों का योग (अ) ३६०°, (आ) १६ लम्बकोण, (इ) १० ऋजुकोण हो, तो उसकी भुजाओं की संख्या बताओ।

२—जिस समानकोण बहुभुज का एक अन्तःकोण $\frac{२}{३}$ लम्बकोण हो उसमें कितनी भुजाएँ होंगी ?

३—जिस सम बहुभुज का एक अन्तःकोण (अ) १ लम्बकोण (आ) $\frac{४}{३}$ लम्बकोण हो, उसकी भुजाओं की संख्या बताओ।

४—एक षड्भुज के दो अन्तःकोणों का योग १४०° है। शेष सब कोण बराबर हैं। प्रत्येक का मान बताओ।

५—किसी भी बहुभुज के अन्तःकोणों के योग में लम्ब कोणों की संख्या सदैव एक समसंख्या होगी।

६—एक अष्टभुज के कोण १ क, ४ क, १० क, ३ क, ४ क, ५ क, ७ क और २ क हैं। प्रत्येक कोण का मान बताओ।

७—पंचभुज के अन्तःकोणों का योग अष्टभुज के अन्तःकोणों के योग का आधा होता है।

८—किसी शीर्ष से बहुभुज के अन्य शीर्षों को मिलाकर प्रमेय ११ को सिद्ध करो।

९—इस प्रमेय की सहायता से प्रमेय १० की एक और उपपत्ति निकालो।

१०—इस प्रमेय की सहायता से प्रमेय १० के उपप्रमेय १० की दूसरी उपपत्ति निकालो।

११—का खा गा एक समबाहु $\triangle$ है। का या $\perp$ खा गा। या का को बिन्दु मू तक बढ़ाया गया है। सिद्ध करो कि खा का मू एक समान कोणिक द्वादशभुज के अन्तकोण के बराबर है।

१२—(क) एक ऐसा बहुभुज बनाओ जिसके सब कोण समान हों, परन्तु भुजायें असमान हों। (ख) एक ऐसा बहुभुज बनाओ जिसकी सब भुजायें समान हों, परन्तु कोण असमान हों।

१३—किसी सम स-भुज का प्रत्येक अन्तःकोण $१८०^\circ - \frac{४ \text{ लम्बकोण}}{स}$ ।

प्रमेय १२

यदि किसी उत्तल (Convex) बहुभुज की भुजायें एक ही क्रम से बढ़ाई जायँ, तो बाह्यकोणों का योग ४ लम्बकोण होगा।

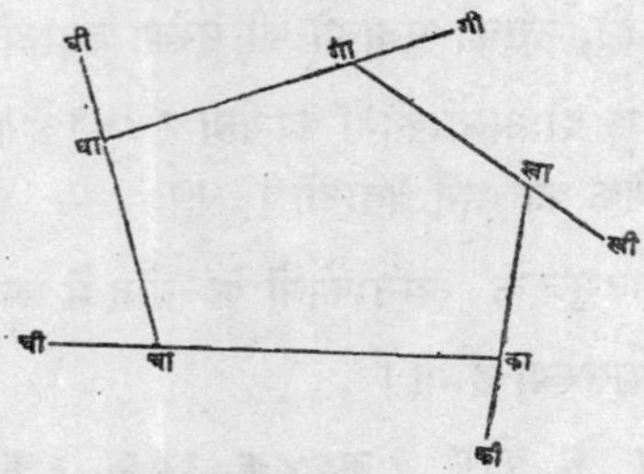

मान लो कि का खा गा घा चा एक उत्तल बहुभुज है, जिसकी भुजायें एक ही क्रम से की, खी, गी, घी, ची तक बढ़ाई गई हैं।

तो सिद्ध करना है कि—

बाह्यकोण (का + खा + गा + घा + चा) = ४ लम्बकोण।

∵ ऋजु रेखा ची का पर रेखा चा घी खड़ी है।

∴ ∠ ची चा घी + ∠ घी चा का = २ लम्बकोण।

इसी प्रकार प्रत्येक बिन्दु का, खा, गा, घा...पर बने संलग्न कोणों का योग दो लम्बकोण है।

∴ यदि भुजाओं की संख्या स है तो सब शीर्षों पर बने संलग्न कोणों का योग २ स लम्बकोण होगा।

अर्थात्, अन्तःकोण(का + खा + गा + घा + चा) + बाह्यकोण(का + खा + गा + घा + चा) = २ स लम्बकोण।

∴ बाह्यकोण (का + खा + गा + घा + चा) = २ स लम्बकोण − अन्तःकोण (का + खा + गा + घा + चा)।

परन्तु अन्तःकोण (का + खा + गा + घा + चा) = (२ स − ४) लम्बकोण

∴ बाह्यकोण (का + खा + गा + घा + चा) =

२ स लम्बकोण − (२ स − ४) लम्बकोण = ४ लम्बकोण।

प्रश्नावली ९

१—सिद्ध करो कि एक पंचभुज के अन्तःकोणों का योग उनके बाह्यकोणों के योग का $\frac{3}{2}$ होता है।

२—(अ) यदि किसी बहुभुज का प्रत्येक कोण ९०° हो, तो उसमें कितनी भुजायें होंगी ?

(आ) यदि किसी बहुभुज के अन्तःकोणों और बाह्यकोणों का योग बराबर हो, तो उसमें कितनी भुजायें होंगी ?

३—प्रमेय १२ के चित्र में यदि बाह्यकोण गा = बाह्यकोण घा, और शेष सब बाह्यकोण ६०, ६० अंशों के हों, तो ∠घा का मान बताओ।

४—किस समान कोणिक बहुभुज का प्रत्येक बाह्यकोण (अ) ६०° (आ) २४° का होगा ?

५—एक उत्तल बहुभुज की भुजायें क्रम से एक ही ओर बढ़ाई गई हैं। किसी भी शीर्ष से प्रत्येक भुजा के ‖ उसी क्रम से उसी ओर रेखायें खींचकर प्रमेय १२ को सिद्ध करो।

६—प्रमेय १२ के चित्र में बताओ कि का खा किस कोण पर घूमे कि खा गा की स्थिति में आ जाय। यह भी बताओ कि उसे एक चक्कर लगाकर अपनी स्थिति में आने में कितने अंश चलना पड़ेगा।

७—सिद्ध करो कि एक समानकोणिक अष्टभुज का प्रत्येक बाह्यकोण एक चतुर्भुज के अन्तःकोणों के योग का $\frac{1}{8}$ होगा ?

८—एक समानकोणिक पंचभुज के एक अन्तःकोण तथा एक समानकोणिक दशभुज के एक बाह्यकोण का अन्तर दशभुज के अंतःकोण का आधा होगा।

अध्याय ६

सर्वाङ्गसम त्रिभुज (ख)

[Congruent Triangles]

परिभाषाएँ : मान लो कि मू एक बिन्दु है। यदि मू के चारों ओर एक ऐसी वक्र रेखा खींची जाय जिसका प्रत्येक बिन्दु मू से एक ही दूरी पर हो, तो उस वक्र रेखा से घिरे हुए क्षेत्र को **वृत्त** (Circle) कहते हैं। आसन्न चित्र में **मू का, मू खा, मू गा,** मू घा सब बराबर हैं।

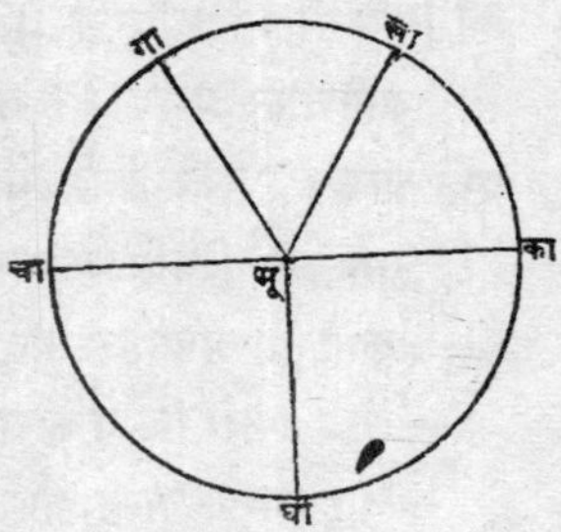

वक्र रेखा को वृत्त की परिधि (Circumference) कहते हैं। बिन्दु मू वृत्त का केन्द्र (Centre) कहलाता है।

कोई ऋजु रेखा जो केन्द्र को परिधि के किसी बिन्दु से मिलाती है, वृत्त की **त्रिज्या** (Radius) कहलाती है। चित्र में मू का, मू खा, मू गा, मू घा सब त्रिज्यायें हैं।

व्यास (Diameter) उस ऋजु रेखा को कहते हैं, जो केन्द्र में से हो कर जाये और जिसके दोनों सिरे परिधि पर हों। चित्र में **का चा** एक व्यास है।

स्पष्ट है कि व्यास त्रिज्या का दुगुना होता है और किसी वृत्त के सब व्यास बराबर होते हैं।

व्यास वृत्त के दो समान भाग करता है। प्रत्येक भाग को अर्धवृत्त (Semicircle) कहते हैं।

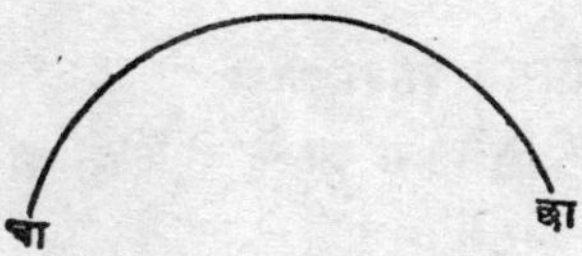

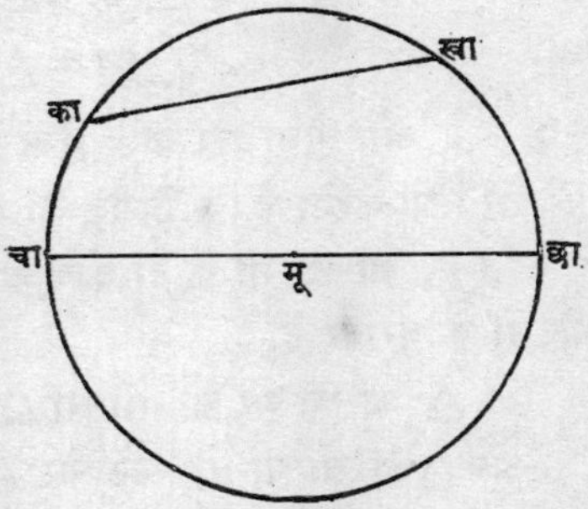

परिधि के किसी भाग को चाप (Arc) कहते हैं, जैसे चित्र में चा छा। जीवा (Chord) उस ऋजु रेखा को कहते हैं, जो परिधि के किन्ही दो बिन्दुओं को मिलाती है।

जब जीवा केन्द्र में से होकर जाती है, व्यास हो जाती है। चित्र में का खा एक जीवा है, चा छा एक व्यास है।

अवाध्योपक्रम—किसी बिन्दु को केन्द्र मान कर कोई भी त्रिज्या लेकर एक वृत्त खींचा जा सकता है।

प्रमेय १३

यदि एक त्रिभुज के दो कोण, दूसरे त्रिभुज के दो कोणों के अलग-अलग बराबर हों और पहले त्रिभुज की एक भुजा दूसरे त्रिभुज की संगत भुजा के बराबर हो, तो त्रिभुज सर्वाङ्गसम होंगे।

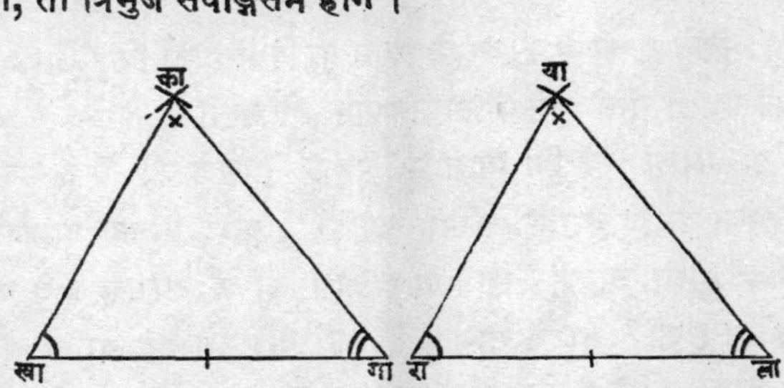

मान लो कि का खा गा और या रा ला दो त्रिभुज हैं, जिनमें—

$\angle$ का = $\angle$ या,

$\angle$ खा = $\angle$ रा,

और भुजा खा गा = भुजा रा ला ।

तो सिद्ध करना है कि त्रिभुज का खा गा $\equiv$ त्रिभुज या रा ला ।

$\because$ $\triangle$ का खा गा के दो कोण का और खा, $\triangle$ या रा ला के दो कोणों या और रा के बराबर हैं,

$\therefore$ $\triangle$ का खा गा का तीसरा $\angle$ गा = $\triangle$ या रा ला का तीसरा $\angle$ ला ।

अब $\triangle$ का खा गा को उठाकर $\triangle$ या रा ला पर इस प्रकार रखो कि खा, रा पर पड़े और खा गा, रा ला पर ।

परन्तु खा गा = रा ला ।

$\therefore$ बिन्दु गा बिन्दु ला पर पड़ेगा ।

अब खा पड़ा है रा पर और खा गा, रा ला पर, और $\angle$ खा = $\angle$ रा,

$\therefore$ भुजा खा का भुजा रा या पर पड़ेगी ।

फिर, गा पड़ा है ला पर और गा खा, ला रा पर, और $\angle$ गा = $\angle$ ला,

$\therefore$ भुजा गा का भुजा ला या पर पड़ेगी ।

अब, रेखायें खा का, गा का क्रमशः रेखाओं रा या और ला या पर पड़ती हैं ।

$\therefore$ पहली दोनों का मिलन-बिन्दु का दूसरी दोनों के मिलन-बिन्दु या पर पड़ेगा ।

अर्थात् $\triangle$ का खा गा, $\triangle$ या रा ला के ठीक-ठीक ऊपर पड़ेगा,

$\therefore$ $\triangle$ का खा गा, $\equiv$ $\triangle$ रा या ला ।

टिप्पणी १:—यदि $\angle$ का = $\angle$ या के स्थान पर दिया होता कि $\angle$ गा = $\angle$ ला, तो उपपत्ति की पहली तीन पंक्तियाँ अनावश्यक हो जातीं ।

टिप्पणी २:—स्मरण रहे कि न्यास में पहले त्रिभुज की एक भुजा दूसरे $\triangle$ की संगत भुजा के ही बराबर होनी चाहिए। शब्द 'संगत' आवश्यक है । चित्र में $\angle$ का = $\angle$ या, अतएव खा गा (जो $\angle$ का के सम्मुख है) की संगत भुजा होगी रा ला (जो $\angle$ या के सम्मुख है) । यदि खा गा, या रा अथवा या ला के बराबर होती, तो यह आवश्यक नहीं था कि $\triangle$ सर्वाङ्गसम होते ।

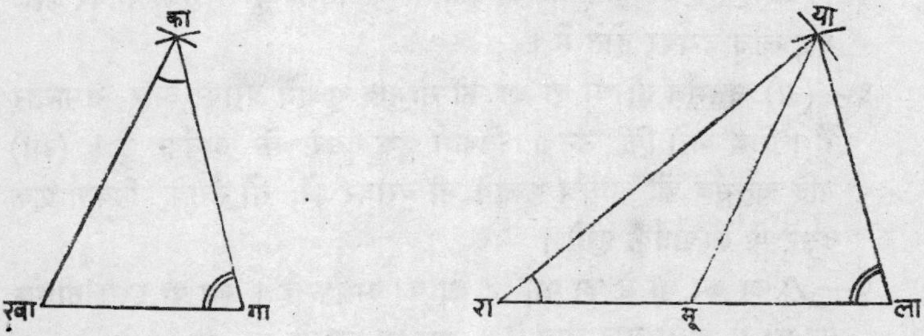

आसन्न चित्र में △का खा गा, या रा ला में—

∠गा = ∠ला, ∠का = ∠रा और भुजा का गा = भुजा या ला परन्तु △ सर्वांगसम नहीं है।

यदि हम △ का खा गा को △ या रा ला पर रखें, तो उसकी आकृति या मू ला होगी। स्पष्ट है कि △ या रा ला, या मू ला सर्वांगसम नहीं हैं।

उपप्रमेय १ :—यदि किसी △ के शीर्ष कोण का अर्धक आधार पर लम्ब हो, तो △ समद्विबाहु होगा।

उपप्रमेय २ :— किसी कोण के अर्धक के किसी बिन्दु की दूरी दोनों भुजाओं से बराबर होगी।

प्रश्नावली १०

१—दो लम्बकोण त्रिभुजों के कर्ण बराबर हैं तथा उनमें से एक का एक न्यून कोण दूसरे के संगतकोण के बराबर है। त्रिभुज सर्वांगसम होंगे।

२—समद्विबाहु △ के आधार कोणों से बराबर भुजाओं पर डाले गए लम्ब बराबर होते हैं।

३—रेखा का खा के एक ओर बिन्दु गा है और दूसरी ओर बिन्दु घा। गा का और घा खा, का खा पर लम्ब हैं। गा घा, का खा को चा पर काटती है। यदि गा का = घा खा, तो सिद्ध करो कि गा घा और का खा एक दूसरे की अर्धक हैं।

४—दो सर्वांगसम त्रिभुजों की उच्चतायें (Altitude) बराबर होती हैं।

५—किसी △ के दो कोणों के अर्धकों के कटान-बिन्दु से भुजाओं पर डाले गए लम्ब बराबर होते हैं।

६—(अ) चतुर्भुज **ता था दा धा** की सम्मुख भुजायें बराबर और समान्तर हैं। सिद्ध करो कि उनके विकर्ण एक दूसरे के अर्धक हैं। (आ) यदि चतुर्भुज की आसन्न भुजायें भी बराबर हों, तो उसके विकर्ण एक दूसरे के लम्बार्धक होंगे।

७—△ **का खा गा** में **का पा**, ∠**का** का अर्धक है। **खा पा** इस अर्धक पर **खा** से डाला गया लम्ब है। **खा पा** बढ़ाने पर **का गा** से **मू** पर मिलती है। सिद्ध करो कि—

(अ) **पा, खा मू** का मध्य बिन्दु है,

(आ) ∠**का खा पा** = ½ (**खा** + **गा**),

(इ) ∠**गा खा मू** = ½ (**खा** − **गा**)।

८—यदि एक चतुर्भुज के दो सम्मुख कोण बराबर हों और उसका एक विकर्ण तीसरे कोण का अर्धक हो, तो वह विकर्ण चौथे कोण का भी अर्धक होगा।

९—एक रेखा **पा फा** को आधार मानकर उसके दोनों ओर दो △ बनाये गये हैं। उनके शीर्ष बिन्दुओं को मिलाने वाली रेखा शीर्षकोणों की अर्धक है। सिद्ध करो कि दोनों △ समद्विबाहु हैं।

प्रमेय १४

यदि किसी त्रिभुज की दो भुजायें बराबर हों, तो उनके सम्मुख कोण भी बराबर होंगे।

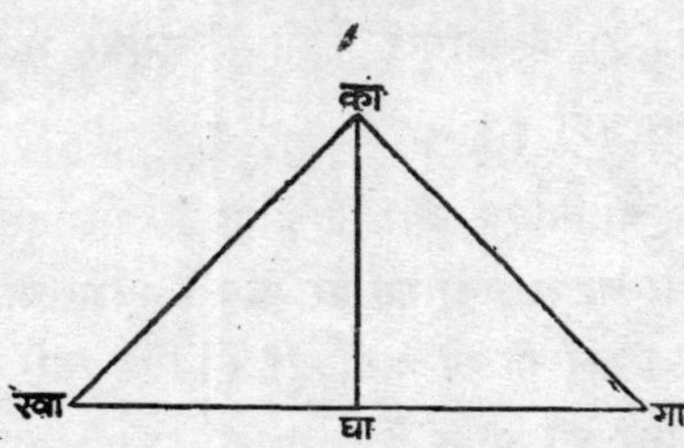

मान लो कि **का खा गा** एक △ है, जिसमें **का खा** = **का गा**।

तो सिद्ध करना है कि—

∠खा = ∠गा ।

मान लो कि ∠का का अर्धक खा गा से घा पर मिलता है ।

अब, △का खा घा और का गा घा में का खा = का गा,

का घा सामान्य है,

और मध्यस्थ ∠खा का घा = मध्यस्थ ∠गा का घा.

∴ △का खा घा ≡ △का गा घा ।

∴ ∠खा = ∠गा

टिप्पणी १ : इस प्रमेय की साधारण प्रतिज्ञा को इस प्रकार भी लिख सकते हैं—'समद्विबाहु त्रिभुज के आधार कोण बराबर होते हैं ।'

टिप्पणी २ : एक पान की आकृति बनाओ । मान लो कि **का खा** उसके बीच की डण्डी है । यदि पान को **का खा** पर मोड़ा जाय, तो नीचे का भाग **का घा खा** ऊपर के भाग **का गा खा** पर पड़ेगा और उसको ठीक-ठीक ढक लेगा ।

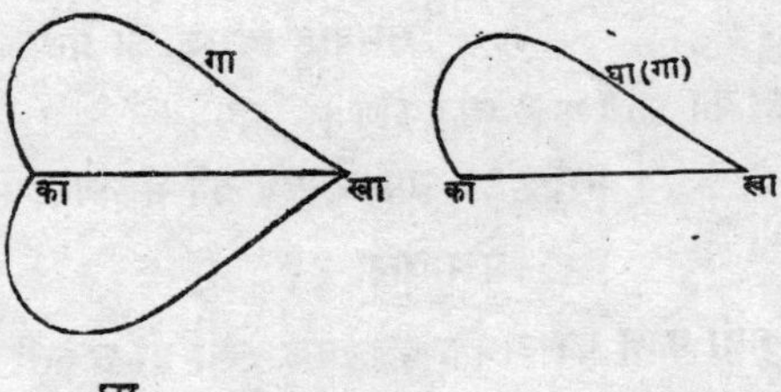

इस बात को ज्यामितीय भाषा में हम इस प्रकार कहते हैं कि चित्र **का घा खा गा** रेखा **का खा** के प्रति **सम्मित** (Symmetrical) है । सम्मित होने के गुण को **सम्मिति** (Symmetry) कहते हैं । जिस रेखा के प्रति आकृति सम्मित होती है, उसको आकृति का **सम्मित्यक्ष** (Axis of Symmetry) कहते हैं ।

इस प्रयोग से यह प्रत्यक्ष है कि समद्विबाहु△अपने शीर्षकोण के अर्धक के प्रति सम्मित होता है ।

उपप्रमेय :

१—समद्विबाहु त्रिभुज में शीर्षकोण का अर्धक आधार पर लम्ब होता है ।

२—समद्विबाहु त्रिभुज में शीर्षकोण का अर्धक आधार को अधियाता है, अर्थात् त्रिभुज की माध्यिका होता है।

इस प्रमेय और दोनों उपप्रमेयों को मिलाकर हम इस प्रकार लिख सकते हैं।

समद्विबाहु त्रिभुज का सम्मित्यक्ष—

(क) शीर्षकोण का अर्धक होता है।

(ख) आधार पर लम्ब होता है।

(ग) त्रिभुज की एक माध्यिका होता है।

३—यदि एक समद्विबाहु △ का आधार दोनों ओर बढ़ाया जाय, तो बाह्यकोण बराबर होंगे और दोनों अधिककोण होंगे।

४—यदि एक समद्विबाहु त्रिभुज की बराबर भुजायें आधार के नीचे की ओर बढ़ाई जायँ, तो बाह्यकोण बराबर होंगे और दोनों अधिककोण होंगे।

५—समबाहु △ के तीनों कोण बराबर होते हैं। अब हम प्रमेय १० के उपप्रमेय १ को इस प्रकार लिख सकते हैं—

समबाहु त्रिभुज का प्रत्येक कोण = ६०°।

६—अर्धवृत्त का कोण = १ लम्बकोण।

[प्रमेय १० उपप्रमेय ६ की सहायता से सिद्ध करो।]

प्रश्नावली ११

१—क्या किसी कोण का अर्धक एक वक्र रेखा हो सकती है ? क्यों ?

२—एक समद्विबाहु △ के कितने सम्मित्यक्ष होते है ? एक समबाहु △ के कितने ?

३—यदि एक समद्विबाहु △ का (अ) शीर्षकोण = ९०° (आ) एक आधार कोण = ४०° (इ) शीर्षकोण = ५५°, तो अन्य कोणों के मान बताओ।

४—एक समद्विबाहु △ के शीर्ष के बाह्यकोण का मान आधार कोण के पदों में बताओ।

५—समद्विबाहु △ के शीर्ष से आधार पर डाला गया लम्ब त्रिभुज को दो सर्वांगसम त्रिभुजों में विभाजित करता है।

६—समद्विबाहु △ की भुजाओं के मध्य बिन्दुओं को मिलाने से जो त्रिभुज बनता है, समद्विबाहु होता है।

७—समबाहु त्रिभुज की भुजाओं के मध्य बिन्दुओं को मिलाने से जो △ बनता है, वह समबाहु होता है।

८—समद्विबाहु △ पा फा बा के आधार कोणों के अर्धक का पर मिलते हैं। सिद्ध करो कि का पा शीर्ष कोण का अर्धक है।

९—यदि दो समद्विबाहु त्रिभुजों का खा गा और या रा ला के शीर्ष कोण का और या बराबर हैं, तो ∠खा = ∠रा = ∠गा = ∠ला।

१०—समबाहु चतुर्भुज के सम्मुख कोण बराबर होते हैं।

[विकर्ण खींचकर सिद्ध करो।]

११—समद्विबाहु △ का खा गा के आधार खा गा को दोनों ओर पा और फा तक इस प्रकार बढ़ाया गया है कि खा पा = गा फा। सिद्ध करो कि—

△ का खा पा ≡ △ का गा फा,

और △ का खा फा ≡ △ का गा पा।

१२—समबाहु △ की माध्यिकायें बराबर होती हैं।

१३—(अ) समद्विबाहु △ के शीर्ष के बाह्यकोण का अर्धक आधार के समान्तर होता है। [देखो प्रश्नावली ७ प्रश्न २७।]

(आ) समद्विबाहु △ के शीर्ष के मध्येन आधार के समान्तर खींची गई रेखा शीर्ष के बाह्यकोण का अर्धक होती है।

१४—एक ही आधार पर बने दो समद्विबाहु त्रिभुजों के, जिनके शीर्ष आधार के एक ही ओर नहीं है, शीर्षों को मिलानेवाली रेखा आधार का लम्बार्धक होती है।

१५—यदि △ या रा ला में या रा और या ला बराबर न हों, तो ∠रा और ∠ला बराबर न होंगे। बड़ी भुजा का सम्मुख कोण बड़ा होगा। [अनिष्ट प्रदर्शन (Reductio ad absurdum) द्वारा सिद्ध करो]।

१६—यदि एक △ के आधार के मध्य बिन्दु से शीर्ष को मिलाने वाली रेखा आधार की आधी हो, तो शीर्षकोण लम्बकोण होगा।

१७—किसी लम्बकोण △ के कर्ण को व्यास मानकर खींचा गया वृत्त △ के शीर्ष में से होकर जायेगा ।

प्रमेय १५

यदि किसी त्रिभुज के दो कोण बराबर हों, तो उनकी सम्मुख भुजायें भी बराबर होंगी ।

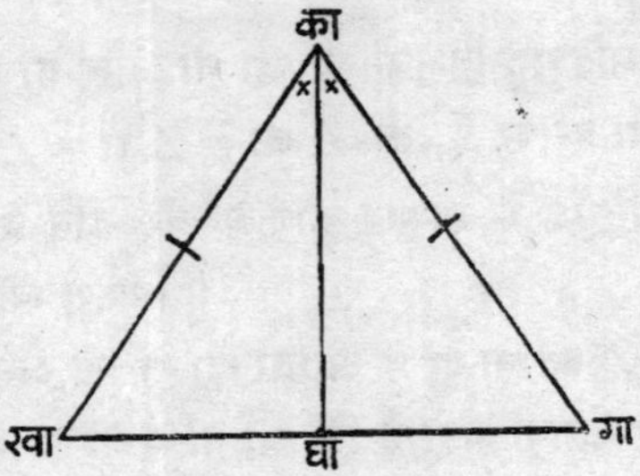

मान लो कि का खा गा एक △ है, जिसमें—

∠ खा = ∠ गा

तो सिद्ध करना है कि

का खा = का गा ।

का से खा गा पर लम्ब डालो, जो खा गा से घा पर मिले ।

अब △ का खा घा और का गा घा में

∵ { ∠ खा = ∠ गा (परिकल्पना से),
∠ का घा खा = ∠ का घा गा (रचना से दोनों लम्ब कोण है),
का घा सामान्य है । }

∴ △ का खा घा ≡ △ का गा घा ।

अतः का खा = का गा ।

टिप्पणी :—यह प्रमेय पिछले प्रमेय का विलोम है ।

उपप्रमेय :—

१—एक त्रिभुज का आधार दोनों ओर बढ़ाया गया है । यदि इस प्रकार बने बाह्यकोण बराबर हों, तो त्रिभुज समद्विबाहु होगा ।

२—एक त्रिभुज की दो भुजायें आधार के नीचे की ओर बढ़ाई गई हैं। यदि इस प्रकार बने बाह्यकोण बराबर हों, तो त्रिभुज समद्विबाहु होगा।

३—समानकोणिक त्रिभुज समबाहु भी होता है।

४—यदि एक त्रिभुज के शीर्ष कोण का अर्धक आधार को अधियाबे, तो त्रिभुज समद्विबाहु होगा।

प्रश्नावली १२

१—उपर्युक्त प्रमेय को अनिष्ट प्रदर्शन द्वारा सिद्ध करो।

२—जिस △ के प्रत्येक कोण का अर्धक सम्मुख भुजा पर लम्ब हो वह △ समबाहु होगा।

३—समद्विबाहु △ का खा गा के आधार में घा एक बिन्दु है। घा में से खा गा पर डाला गया लम्ब का गा को पा पर और 'बढ़ाई हुई' खा का को फा पर काटता है। सिद्ध करो कि का पा = का फा।

४—(अ) समद्विबाहु △ के आधार और आधार कोणों के अर्धकों द्वारा बना △ समद्विबाहु होगा।

(आ) यदि एक △ का खा गा के आधार और आधार कोणों के अर्धकों द्वारा बना △ समद्विबाहु हो, तो △ का खा गा भी समद्विबाहु होगा।

५—(अ) समद्विबाहु त्रिभुज के आधार और आधार पर के बाह्यकोणों के अर्धकों द्वारा बना △ समद्विबाहु होगा।

(आ) यदि एक △ का खा गा के आधार और आधार के बाह्यकोणों के अर्धकों द्वारा बना △ समद्विबाहु हो, तो △ का खा गा भी समद्विबाहु होगा।

प्रमेय १६

यदि एक त्रिभुज की तीनों भुजायें दूसरे त्रिभुज की तीनों भुजाओं के अलग-अलग बराबर हों, तो त्रिभुज सर्वांगसम होंगे।

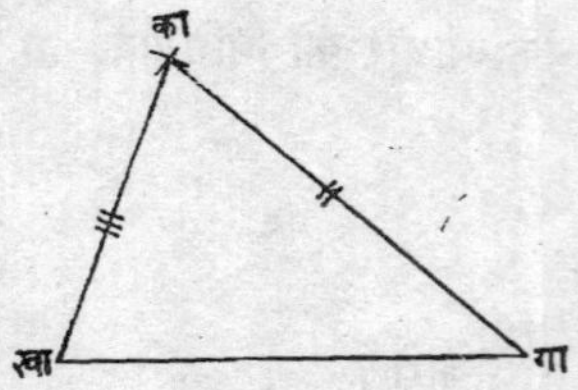

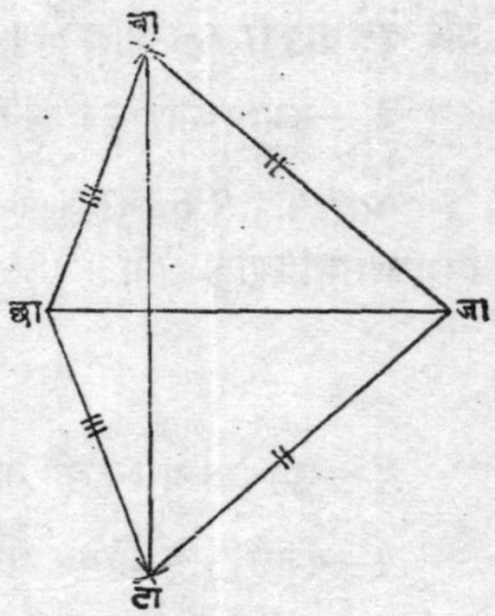

मान लो कि का खा गा, चा छा जा दो △ हैं, जिनमें—

का खा = चा छा,

खा गा = छा जा,

गा का = जा चा ।

तो सिद्ध करना है कि—

△ का खा गा ≡ △ चा छा जा ।

मान लो कि △ का खा गा में खा गा शेष दोनों भुजाओं से छोटी नहीं है ।

△ का खा गा को उठाकर △ चा छा जा पर इस प्रकार रखो कि खा, छा पर पड़े और खा गा पड़े छा जा पर, और शीर्ष का, चा की ओर न पड़ कर छा जा के दूसरी ओर पड़े ।

अब खा गा = छा जा,

∴ बिन्दु गा बिन्दु जा पर पड़ेगा ।

मान लो कि △ का खा गा की नई स्थिति छा टा जा है ।

चा टा को मिलाओ ।

अब छा चा, छा टा दोनों का खा के बराबर हैं ।

∴ छा चा = छा टा

∴ ∠ छा चा टा = ∠ छा टा चा ।......(१)

फिर जा चा, जा टा दोनों का गा के बराबर हैं,

∴ जा चा = जा टा,

∴ ∠ जा चा टा = जा टा चा ।......(२)

(१) और (२) को जोड़ने से स्पष्ट है कि—

∠छा चा जा = ∠छा टा जा ।

अन्त में, △चा छा जा और टा छा जा में—

∵ { छा चा = छा टा,
जा चा = जा टा,
मध्यस्थ ∠छा चा जा = मध्यस्थ ∠छा टा जा,
∴ △टा छा जा ≡ △चा छा जा ।

अर्थात् △का खा गा ≡ △चा छा जा ।

उपप्रमेय : समद्विबाहु त्रिभुज की वह माध्यिका जो आधार का अर्धन करती है, आधार पर लम्ब होती है ।

प्रश्नावली १३

१—एक चतुर्भुज की सम्मुख भुजायें बराबर हैं । सिद्ध करो कि—

(अ) सम्मुख कोण बराबर हैं ।

(आ) सम्मुख भुजायें समान्तर हैं और विकर्ण एक-दूसरे के अर्धक हैं ।

२—एक चतुर्भुज की चारों भुजायें बराबर हैं । सिद्ध करो कि—

(अ) उसके विकर्ण एक-दूसरे के लम्बार्धक हैं ।

(आ) उसके विकर्ण जिन कोणों को मिलाते हैं उनके अर्धक हैं ।

३—किसी △ की भुजाओं के लम्बार्धक संगामी होते हैं ।
[दो भुजाओं के लम्बार्धकों के कटान बिन्दु से तीसरी भुजा के मध्य बिन्दु को मिलाने वाली रेखा को उस भुजा पर लम्ब सिद्ध करो ।]

४—एक चतुर्भुज की चारों भुजायें और एक विकर्ण दूसरे चतुर्भुज की संगत भुजाओं और विकर्ण के बराबर हैं । तो चतुर्भुज सर्वांगसम होंगे ।

५—एक ही आधार पर बने समद्विबाहु त्रिभुजों के शीर्षों को मिलानेवाली रेखा आधार की लम्बार्धक होगी ।

६—चतुर्भुज का खा गा घा में का खा = का घा और खा गा = गा घा, तो सिद्ध करो कि का गा ⊥ खा घा ।

७—यदि एक △ की दो भुजायें और एक माध्यिका दूसरे की संगत भुजाओं और माध्यिका के बराबर हों, तो △ सर्वांगसम होंगे ।

इस साध्य को दो प्रकार से सिद्ध करोः—

(अ) बराबर दी हुई भुजाओं में से एक के मध्य बिन्दु से सम्मुख शीर्ष को मिलानेवाली माध्यिका को बराबर मानकर ।

(आ) तीसरी भुजा के मध्य बिन्दु से सम्मुख शीर्ष को मिलाने वाली माध्यिका को बराबर मानकर ।

प्रमेय १७

यदि दो लम्बकोण त्रिभुजों के कर्ण बराबर हों और एक त्रिभुज की एक भुजा दूसरे की संगत भुजा के बराबर हो, तो त्रिभुज सर्वांगसम होंगे ।

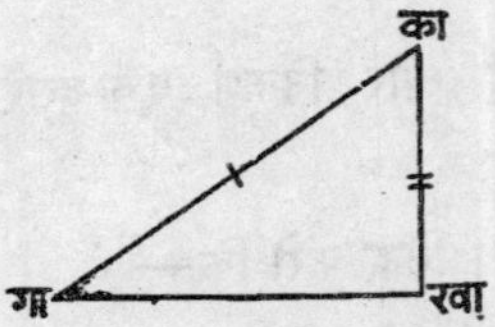

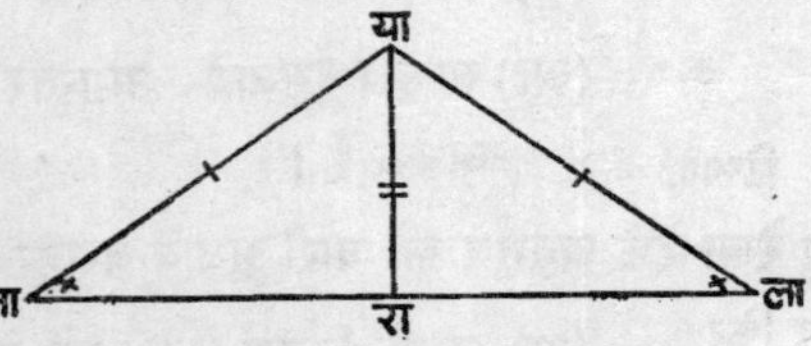

मान लो कि का खा गा और या रा ला दो लम्ब कोण △ हैं, जिनमें—

कर्ण का गा = कर्ण या ला,

भुजा का खा = भुजा या रा ।

तो सिद्ध करना है कि—

△ का खा गा ≡ △ या रा ला ।

△ का खा गा को उठाकर △ या रा ला पर इस प्रकार रक्खो कि का पड़े या पर, का खा पड़े या रा पर और गा, ला की ओर न पड़कर, या रा के दूसरी ओर पड़े ।

परन्तु का खा = या रा,

∴ खा पड़ेगा रा पर।

मान लो कि △ का खा गा की नवीन स्थिति △ या रा मा है।

∵ रा पर बने संलग्न कोणों का योग = २ लम्ब कोण

∴ मा रा ला एक ही ऋजु रेखा है।

इस प्रकार या मा ला एक त्रिभुज हो गया।

अब इस △ में—

∵ या मा = या ला,

∴ ∠मा = ∠ला।

फिर △ या रा मा और △ या रा ला में—

∵ { ∠मा = ∠ला (अभी सिद्ध किया है),
∠या रा मा = ∠या रा ला (दोनों लम्ब कोण हैं),
और भुजा या रा सामान्य है।

∴ △ या रा मा ≡ △ या रा ला।

अर्थात् △ का खा गा ≡ △ या रा ला।

टिप्पणी : उपपत्ति में यह सिद्ध करना आवश्यक था कि मा रा ला एक ही ऋजु रेखा है। अन्यथा हम यह नहीं मान सकते थे कि या मा ला एक △ है और फिर हम यह सिद्ध नहीं कर सकते थे कि ∠मा = ∠ला। यदि मा रा, रा ला एक ही ऋजु रेखा में नहीं हैं तो आकृति या मा रा ला त्रिभुज के बदले चतुर्भुज होगी और इसलिए प्रमेय १४ इस पर लागू नहीं होगा।

उपप्रमेय—समद्विबाहु त्रिभुज में शीर्ष से आधार पर डाला गया लम्ब आधार का अर्धन करता है, अर्थात् त्रिभुज की एक माध्यिका होता है।

प्रश्नावली १४

१—उपर्युक्त प्रमेय द्वारा सिद्ध करो कि समद्विबाहु △ के शीर्ष से आधार पर डाला गया लम्ब △ का अर्धक होता है।

२—(अ) दो त्रिभुजों में दो-दो भुजायें और शीर्ष से आधार पर डाले गए लम्ब बराबर हैं। सिद्ध करो कि △ सर्वांगसम हैं।

(आ) दो त्रिभुजों में आधार, एक भुजा और उच्चतायें बराबर हैं। सिद्ध करो कि △ ≡ हैं।

३—चतुर्भुज पा फा बा भा में ∠ पा = ∠ फा = ९०° और पा बा = फा भा। तो सिद्ध करो कि पा भा = फा बा।

४—प्रमेय १७ से सिद्ध करो कि वृत्त के केन्द्र को किसी जीवा के मध्य बिन्दु से मिलाने वाली रेखा जीवा पर लम्ब होती है।

५—किसी △ के अधार कोणों से सम्मुख भुजाओं पर डाले गए लम्ब बराबर हैं। सिद्ध करो कि △ समद्विबाहु है।

६—किसी △ के तीनों कोणों के अर्धक संगामी होते हैं। [दो कोणों के अर्धकों के कटान बिन्दु से तीसरे शीर्ष को मिलाओ। कटान बिन्दु से भुजाओं पर लम्ब डालकर सिद्ध करो कि यह योजक रेखा (Joining line) तीसरे कोण की अर्धक है.]

७—△ का खा गा में खा और गा से भुजाओं का खा और का गा पर डाले गए ⊥ पा पर मिलते हैं। यदि पा खा = पा गा, तो का खा = फा गा।

८—एक कोण की भुजाओं पर उस कोण के अन्दर के एक बिन्दु से डाले गए लम्ब बराबर हैं। तो उस बिन्दु को शीर्ष से मिलाने वाली रेखा शीर्ष कोण की अर्धक होगी।

९—यदि आधार के मध्य बिन्दु से भुजाओं पर डाले गए ⊥ बराबर हों, तो △ समद्विबाहु होगा।

१०–△का खा गा में का खा और का गा को बढ़ाया गया है। खा और गा के बाह्यकोणों के अर्धक या पर मिलते हैं। सिद्ध करो कि का या ∠का का अर्धक है।

११–दो प्रतिच्छेदक रेखायें का खा और का गा बराबर हैं। खा तथा गा से दूसरी रेखाओं पर डाले गए ⊥ या पर मिलते हैं? सिद्ध करो कि खा या = गा या। इस प्रश्न का प्रश्न ७ से क्या सम्बन्ध है।

१२–दो लम्ब कोण त्रिभुजों के शेष कोण भी परस्पर बराबर हैं। क्या भुजायें भी बराबर होंगी? क्यों?

त्रिभुजों में सर्वांगसमता

पिछले कई प्रमेयों में यह सिद्ध हो चुका है कि यदि दो त्रिभुजों में से एक के निम्न-लिखित तीन अंग दूसरे के संगत अंगों के बराबर हों, तो △ सर्वांगसम होंगेः—

(१) दो भुजायें और मध्यस्थ कोण।

(२) दो कोण और एक भुजा।

(३) तीनों भुजायें।

(४) यदि △ लम्बकोणीय हों, तो कर्ण और एक भुजा।

अब प्रश्न यह उठता है कि यदि दो त्रिभुजों के कोई से तीन-तीन अंग बराबर हों, तो क्या त्रिभुज सर्वांगसम होंगे? नहीं। एक उदाहरण यहाँ देते हैं।

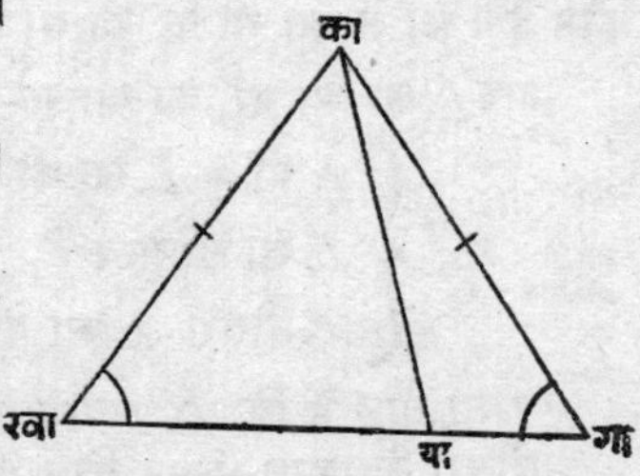

△ का खा गा एक समद्विबाहु △ है। आधार खा गा में कोई बिन्दु घा लो। △ का खा घा, △ का गा घा की तुलना करो। दो भुजायें और १ कोण बराबर हैं, किन्तु △ सर्वांगसम नहीं है।

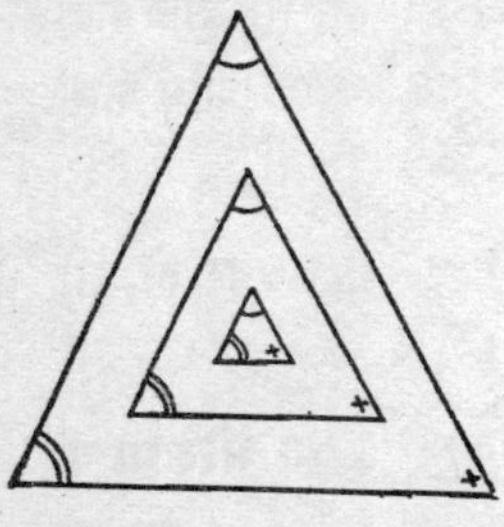

अब केवल एक दशा रह जाती है। जब एक △ के तीनों कोण दूसरे △ के संगत कोणों के बराबर हों, तब △ सर्वांगसम होंगे या नहीं? चित्र में दिये हुए तीनों त्रिभुजों में से किसी एक के तीनों कोण किसी दूसरे के तीनों कोणों के अलग-अलग बराबर हैं, परन्तु स्पष्ट है कि △ सर्वांगसम नहीं हैं।

यहाँ एक बात ध्यान देने योग्य है। क्या किसी △ के तीनों कोण एक दूसरे से स्वतन्त्र हैं? नहीं। क्योंकि हम देख चुके हैं कि तीनों कोणों का योग = २ लम्ब कोण। यदि दो कोण अलग-अलग बराबर हों तो तीसरे कोणों को तो बराबर होना ही पड़ेगा। अतएव यदि एक △ के तीनों कोण दूसरे के तीनों कोणों के बराबर दिए हैं तो वास्तव में एक △ के दो ही कोण दूसरे △ के दो संगत कोणों के बराबर दिए हैं। तीसरे कोण तो आपसे आप बराबर हो जायेंगे जैसा प्रमेय १०, उपप्रमेय १० में दिया है।

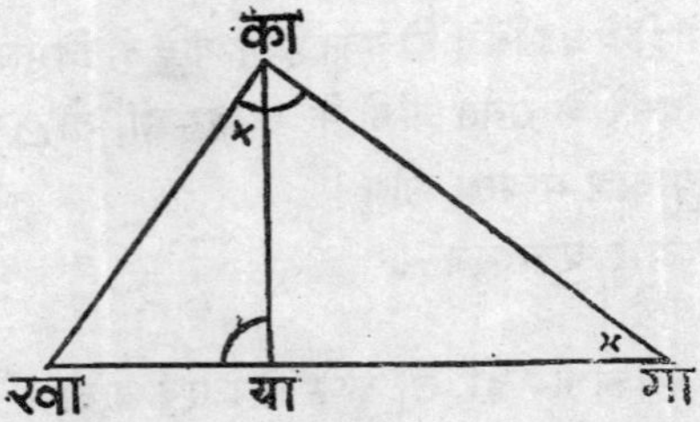

इस दशा के दूसरे उदाहरण के लिये मान लो कि△का खा गा में ∠का लम्ब कोण है। का से खा गा पर का या लम्ब डालो।

अब△का खा या, का खा गा में—

∵ { ∠ या = ∠ खा का गा,
∠ खा सामान्य है,
∴ तीसरा ∠ खा का या = तीसरा ∠ का गा खा }

परन्तु स्पष्ट है कि △ सर्वांगमम नहीं हैं।

तीसरा उदाहरण-संलग्न चित्र में भी त्रिभुजों के तीनों कोण बराबर हैं, परन्तु वे सर्वांगसम नहीं हैं।

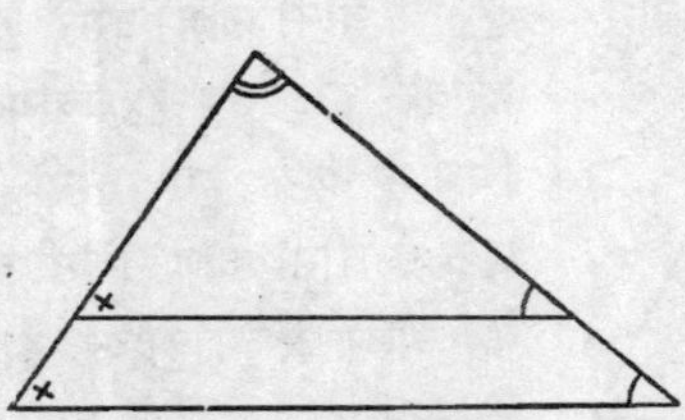

अतः यदि दो त्रिभुजों में से एक के निम्नलिखित तीन अंग दूसरे के संगत अंगों के बराबर दिए हों, तो हम निश्चय पूर्वक नहीं कह सकते कि△सर्वांगसम हैं। सम्भव है हों, सम्भव है न हों।

(१) तीनों कोण।

(२) दो भुजायें और एक के सामने का कोण।

अतः ४ दशायें ऐसी हैं जिनमें △अवश्य सर्वांगसम होंगे। और दो दशायें ऐसी हैं जिनमें हम निश्चयपूर्वक नहीं कह सकते कि △सर्वांगसम होंगे अथवा नहीं।

यह बात ध्यान देने योग्य है कि हमने केवल उन्हीं दशाओं पर विचार किया है जिनमें एक △ के तीन अंग दूसरे △ के तीन अंगों के अलग-अलग बराबर हों। यदि हम इस शर्त को न रक्खें तो ऐसी अनेक दशायें होंगी जिनमें △ सर्वांगसम नहीं होंगे, जैसे एक न्यून कोण △ कभी भी एक लम्बकोण △ के सर्वांगसम नहीं हो सकता। एक समबाहु △ कभी भी एक विषमबाहु △ के सर्वांगसम नहीं हो सकता। परन्तु ऐसे त्रिभुजों में तो तीन अंग भी बराबर नहीं हो सकते।

प्रश्नावली १५

१—क्या निम्नलिखित दशाओं में △ का खा गा और △ पा फा बा सर्वांगसम हैं ?

(अ) ∠ का = पा,
∠ खा = ∠ फा,
भुजा ख = भुजा प।

(आ) ∠ गा = ∠ बा = ९०°,
भुजा ग = भुजा ब,
" क = " प।

(इ) ∠ का = ∠ पा = ४३°,
∠ खा = ∠ फा = १०२°,
∠ गा = ∠ बा = ३५°।

(ई) ∠ ख = ∠ फा = ८४°,
भुजा ख = भुजा फ
" ग = " ब।

(उ) भुजा क = भुजा प,
" ख = " फ
" ग = " ब।

(ऊ) भुजा क = भुजा प,
" ख = " फ,
∠ गा = ∠ पा।

(ए) ∠ खा = ∠ फा = १४०°,
भुजा ख = भुजा फ,
" ग = " ब।

(२)—एक ही आधार के एक ही ओर बने दो सर्वांगसम त्रिभुजों के शीर्षों को मिलाने वाली रेखा आधार के समान्तर होगी।

(३)—दो सर्वांगसम त्रिभुजों की संगत उच्चतायें बराबर होती हैं।

(४)—एक सम षड्भुज का खा गा घा चा छा में सिद्ध करो कि खा घा || का चा।

(५)—चतुर्भुज का खा गा घा में का खा = खा गा और ∠ का = ∠ गा। सिद्ध करो कि खा घा, ∠ खा और ∠ घा की अर्धक है।

६—चतुर्भुज का खा गा घा के विकर्ण एक दूसरे को या पर काटते हैं। यदि या खा = या का और या घा = या गा, तो सिद्ध करो कि खा गा = का घा और का खा || गा घा।

७—△पा फा बा की भुजाओं पा फा और पा बा के मध्य बिन्दुओं भा और मा को मिलाकर बिन्दु का इतना बढ़ाया गया है कि भा मा = मा का। सिद्ध करो कि—

भा फा || और = का बा,

भा का || और = फा बा।

इस प्रकार सिद्ध करो कि △की भुजाओं के मध्य बिन्दुओं की योजक रेखा आधार की आधी और उसके समान्तर होती है।

अध्याय ७

प्रारम्भिक निर्मेय

व्यावहारिक ज्यामिति (Practical Geometry)--अभी तक हमने प्रमेयों पर विचार किया है, अर्थात् एक वाक्य लिखा और उसकी सत्यता को तर्क द्वारा सिद्ध किया। ज्यामिति के उक्त भाग को **सैद्धान्तिक ज्यामिति** (Theoretical Geometry) कहते हैं।

अब हम निर्मेयों पर विचार करेंगे। प्रत्येक निर्मेय में कुछ दिया होगा, जिसे **न्यास** (Data) कहेंगे। उसकी सहायता से कोई रचना करनी होगी। अन्त में उपपत्ति देकर सिद्ध करना होगा कि रचना ठीक है। रचना के उक्त भाग को "व्यावहारिक ज्यामिति" कहते हैं।

उपकरण (Apparatus), प्रत्येक विद्यार्थी के पास निम्नलिखित यन्त्र (Instruments) होने चाहिए:—

(१) **फुटा** (Foot rule), जिस पर इञ्च और सेण्टीमीटर अंकित हों।

(२) **परकार** (Compasses)

(३) **विभागिनी** (Dividers), जिससे रेखाओं की लम्बाई नापी जाती है।

(४) **चांदा या कोणमापक** (Protractor), जिससे कोणों के परिमाण नापते हैं।

(५) **दो गुनिये** (Set Squares), जो लम्बकोण △ की आकृति के होते है।

यों तो विद्यार्थी जब चाहे तब इन समस्त यंत्रों का उपयोग कर सकता है, परन्तु प्रथा यह है कि यथा साध्य केवल दो यंत्रों से ही काम लिया जाय:—

(१) परकार

(२) सादी पटरी, जिस पर इंच या सेण्टीमीटर अंकित न हों।

यदि हम सदैव सब यंत्रों का उपयोग कर सकें तो बहुत से निर्मेय तो निरर्थक हो जायें, जैसे यदि एक कोण का अर्धन करना है तो चाँदे से कर सकते हैं; परन्तु निर्मेय में ऐसी क्रिया दी जाती है कि हम केवल परकार और सादी पटरी से ही कोण का अर्धन कर सकें। इस क्रिया में परिशुद्धता की अधिक सम्भावना है।

सादी पटरी के तीन उपयोग हैं :—

(क) दो बिन्दुओं को ऋजु रेखा से मिलाना।

(ख) दी हुई रेखा को बढ़ाना।

(ग) एक रेखा के बराबर दूसरी रेखा खींचना।

परकार के दो उपयोग हैं :—

(क) वृत्त या चाप खींचना।

(ख) एक बड़ी रेखा में से छोटी रेखा के बराबर रेखा काटना।

निर्मेय सम्बन्धी सावधानियाँ :—

(१) पेन्सिल महीन बनाओ।

(२) निर्मेय में दी हुई रेखायें मोटी, रचनानुसार बनाई हुई रेखायें पतली और जो रेखायें केवल उपपत्ति के लिए बनानी हों, उन्हें बिन्दुमय बनाओ।

(३) जिन रेखाओं को नापना भी हो, उन्हें सदैव पतली बनाओ।

(४) चित्र बिल्कुल स्पष्ट खींचो और बड़ा बनाओ।

(५) रचना की रेखाओं को मिटाओ मत।

(६) उपपत्ति भी देनी चाहिये, जब तक कि परीक्षक स्पष्ट रूप से यह न लिख दे कि उपपत्ति की आवश्यकता नहीं है।

(७) लम्बाइयों को इंच या सेण्टीमीटर के दो दशमलव अंकों तक और कोणों को अंश के एक दशमलव अंक तक नापो।

निर्मेय १

दिये हुए कोण का अर्धन करना।

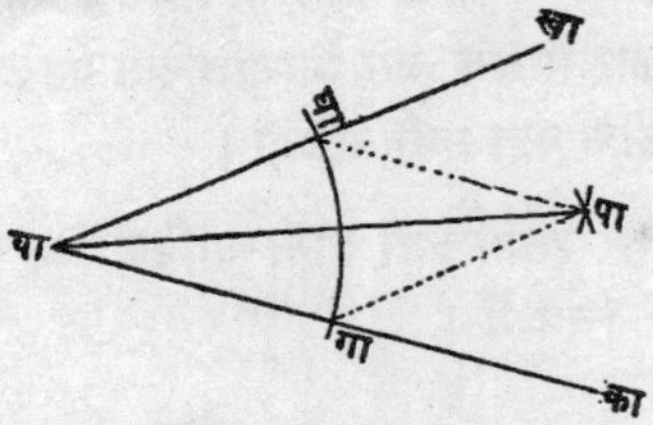

मान लो कि का या खा दिया हुआ कोण है। इसका अर्धन करना है।

रचना : या को केन्द्र मानकर और कोई त्रिज्या लेकर एक चाप खींचो, जो या का, या खा को क्रमशः गा, घा पर काटे।

गा को केन्द्र मानकर कोई त्रिज्या लेकर एक चाप खींचो।

घा को केन्द्र मानकर और वही त्रिज्या लेकर दूसरी चाप खींचो जो पिछले चाप को पा पर काटे।

या पा को मिलाओ।

तो या पा ∠का या खा की अर्धक होगी।

पा गा और पा घा को मिलाओ।

उपपत्ति : △पा गा या, △पा घा या में—

$\because$ { गा या = घा या (एक ही वृत्त की त्रिज्या में हैं),
गा पा = घा पा (बराबर वृत्तों " " "),
या पा सामान्य हैं।

$\therefore$ △ पा गा या ≡ △पा घा या।

$\therefore$ ∠गा या पा = ∠घा या पा।

अर्थात् या पा ∠का या खा की अर्धक है।

टिप्पणी:—

१. पहले वृत्त की त्रिज्या कुछ भी हो सकती है। परन्तु यदि त्रिज्या बहुत छोटी हो तो त्रुटि होने की सम्भावना है। कापी पर बनाने के लिये कम से कम दो इंच की त्रिज्या लो।

२. दूसरे वृत्त की त्रिज्या यदि बहुत छोटी लोगे, तो चाप एक दूसरे को नहीं काटेंगे । यह त्रिज्या भी काफी बड़ी लो । परन्तु बहुत बड़ी भी न लो, नहीं तो चाप इस प्रकार मिलेंगे जैसे निम्नलिखित पहले चित्र में, और कटान बिन्दु का ठीक-ठीक पता नहीं चलेगा ।

त्रिज्या सुविधानुसार इतनी बड़ी होनी चाहिए कि चाप एक दूसरे को इस प्रकार काटें जैसे दूसरे चित्र में ।

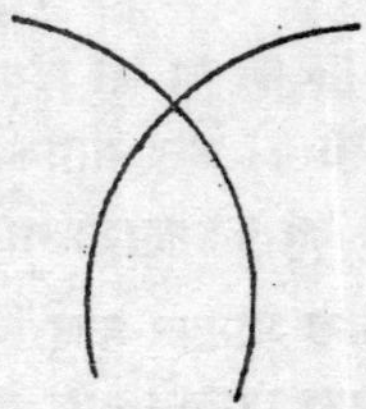

समस्त निर्मेयों में त्रिज्या सुविधानुसार दो से तीन इंच तक की लेना प्रायः ठीक होगा ।

प्रश्नावली १६

१—निम्नलिखित कोणों के अर्धक खींचोः—

(अ) ९०°, ५०°, १४३°, ८३°,

(आ) २२$\frac{१}{२}$°, १५° ।

२—एक कोण के चार बराबर भाग करो ।

३—८०° के कोण को इस प्रकार दो भागों में विभाजित करो कि एक भाग दूसरे का $\frac{१}{७}$ हो ।

४—एक कोण के दो भाग इस प्रकार करो कि एक भाग दूसरे का तिगुना हो ।

५—निर्मेय १ के चित्र में मान लो कि ∠खा या का = ३२° । इस कोण का अर्धन करने में या गा = $\frac{१}{२}''$ लिया और गा पा = २" । इस प्रकार हमें ∠पा या का = १६° के मिला । त्रिज्याओं की उसी नाप को लेकर फिर इसी प्रकार दो बार करने से हमें ४° का कोण मिलेगा । अब या को केन्द्र मानकर और ४" की त्रिज्या लेकर एक वृत्त खींचो और परिधि के उन भागों

को जो ४° के कोण की भुजाओं के बीच में पड़ते हैं, नापो और इन्हें समान दिखाकर सिद्ध करो कि तुम्हारी रचना बिल्कुल ठीक है। इसी प्रकार अर्धन करते-करते हम १° का कोण भी बना सकते हैं।

६—पुनर्युक्त ∠**पा फा बा** = २३५° बनाओ। कोण का अर्धक **फा भा** खींचो और नाप कर फल की जाँच करो।

७—उपर्युक्त कोण (प्रश्न ६) में सिद्ध करो कि अधिक ∠**पा फा बा** का अर्धक भी **भा फा** (बढ़ाया हुआ) ही है।

८—१४०° के दिये हुए कोण की सहायता है २०° का कोण बनाओ।

९—एक △ के दो कोणों के अर्धकों का कटान बिन्दु ज्ञात करो। उससे तीसरे शीर्ष को मिलाओ। नाप कर सिद्ध करो कि यह रेखा तीसरे कोण की अर्धक है।

१०—एक △ की दो भुजाओं को आगे बढ़ा कर उनके बाह्यकोणों तथा तीसरे कोण के अर्धक खींच कर दिखाओ कि वे संगामी हैं।

११—दो संलग्न कोणों के अर्धक खींचकर उनके बीच का कोण नापो।

१२—कोण के अर्धक का प्रत्येक बिन्दु कोण की भुजाओं से समान दूरी पर होता है।

निर्मेय २

दी हुई परिमित ऋजु रेखा का अर्धन करना, अर्थात् दी हुई ऋजु रेखा का मध्य बिन्दु ज्ञात करना।

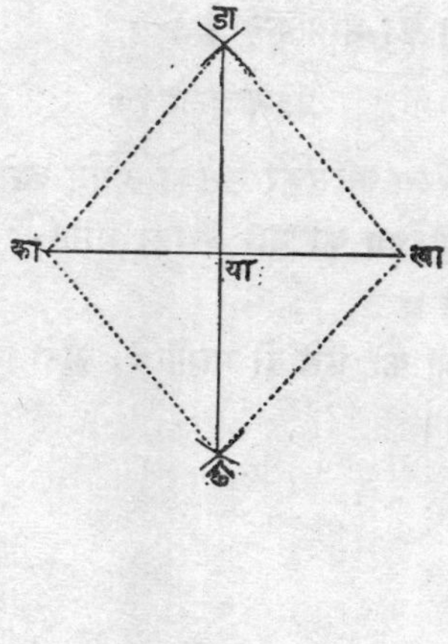

मान लो कि का खा दी हुई परिमित ऋजु रेखा है ।

तो इसका अर्धन करना है ।

रचना : का को केन्द्र मानकर और कोई त्रिज्या लेकर दो चाप खींचो, एक का खा के ऊपर, दूसरा उसके नीचे ।

फिर खा को केन्द्र मानकर उसी त्रिज्या से दो चाप खींचो जो पहले चापों को डा और ढा पर काटे ।

डा ढा को मिलाओ ।

मान लो कि डा ढा, का खा को या पर काटती है । तो या, का खा का मध्यबिन्दु होगा । डा का, डा खा, ढा का, ढा खा को मिलाओ ।

उपपत्ति :–△ का डा ढा, △ खा डा ढा में—

∵ { का डा = खा डा (बराबर वृत्तों की त्रिज्यायें),
का ढा = खा ढा (,, ,, ,, ,,),
डा ढा सामान्य हैं ।

∴ △ का डा ढा = △ खा डा ढा ।

∴ ∠ का डा ढा = ∠ खा डा ढा ।

अब △ का डा या, △ खा डा या में—

∵ { का डा = खा डा (बराबर वृत्तों की त्रिज्यायें),
डा या सामान्य है,
मध्यस्थ ∠ का डा या = मध्यस्थ ∠ खा डा या
(अभी सिद्ध किया है ।)

∴ △ का डा या ≡ △ खा डा या,

∴ का या = खा या,

अर्थात् या, का खा का मध्यबिन्दु है ।

प्रश्नावली १७

१—५" की ऋजु रेखा खींचकर उसका अर्धन करो ।

२—४½" की ऋजु रेखा को चार बराबर भागों में बाँटो । नापकर फल को प्रमाणित करो ।

३—एक ऋजु रेखा को ऐसे दो भागों में बाँटो कि एक भाग दूसरे का सात गुना हो ।

४—एक ऋजु रेखा को दो भागों में इस प्रकार बाँटो कि एक भाग का $\frac{१}{३}$ दूसरे भाग के $\frac{१}{६}$ के बराबर हो।

५—किसी △ की भुजाओं के मध्य बिन्दु ज्ञात करो और माध्यिकायें खींच कर दिखाओ कि वे संगामी हैं।

६—एक ऋजु रेखा के मध्य बिन्दु पर डाले गये ⊥ का प्रत्येक बिन्दु रेखा के दोनों सिरों से समान दूरी पर होता है।

७—एक ऋजु रेखा में एक ऐसा बिन्दु ज्ञात करो, जो रेखा के बाहर दिये गये दो बिन्दुओं से समान दूरी पर हो।

८—चार बिन्दु का, खा, गा और घा दिए हैं। एक बिन्दु या ऐसा ज्ञात करो कि या का = या खा और या गा = या घा।

९—किसी ऋजु रेखा के मध्य बिन्दु के मध्येन जाने वाली रेखा, दी हुई रेखा के सिरों से समान दूरी पर स्थित होगी।

१०—एक लम्बकोण △ को दो समद्विबाहु त्रिभुजों में विभाजित करो।

[कर्ण का मध्य बिन्दु ज्ञात करो]।

निर्मेय ३

किसी ऋजु रेखा के किसी बिन्दु पर लम्ब खड़ा करना।

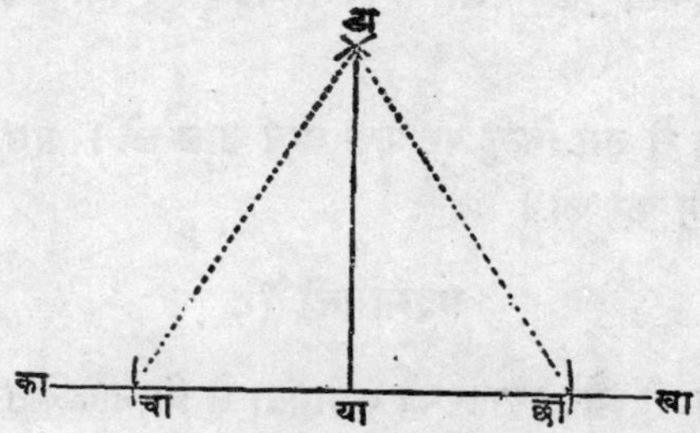

मान लो कि का खा दी हुई एक ऋजु रेखा है, जिसमें या दिया हुआ एक बिन्दु है। तो का खा के बिंन्दु या पर एक लम्ब खींचना है।

रचना : या को केन्द्र मान कर और कोई भी त्रिज्या लेकर एक चाप खींचो

जा का खा को, या के दोनों ओर चा, छा पर काटे। अब चा को केन्द्र मान कर पिछली त्रिज्या से बड़ी त्रिज्या लेकर एक चाप खींचो।

फिर छा को केन्द्र मान कर उसी त्रिज्या से एक और चाप खींचो, जो पिछले चाप को डा पर काटे।

डा या को मिलाओ।

तो डा या ⊥ का खा।

चा डा, छा डा को मिलाओ।

उपपत्तिः △चा डा या, △छा डा या में—

∵ { चा या = छा या (एक ही वृत्त की त्रिज्यायें हैं),
चा डा = छा डा (बराबर त्रिज्यायें हैं)
या डा सामान्य है।

∴ △चा डा या ≡ △छा डा या।

∴ ∠चा या डा = ∠छा या डा।

परन्तु ये संलग्न कोण हैं।

इसलिए इनमें से प्रत्येक लम्बकोण है,

अर्थात् डा या ⊥ का खा।

उपनिर्मेय : किसी ऋजु रेखा के किसी दिए हुए बिन्दु पर ४५° का कोण बनाना।

उपरोक्त विधि से उस बिन्दु पर एक लम्ब डाल लो। इस प्रकार बने एक लम्बकोण का अर्धन कर लो।

प्रश्नावली १८

१—केवल पटरी और परकार की सहायता से निम्नलिखित कोण बनाओ—

(अ) २२½°, ६७½°।

(आ) ११२½°, १३५°, १५७½°।

२—गुनियों की सहायता से कोण खींचो—

३०°, ४५°, ६०°, ७५°, १०५°।

३—४५° का कोण बनाने की एक और विधि बताओ।

[एक लम्ब कोण△बनाकर]

४—९०° के कोण को चाँदे से समत्रिभाजित (Trisected) करके ३०° का कोण बनाओ।

५—१·७" की एक ऋजु रेखा खींचकर एक सिरे से ·८" की दूरी पर उस रेखा पर एक लम्ब डालो।

६—५" की ऋजु रेखा का लम्बार्धक खींचो।

७—एक परिमित ऋजु रेखा के एक सिरे पर लम्ब डालो।

८—एक समद्विबाहु△बनाओ, जिसका आधार = २" और उच्चता = १·५"। [आधार का मध्य बिन्दु निकाल कर]

९—एक△की भुजाओं के लम्बार्धक खींचकर दिखाओ कि वे संगामी हैं।

१०—ऋजु रेखा का खा के बिन्दु खा पर गा खा घा रेखा का खा के साथ लम्ब कोण बनाती हुई खींचो। यदि का खा = गा खा = घा खा, तो नापकर दिखाओ और सिद्ध भी करो कि ∠गा का घा = ९०°।

११—किसी ऋजु रेखा के लम्बार्धक का प्रत्येक बिन्दु रेखा के सिरों से बराबर दूरी पर होता है।

निर्मेय ४

किसी दी हुई ऋजु रेखा पर किसी दिए हुए बाहरी बिन्दु से लम्ब डालना।

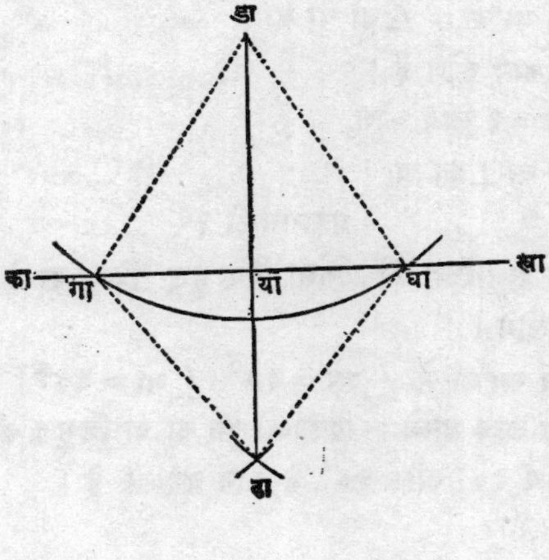

मान लो कि का खा एक ऋजु रेखा है और डा दिया हुआ बिन्दु।

तो डा से का खा पर लम्ब डालना है।

रचना : डा को केन्द्र मानकर, कोई बड़ी-सी त्रिज्या लेकर एक चाप खींचो जो का खा को गा, घा पर काटे। गा और घा को क्रमशः केन्द्र मानकर काफी बड़ी परन्तु एक ही त्रिज्या लेकर चाप खींचो, जो एक दूसरे को ढा पर काटें। डा ढा को मिलाओ और मान लो कि वह का खा को या पर काटती है।

तो डा या ढा ही अभीष्ट लम्ब होगा।

डा गा, डा घा; ढा गा, ढा घा को मिलाओ।

उपपत्ति : △गा डा ढा, △घा डा ढा में—

∵ गा डा = घा डा (एक ही वृत्त की त्रिज्यायें),
गा ढा = घा ढा (बराबर वृत्तों " "),
डा ढा सामान्य है।

∴ △गा डा ढा ≡ △घा डा ढा।

∴ ∠गा डा ढा = ∠घा डा ढा।

फिर △गा या डा, △घा या डा में—

∵ गा डा = घा डा,
या डा सामान्य है,
मध्यस्थ ∠गा डा या = मध्यस्थ ∠घा डा या।

∴ △गा या डा ≡ △घा या डा।

∴ ∠गा या डा = ∠घा या डा।

परन्तु ये संलग्न कोण हैं।

∴ प्रत्येक = १ लम्ब कोण,

अर्थात् डा या ⊥ का खा।

प्रश्नावली १९

१—किसी ऋजु रेखा की किसी दिए हुए बिन्दु पा से दूरी किस प्रकार निकालोगे ?

२—△का खा गा में ∠खा = ३०°, ∠गा = ६०°। का से खा गा पर का पा लम्ब डालो। दिखाओ कि का पा त्रिभुज की अन्य भुजाओं के साथ ३०° और ६०° के कोण बनाती है।

३—किसी △ के शीर्षों से सम्मुख भुजाओं पर ⊥ डालकर दिखाओ कि वे संगामी हैं।

४—किसी वृत्त के केन्द्र से किसी जीवा पर लम्ब डाल कर दिखाओ कि वह जीवा का अर्धक भी है।

५—दो बिन्दुओं का और खा से दो ऋजु रेखायें खींचो, जो एक दी हुई ऋजु रेखा पा फा पर मिलें और उसके साथ बराबर कोण बनाये।

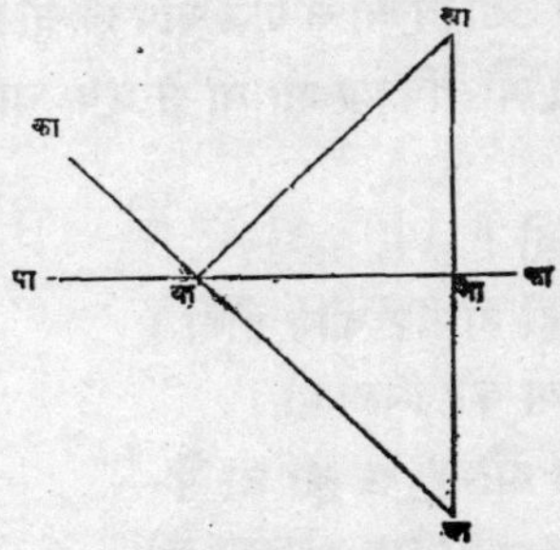

[खा से पा फा पर खा गा लम्ब डालो और उसको घा तक बढ़ाओ ताकि खा गा = गा घा। घा का को मिलाओ, जो पा फा को बा पर काटे। खा बा को मिलाओ। का बा और खा बा इच्छित रेखाय होंगी।]

६—दो प्रतिच्छेदक रेखाओं का खा और का गा के बीच में एक बिन्दु या दिया है। या के मध्येन एक रेखा खींचो, जो का खा और का गा से समान कोण बनायें। [कोण खा का गा का अर्धक खींच कर आगे बढ़ो।]

निर्मेय ५

एक दी हुई ऋजु रेखा के एक दिये हुए बिन्दु पर एक दिये हुए कोण के बराबर कोण बनाना।

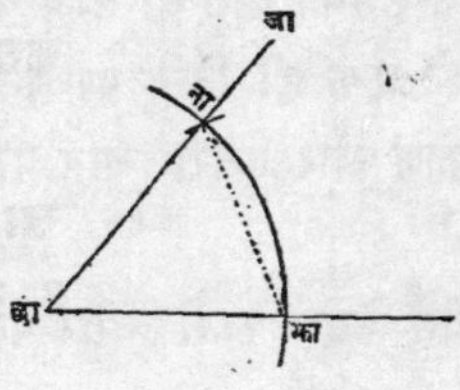

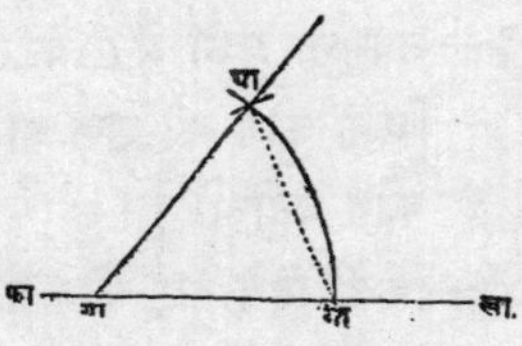

मान लो कि का खा दी हुई ऋजु रेखा है, जिसमें या दिया हुआ बिन्दु है और चा छा जा दिया हुआ कोण है।

तो का खा के बिन्दु या पर एक ∠बनाना है, जो∠चा छा जा के बराबर हो।

रचना : केन्द्र छा और किसी भी त्रिज्या से एक चाप खींचो, जो छा चा को झा पर और छा जा को ना पर काटे।

फिर केन्द्र या और उसी त्रिज्या से एक चाप खींचों जो या खा को गा पर काटे।

अन्त में, केन्द्र गा और त्रिज्या झा ना से एक चाप खींचो, जो पिछले चाप को घा पर काटे

या घा को मिलाओ।

तो∠गा या घा ही अभीष्ट कोण होगा।

झा ना और गा घा को मिलाओ।

अब△झा छा ना और△गा या घा में—

∵ {छा झा = या गा (रचना से),
छा ना = या घा ("),
झा ना = गा घा (")।

∴ △झा छा ना ≡ △गा या घा।

अतः ∠गा या घा = ∠झा छा ना।

टिप्पणी : त्रिज्या छा झा जितनी बड़ी ली जाय उतना ही अच्छा है।

प्रश्नावली २०

१—चाँदे से ६५° का एक कोण बनाओ। उसके बराबर एक कोण बनाकर उसकी चाँदे द्वारा जाँच करो।

२—एक असमान कोण△के सब कोणों के बराबर अलग-अलग कोण बनाकर उन्हें नापो और दिखाओ कि उनका योग दो लम्ब कोण है।

३—उपर्युक्त प्रश्न में△के तीनों कोणों को एक ही बिन्दु पर बनाओ। [एक कोण की एक बाहु पर एक कोण और दूसरी बाहु पर तीसरा कोण बनाओ]।

४—किसी दिये हुए कोण का तिगुना कोण केवल पटरी और परकार की सहायता से बनाओ।

५—△ का खा गा में ∠खा एक लम्बकोण है। का पर एक लम्बोण बनाओ (अ) का गा को बाहु मानकर (आ) का खा को बाहु मानकर।

६—एक चतुर्भुज का खा गा घा दिया है। दूसरा चतुर्भुज पा फा बा भा बनाओ, जिसके चारों कोण पहिले के संगत कोणों के बराबर हों।

७—एक लम्बकोण △को निर्मेय ५ की सहायता से दो समद्विबाहु त्रिभुजों में विभाजित करो।

८—∠का खा गा की बाहु का खा में एक ऐसा बिन्दु पा ज्ञात करो कि पा खा = पा गा।

निर्मेय ६

किसी दिये हुए बिन्दु से एक दी हुई ऋजु रेखा के समान्तर एक ऋजु रेखा खींचना।

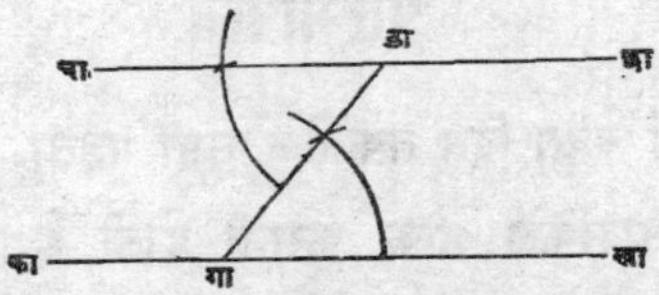

मान लो कि डा दिया हुआ बिन्दु है और का खा दी हुई रेखा।

तो डा से का खा के समान्तर ऋजु रेखा खींचनी है।

रचना : का खा पर कोई बिन्दु गा लो।

गा डा को मिलाओ।

गा डा के बिन्दु डा पर (खा के दूसरी ओर) एक ∠ गा डा चा = ∠डा गा खा के बनाओ।

चा डा को किसी और बिन्दु छा तक बढ़ाओ, तो चा छा अभीष्ट ऋजु रेखा होगी।

उपपत्ति : चा छा और का खा दो ऋजु रेखायें हैं, जिन्हें तिर्यग्रेखा गा डा बिन्दुओं गा, डा पर काटती है।

अब रचना से ∠डा गा खा = ∠ गा डा चा।

किन्तु ये एकान्तर कोण हैं,

∴ चा छा ‖ का खा।

टिप्पणी :

१—गा को डा, से जितनी दूर लो उतना ही अच्छा है।

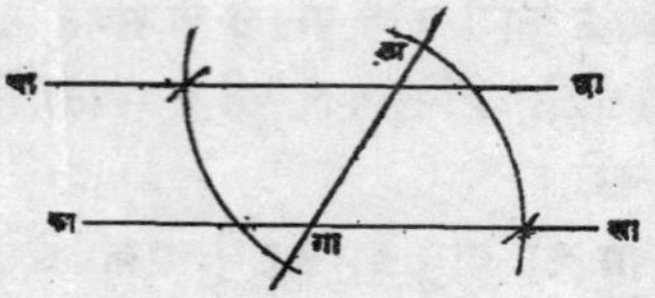

२—यदि डा, का खा के बहुत समीप हो, तो गा डा को आगे पीछे आवश्यकतानुसार बढ़ा सकते हो।

३—|| रेखायें गुनियों की सहायता से भी खींच सकते हैं।

परिभाषायें

जब साइकिल में बहुत दिन तक तैल नहीं पड़ता, तो उसके पुर्जे में धूल जम जाती है, तब साइकिल ठीक करानी होती है। यन्त्रकार उसके पुर्जे अलग-अलग कर देता है, फिर उसमें तैल डालकर साफ करता है। अन्त में फिर उन पुर्जों को मिलाकर साइकिल तैयार कर देता है। पहली क्रिया (पुर्जे अलग करने) को **विश्लेषण** (Analysis) कहते हैं। दूसरी क्रिया (पुर्जे जोड़ कर ठीकाने लगाने) को **संश्लेषण** (Synthesis) कहते हैं।

ज्यामिति में भी हम इन क्रियाओं का उपयोग करते हैं।

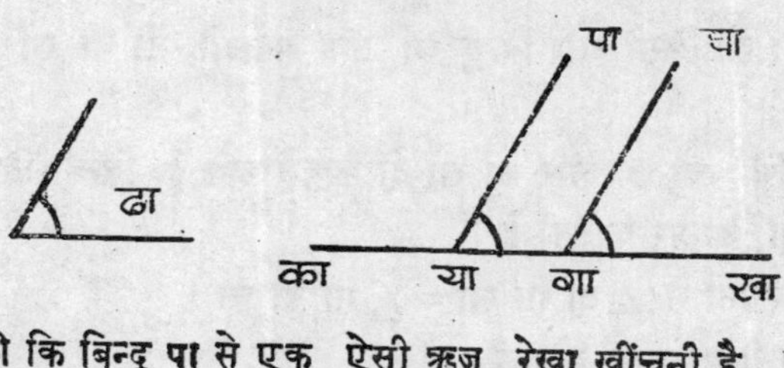

मान लो कि बिन्दु पा से एक ऐसी ऋजु रेखा खींचनी है, जो रेखा का खा से दिए हुए ∠ढा के बराबर कोण बनावे।

किसी निर्मेय में इसकी विधि नहीं दी है, इसलिए इसका विश्लेषण करते हैं।

मान लो कि पा या वह रेखा है जो का खा से ∠पा या खा बनाती है, जो ∠ढा के बराबर है। (यह रेखा अनुमान से खींची जायगी।) अब यदि हम का खा पर किसी बिन्दु गा के मध्येन रेखा गा घा ‖ या पा खीचें, तो ∠खा गा घा = ∠खा या पा = ∠ढा।

इस प्रकार हमें यह रचना मिल गई—

का खा पर कोई बिन्दु गा लेकर उस पर ∠खा गा घा = ∠ढा बनाओ।

अब पा से पा या खींचो घा गा के ‖;

तो पा या ही अभीष्ट रेखा होगी।

प्रश्नावली २१

१—(अ) दो समान्तर रेखाओं को यदि एक तिर्यग्रेखा काटे, तो एक ही ओर के दो अन्तःकोणों का योग दो लम्बकोण होता है—इस साध्य के आधार पर निर्मेय ६ की रचना करो।

(आ) संगत कोणों की सहायता से निर्मेय ६ की रचना करो।

२—रेखा का खा से $1\frac{1}{2}''$ की दूरी पर एक समान्तर रेखा खींचो। का खा में चार बिन्दु लेकर उन पर लम्ब डाल कर देखो कि तुम्हारी रेखा ठीक खींची गई है या नहीं।

३—बिन्दु पा से का खा तक ऐसी ऋजु रेखा खींचो जो का खा से ५४° का कोण बनाये।

४—किसी △ के शीर्षों से भुजाओं के ‖ रेखायें खींचो। इस प्रकार जो △ बनता है उसके कोणों को नापकर दिखाओ कि वे दिए हुए △ के कोणों के अलग अलग बराबर हैं।

५—△का खा गा में ∠खा = १ लम्ब कोण। का खा में एक ऐसा बिन्दु पा ज्ञात करो कि पा से का गा पर डाला गया लम्ब पा फा = पा खा।

[∠गा का अर्धक खींचकर आगे बढ़ो।]

६—दो समान्तर ऋजु रेखाओं का खा और गा घा के बाहर एक बिन्दु चा

दिया है। चा में से एक ऐसी ऋजु रेखा खींचो कि उस रेखा का समान्तर रेखाओं के बीच का अन्तःखण्ड एक दी हुई रेखा के बराबर हो।

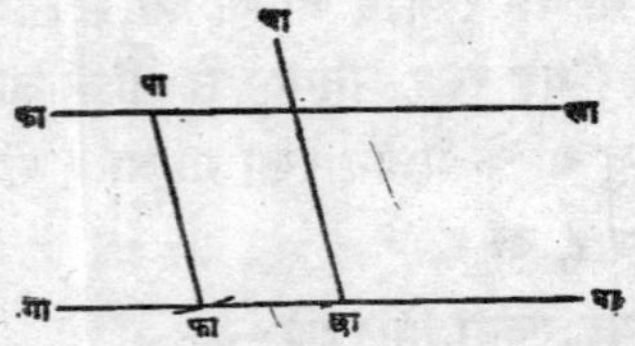

[का खा में सुविधानुसार किसी बिन्दु पा को केन्द्र मानकर और दी हुई लम्बाई को त्रिज्या मानकर एक चाप खींचो जो गा घा को फा पर काटे।]

निर्मेय ७

दी हुई परिमित ऋजु रेखा को कई बराबर भागों में बाँटना।

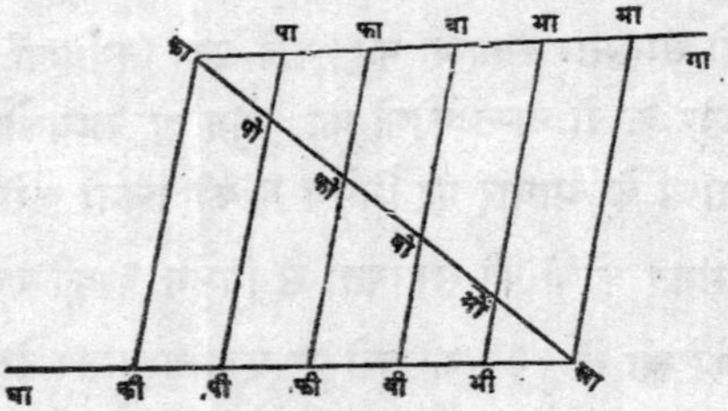

मान लो कि का खा दी हुई ऋजु रेखा है।

तो इसको दी हुई संख्या में बराबर भागों में बाँटना है।

मान लो कि दी हुई संख्या पाँच है।

रचना : का खा से न्यून कोण बनाती हुई एक ऋजु रेखा का गा खींचो।

का केन्द्र और किसी त्रिज्या से एक चाप खींचो जो का गा को पा पर काटे।

अब केन्द्र पा और उसी त्रिज्या से एक चाप खींचो जो का गा को फा पर काटे।

इसी प्रकार का गा में से का पा, पा फा, फा बा, बा भा, भा मा—पाँच बराबर टुकड़े काट लो।

खा से का गा के ‖ खा घा खींचो।

का गा के प्रत्येक भाग के बराबर खा घा में से भी पाँच बराबर भाग खा भी, भी बी, बी फी, फी पी, पी की काट लो।

का की, पा पी, फा फी, बा बी, भा भी, मा खा को मिलाओ।

मान लो कि यह का खा को पो, फो, बो, भो पर काटती है।

तो पो, फो, बो, भो पर का खा के पाँच बराबर भाग हो गए।

उपपत्तिः—

∵ का पा, पा फा, फा बा, बा भा, भा मा क्रमानुसार = और ‖ की पी, पी फी, फी बी, बी भी, भी खा।

∴ का की, पा पो, फा फो, बा बी, भा भी, मा खा सब ‖ हैं।

∴ का पो = पो फो = फो बो = बो भो = भो खा।

टिप्पणी :

१—जिस प्रमेय पर इस निर्मेय की उपपत्ति निर्भर है, वह आगे आयेगा।

२—∠ खा का गा को लगभग ४५° का बनाना चाहिए।

उपनिर्मेय—दी हुई परिमित ऋजु रेखा को दिये हुए अनुपात में विभाजित करना।

मान लो कि दिया हुआ अनुपात ४ : ७ है।

दी हुई ऋजु रेखा को ४ + ७ (= ११) बराबर भागों में बाँट लो। फिर ४ भाग एक ओर ले लो और सात भाग दूसरी ओर।

प्रश्नावली २२

१—४ इंच की एक रेखा के आठ बराबर भाग करो। प्रत्येक भाग को नापकर फल की शुद्धता प्रमाणित करो।

२—३·५ सेंटीमीटर की एक ऋजु रेखा को २:५ के अनुपात में विभाजित करो।

३—४″ की रेखा को ३ : ७ के अनुपात में बाँटो।

४—५·२ सेंटीमीटर की एक रेखा के चार बराबर भाग करो और प्रत्येक भाग को इंचों में नापो।

५—एक ऐसी ऋजु रेखा खींचो जो एक दी हुई ऋजु रेखा की $\frac{२}{३}$ हो।

६—एक ऐसी ऋजु रेखा खींचो जो एक दी हुई रेखा की $\frac{५}{८}$ हो।

अध्याय ८

त्रिभुजों में असमानता

प्रमेय १८

यदि किसी त्रिभुज की एक भुजा किसी दूसरी भुजा से बड़ी हो, तो बड़ी भुजा का सम्मुख कोण छोटी के सम्मुख कोण से बड़ा होगा।

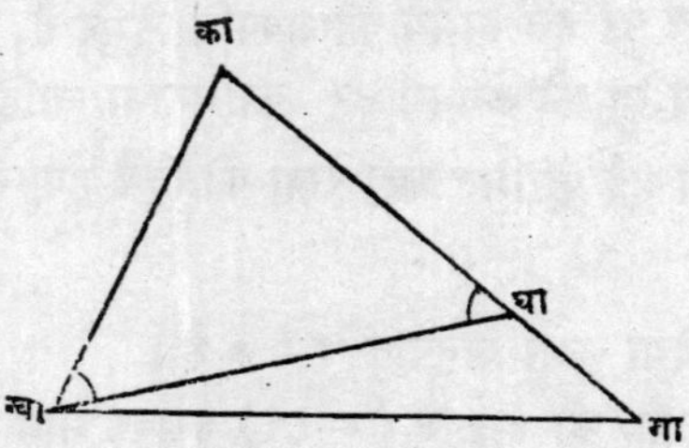

मान लो कि का खा गा एक △ है, जिसमें—

का गा > का खा।

तो सिद्ध करना है कि--

∠खा > ∠गा।

का गा में से का खा के बराबर का घा काट लो।

खा घा को मिलाओ।

अब △ का खा घा में—

∵ का खा = का घा,

∴ ∠का खा घा = ∠का घा खा।

परन्तु △ खा गा घा में—

बाह्य कोण खा घा का > अन्तः ∠गा।

∴ ∠का खा घा > ∠गा।

∴ पूरा ∠खा और भी बड़ा है ∠गा से।

प्रश्नावली २३

१—किसी △ की सबसे बड़ी भुजा के दोनों सिरों पर बने कोण न्यून कोण होते हैं।

२—प्रमेय १८ के चित्र में भुजा का खा को चा तक बढ़ाकर (जिससे का चा = का गा) प्रमेय १८ को सिद्ध करो।

३—△ का खा गा में का खा > का गा। सिद्ध करो कि ∠ खा एक न्यूनकोण है।

४—△ पा फा बा में शीर्ष पा से आधार पर पा भा लम्ब डाला गया है। यदि पा फा > पा बा, तो ∠ भा पा फा > ∠ भा पा बा।

५—चतुर्भुज का खा गा घा में खा गा सबसे छोटी भुजा है और का घा सबसे बड़ी, तो सिद्ध करो कि—

∠ गा + ∠ खा > ∠ का + ∠ घा।

६—एक समद्विबाहु △ का आधार भुजा से बड़ा है, तो शीर्षकोण एक लम्बकोण के $\frac{२}{३}$ से बड़ा होगा।

७—△ का खा गा में का घा एक माध्यिका है। यदि का घा > खा घा, तो सिद्ध करो कि ∠ खा + ∠ गा > ∠ का।

८—मान लो कि ∠ खा का गा का अर्धक खा गा से चा पर मिलता है। का गा में से का घा = का खा काट कर प्रमेय १८ की दूसरी उपपत्ति दो।

प्रमेय १९

यदि किसी त्रिभुज का एक कोण किसी दूसरे कोण से बड़ा हो, तो बड़े कोण की सम्मुख भुजा छोटे कोण की सम्मुख भुजा से बड़ी होगी।

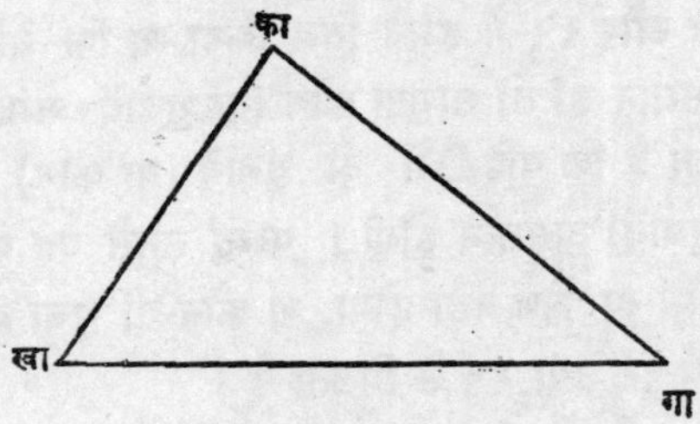

मान लो कि का खा गा एक △ है, जिसमें—

∠ खा > ∠ गा।

तो सिद्ध करना है कि—

का गा > का खा ।

उपपत्ति : का खा, का गा की छोटाई बड़ाई के सम्बन्ध में तीन ही सम्भावनाए हैं:—

(१) का गा = का खा,

या (२) का गा < का खा,

और या (३) का गा > का खा ।

(१) यदि का गा = का खा,

तो ∠ खा = ∠ गा ।

परन्तु यह परिकल्पना के विरुद्ध है, अतः असम्भव है ।

(२) यदि का गा < का खा,

तो ∠ खा < ∠ गा ।

परन्तु यह भी परिकल्पना के विरुद्ध है, अतः असम्भव है ।

(३) अब यही सम्भावना शेष रह गई है कि—

का गा > का खा ।

जब का गा, का खा के बराबर नहीं है और न उससे छोटी है, तो अवश्य ही उससे बड़ी होगी ।

∴ का गा > का खा ।

टिप्पणी :

१—यह प्रमेय पिछले प्रमेय का विलोम है ।

२—प्रमेय १४ और १५ में हमने सिद्ध किया था कि यदि किसी △ में दो भुजायें (या कोण) समान हों तो सम्मुख कोण (या भुजायें) समान होंगी । उनसे यह निष्कर्ष निकलता है कि यदि △ में दो भुजायें (या कोण) असमान हों तो सम्मुख कोण (या भुजायें) असमान होंगी । परन्तु उनसे यह पता नहीं चलता कि उस दशा में कौन-सा कोण बड़ा होगा, या कौन-सी भुजा बड़ी होगी । इस प्रश्न का उत्तर प्रमेय १८ तथा १९ से मिलता है ।

३—इस प्रमेय की उपपत्ति में जितनी संभावनायें हो सकती हैं, उन सबको जाँच कर हमने यह सिद्ध कर दिया कि एक के अतिरिक्त सब असत्य हैं । अतः जो एक

शेष रह गई वही सत्य है। इस प्रकार की उपपत्ति को **निःशेषण उपपत्ति** (**Proof by exhaustion**) कहते हैं। यह परोक्ष उपपत्ति का ही एक रूप है।

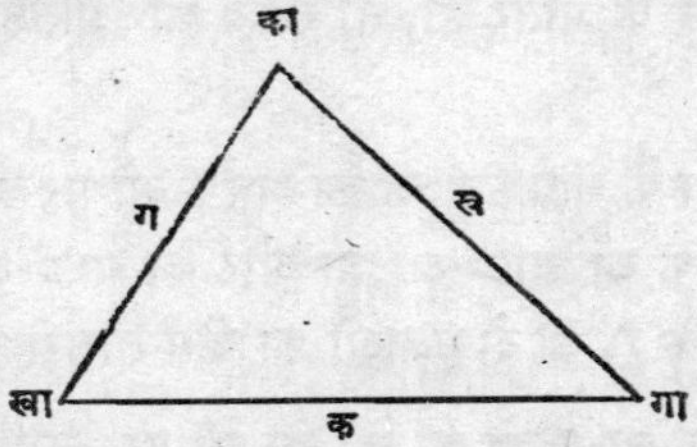

४—त्रिभुज का नाम सम्मुख कोणों के नाम पर भी रक्खा जाता है। आसन्न चित्र में का की सम्मुख भुजा खा गा का नाम होगा 'क'। इसी प्रकार और भुजाओं का भी।

उपप्रमेय :

१—किसी △ में सबसे बड़े कोण की सम्मुख भुजा सबसे बड़ी भुजा होती है।

२—किसी लम्ब कोण △ में कर्ण सब से बड़ी भुजा होती है।

प्रश्नावली २४

१—△ का खा गा में ∠का = ५४° और ∠खा = ४५°। भुजाओं को लम्बाई के अनुसार लिखो।

२—समद्विबाहु △ पा फा बा में ∠पा = ∠फा = ४९°। सबसे बड़ी भुजा बताओ।

३—समद्विबाहु △ पा फा बा की एक भुजा पा बा में कोई बिन्दु भा लिया गया है। सिद्ध करो कि फा भा > भा बा।

४—समद्विबाहु △ के आधार का आधा अन्य किसी भी भुजा से छोटा होता है।

५—△ का खा गा में का गा > खा गा। आधार ∠का और ∠खा के अर्धक या पर मिलते हैं। सिद्ध करो कि का या > या खा।

६—△ पा फा बा में शीर्ष कोण पा का अर्धक आधार फा बा को भा पर काटता है। यदि पा फा > पा बा, तो सिद्ध करो कि फा भा > भा बा। [पा फा में से पा मा = पा बा काट लो। भा मा को मिला दो। तब सिद्ध करो कि भा मा = भा बा।]

७—समद्विबाहु △ का खा गा का आधार खा गा किसी बिन्दु घा तक बढ़ाया गया है। सिद्ध करो कि का घा $>$ का खा (या का गा)। यदि बिन्दु आधार के भीतर हो, तो साध्य की प्रतिज्ञा में क्या अन्तर हो जायगा ?

८—△ का खा गा के शीर्षकोण का का अर्धक आधार को घा पर काटता है। सिद्ध करो कि का खा $>$ खा घा और का गा $>$ घा गा। इस प्रकार सिद्ध करो कि △ की दो भुजाओं का योग तीसरी भुजा से बड़ा होगा।

९—(अ) उपर्युक्त साध्य को का से खा गा पर लम्ब का घा डाल कर भी सिद्ध करो।

(आ) यह भी सिद्ध करो कि खा का + का गा $>$ २ का घा।

१०—△ का खा गा में खा गा को घा तक इतना बढ़ाओ कि गा घा = का गा। सिद्ध करो कि △ की दो भुजाओं का योग तीसरी भुजा से बड़ा होता है।

११—सिद्ध करो कि △ की दो भुजाओं का अन्तर तीसरी भुजा से छोटा होता है।

[प्रमेय १८ के चित्र में ∠ गा को ∠ खा घा गा से छोटा सिद्ध करो।]

१२—एक दिए हुए बिन्दु से एक ऋजु रेखा तक दो से अधिक बराबर ऋजु रेखायें नहीं खींची जा सकतीं।

[अनिष्ट प्रदर्शन द्वारा सिद्ध करो]

१३—चतुर्भुज पा फा बा भा में ∠ भा = ∠ फा और बा भा $>$ बा फा। तो सिद्ध करो कि पा भा $<$ पा फा।

१४—△ का खा गा में का खा $<$ का गा। का घा एक रेखा है, जो आधार के किसी बिन्दु घा से शीर्ष को मिलाती है।
सिद्ध करो कि का घा $>$ का गा।

१५—△ का खा गा में खा और गा के बाह्यकोणों के अर्धक पा पर मिलते हैं।
खा का अर्धक भुजा ख को फा पर काटता है।
सिद्ध करो कि पा फा $>$ फा गा।

प्रमेय २०

किसी त्रिभुज की किन्हीं दो भुजाओं का योग तीसरी भुजा से बड़ा होता है।

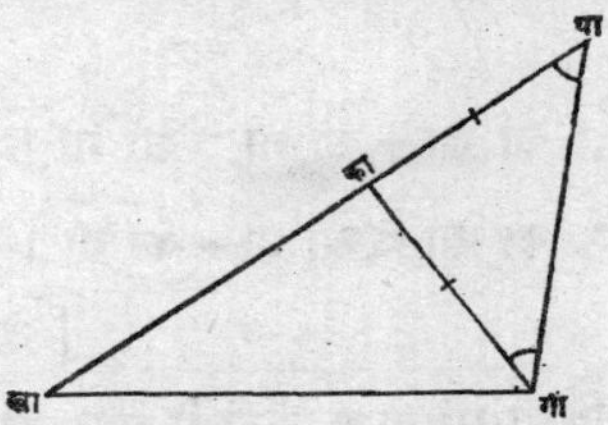

मान लो कि का खा गा एक △ है

तो सिद्ध करना है कि इस △ की किन्हीं दो भुजाओं का योग तीसरी भुजा से बड़ा है।

यदि खा गा इस △ की सबसे बड़ी भुजा हो, तो यह सिद्ध करना पर्याप्त होगा कि का खा + का गा > खा गा।

खा का को का की ओर घा तक इतना बढ़ाओ कि का घा = का गा।

गा घा को मिलाओ।

उपपत्ति : △ का गा घा में—

∵ का घा = का गा,

∴ ∠का गा घा = ∠घा।

∴ पूरा ∠खा गा घा > ∠घा।

अब △ खा गा घा में—

∵ ∠खा गा घा > ∠घा,

∴ सम्मुख भुजा खा घा > खा गा,

अर्थात् का खा + का गा > खा गा।

टिप्पणी १ : इस प्रमेय की उपपत्ति से यह भी परिणाम निकलता है कि—

का खा + खा गा > का गा,

और का गा + खा गा > का खा।

उपप्रमेय :

१—त्रिभुज की किन्हीं दो भुजाओं का अन्तर तीसरी भुजा से छोटा होता है।

∵ का खा + का गा > खा गा।

∴ का खा < खा गा − का गा।

[अध्याय १ स्वयंतथ्य ७]

२—वृत्त में व्यास किसी भी अन्य जीवा से बड़ा होता है।

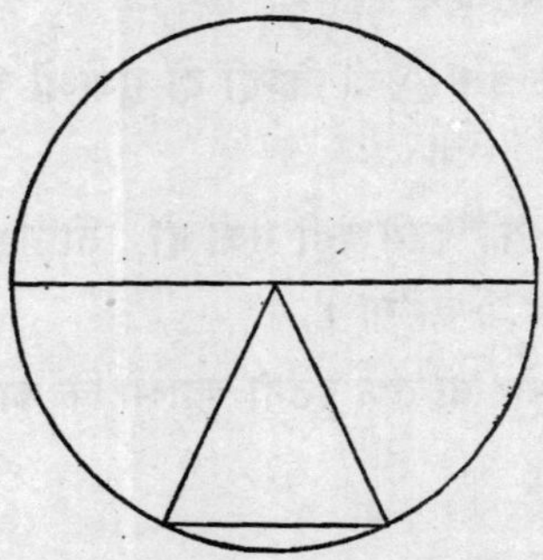

३—किसी चतुर्भुज की तीन भुजाओं का योग चौथी भुजा से बड़ा होता है।

परिभाषा : किसी ऋजुरेखीय आकृति की भुजाओं की लम्बाइयों के योग को उसका **परिमाप (Perimeter)** कहते हैं।

प्रश्नावली २५

१—क्या निम्नलिखित △ सम्भव है :—

(अ) जिसकी भुजायें ४", १", २" की हों ?

(आ) „ „ ४', १½', २½' की हों ?

(इ) „ „ ४", २", ३" की हों ?

२—किसी △ के आधार की माध्यिका का दुगुना △ की अन्य दोनों भुजाओं के योग से छोटा होता है।

३—क्या यह सर्वदा सत्य है कि किसी △ के दो कोण मिलकर तीसरे कोण से बड़े होते हैं।

४—किसी △ के भीतर के किसी बिन्दु से शीर्षों को मिलाने वाली रेखाओं का योग △ के परिमाप से कम किन्तु परिमाप के आधे से अधिक होता है।

५—△ का परिमाप माध्यिकाओं के योग से बड़ा होता है।

६—△ का परिमाप माध्यिकाओं के योग के दुगुने से कम होता है।

७—△ **का खा गा** की दो भुजाओं **का खा, का गा** में दो बिन्दु **पा, फा** लेकर एक चतुर्भुज **पा फा गा खा** बनाया गया है। चतर्भुज के परिमाप से △ का परिमाप बड़ा होगा।

८—पंचभुज **का खा गा घा चा** का परिमाप △ **का खा गा** के परिमाप से बड़ा होगा।

९—किसी बाहरी बिन्दु **पा** से △ **का खा गा** के शीर्षों को मिलाया गया है। सिद्ध करो कि—

पा का + पा खा + पा गा $> \frac{1}{2}$ (△ का परिमाप)

१०—यदि एक △ दूसरे △ के अन्दर समा सकता हो, तो सिद्ध करो कि पहले △ का परिमाप दूसरे △ के परिमाप से छोटा होगा।

[अन्दर के △ की भुजाओं को दोनों ओर इतना बढ़ाओ कि वे दूसरे △ की भुजाओं को काटें।]

११—△ **का खा गा** की भुजाओं पर क्रमशः बिन्दु **पा, फा, बा** लिये गये हैं। सिद्ध करो कि—

△ **का खा गा** का परिमाप > △ **पा फा बा** का परिमाप।

१२—समबाहु △ **का खा गा** के शीर्ष **का** को केन्द्र मान कर और त्रिज्या **का खा** लेकर एक चाप खींचो। चाप पर कोई बिन्दु **पा** लेकर सिद्ध करो कि **पा खा + पा गा > पा का**।

१३—समद्विबाहु △ की कोई भुजा आधार के आधे से बड़ी होती है।

१४—△ **पा फा बा** की भुजा **पा बा** में **भा** कोई बिन्दु है। सिद्ध करो कि—
पा फा + पा बा > भा फा + भा बा।

१५—चतुर्भुज का परिमाप उसके विकर्णों के योग से बड़ा किन्तु उसके दुगुने से छोटा होता है।

१६—चतुर्भुज के विकर्णों का योग दो सम्मुख भुजाओं के योग से अधिक होता है।

१७—एक चतुर्भुज दूसरे चतुर्भुज के अन्दर समा जाता है। पहले का परिमाप दूसरे के परिमाप से छोटा होगा।

१८—किसी बाह्य बिन्दु से किसी चतुर्भुज के शीर्षों को मिलाने वाली रेखाओं का योग चतुर्भुज के परिमाप के आधे से बड़ा होता है।

१९—किसी भी बिन्दु से किसी चतुर्भुज के शीर्षों की दूरियों का योग विकर्णों के योग से अधिक होता है। यह कब असत्य होता है?

२०—प्रमेय २० की अन्य उपपत्तियाँ दो—

(अ) शीर्ष कोण का अर्धक खींच कर।
(आ) शीर्ष से आधार पर लम्ब डाल कर।
(इ) ऋजु रेखा की परिभाषा से।

प्रमेय २१

किसी बिन्दु से किसी ऋजु रेखा तक जितनी भी ऋजु रेखायें खींची जा सकती हैं, उन सब में लम्ब सबसे छोटी होती है।

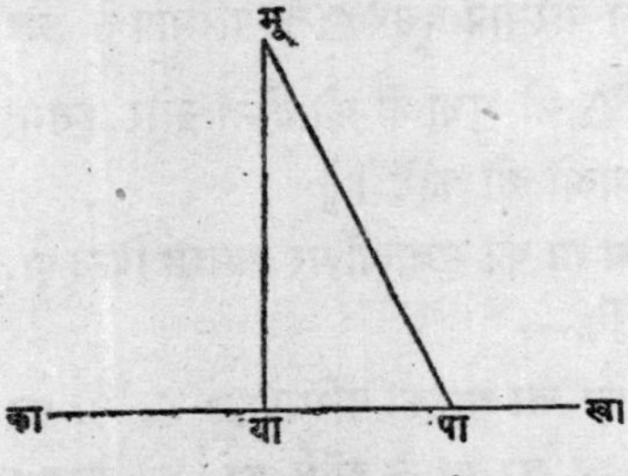

मान लो कि का खा दी हुई ऋजु रेखा है और मू दिया हुआ बाह्य बिन्दु। मान लो कि मू या, मू से का खा पर लम्ब डाला गया है और मू पा कोई अन्य ऋजु रेखा है, जो मू से का खा तक खींची गई है।

तो सिद्ध करना है कि—

मू या < मू पा।

उपपत्ति : $\triangle$मू या पा में—

$\because$ $\angle$मू या पा = १ लम्ब कोण,

$\therefore$ $\angle$मू पा या न्यून कोण है।

अतः $\angle$या $>$ $\angle$पा,

$\therefore$मू पा $>$ मू या।

प्रमेय २१ का विलोम

किसी बिन्दु से किसी ऋजु रेखा तक जितनी भी ऋजु रेखायें खींची जा सकती हैं, उनमें सबसे छोटी रेखा दी हुई रेखा पर लम्ब होती है।

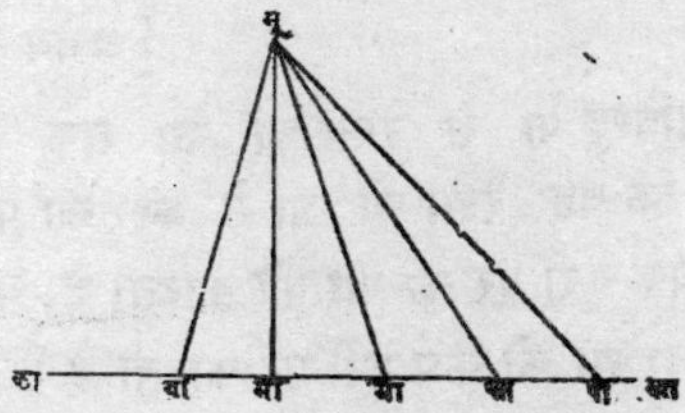

मान लो कि का खा दी हुई ऋजु रेखा है और मू दिया हुआ बाह्य बिन्दु।

मान लो कि मू से का खा तक अनेक ऋजु रेखायें मू पा, मू फा, मू भा, मू मा, मू बा......खींची गई हैं, जिनमें मू मा सबसे छोटी है।

तो सिद्ध करना है कि—

मू मा $\perp$ का खा।

यदि मू मा, का खा पर लम्ब नहीं है तो मू से का खा पर मू भा लम्ब डाल लो।

अब, प्रमेय २२ से समस्त रेखाओं में मू भा सबसे छोटी हो गई।

परन्तु यह असम्भव है क्योंकि परिकल्पना से सबसे छोटी रेखा मू मा है।

$\therefore$ हमारी धारणा कि मू मा, का खा पर लम्ब नहीं है, असत्य है।

अर्थात्, मू मा $\perp$ का खा।

टिप्पणी :

१—इस प्रमेय की उपपत्ति में अनिष्ट प्रदर्शन का एक और उदाहरण मिलता है।

२—किसी बिन्दु से किसी ऋजु रेखा पर डाले गये लम्ब की लम्बाई को उस ऋजु रेखा से उस बिन्दु की दूरी (Distance) कहते हैं। चित्र में का खा से मू की दूरी मू मा है।

प्रश्नावली २६

१—△ के शीर्ष के आधार पर डाले गये लम्ब से, शीर्ष में से खींची गई माध्यिका बड़ा होती है।

२—(अ) एक बिन्दु से किसी ऋजु रेखा तक केवल दो ही समान ऋजु रेखायें खींची जा सकती है।

(आ) मू पा ⊥ का खा। मू के मध्येन मू पा के एक ही ओर, एक दी हुई लम्बाई की केवल एक ही ऋजु रेखा खींची जा सकती है।

३—किसी लम्ब कोण △ की सबसे बड़ी भुजा उसका कर्ण होती है।

[प्रमेय २१ से सिद्ध करो।]

४—किसी बाह्यबिन्दु पा से रेखा का खा तक कुछ रेखायें खींचो। सिद्ध करो कि वह रेखा जो पा से का खा पर डाले गए लम्ब के मूल से अधिक दूरी पर का खा को काटती है, बड़ी है उस रेखा की अपेक्षा जो का खा को कम दूरी पर काटती है।

५—एक ऋजु रेखा एक दिए हुए वृत्त को अधिक से अधिक दो बिन्दुओं में काट सकती है।

६—समद्विबाहु △ का खा गा में आधार के सिरों से समान भुजाओं की दूरी आधार से छोटी होती है।

७—पा फा ⊥ का खा। का खा पर बा और भा कोई बिन्दु हैं। यदि ∠ फा पा बा > ∠ फा पा भा, तो सिद्ध करो कि पा बा > पा भा।

८—△ का खा गा में खा और गा के बाह्यकोणों के अर्धकों का कटान बिन्दु △ की भुजाओं से समान दूरी पर होता है।

९—△ पा फा बा में ∠ फा > ∠ बा। पा भा आधार पर लम्ब है। सिद्ध करो कि फा भा < भा बा।

१०—का खा ⊥ पा फा। का से का गा और का घा दो रेखायें खींची गई हैं, जो पा फा को गा और घा पर काटती हैं। यदि घा और गा, खा से समान दूरी पर हों, तो रेखायें का गा और का घा बराबर होंगी।

अध्याय ९

कुछ मनोरंजक प्रश्न

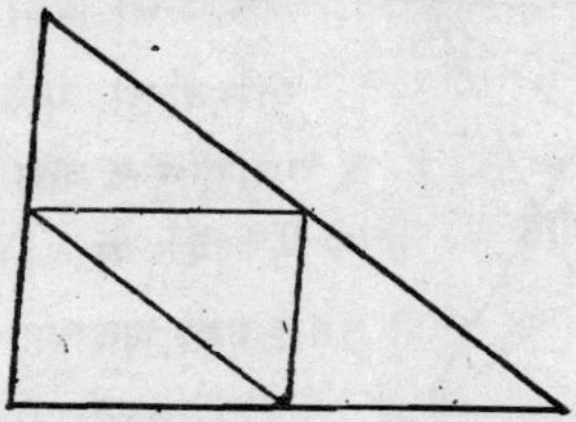

[१] एक खेत त्रिभुज के आकार का है। उसे चार भाइयों में इस प्रकार बाँटो कि सबके भाग परस्पर सर्वांगसम हों। [भुजाओं के मध्यबिन्दु मिलाओ]

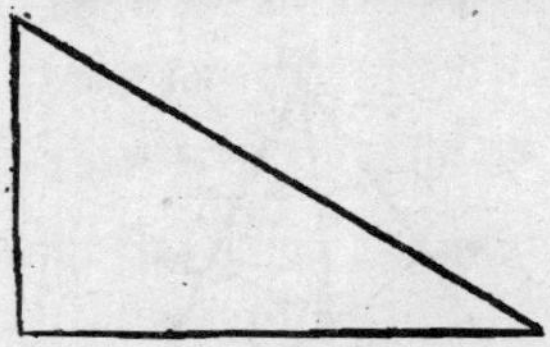

[२] एक किसान का खेत लम्बकोण △ के आकार का है। उसके तीन बेटे हैं। उसने बेटों के लिए त्रिभुज के तीनों शीर्षों पर एक-एक झोपड़ी बना दी है। अपने लिए वह एक झोपड़ी ऐसे स्थान पर बनाना चाहता है जो तीनों बेटों से समान दूरी पर हो। झोपड़ी कहाँ बनाये ?
यदि △ लम्बकोण न होता तो झोंपड़ी कहाँ बनाता ?

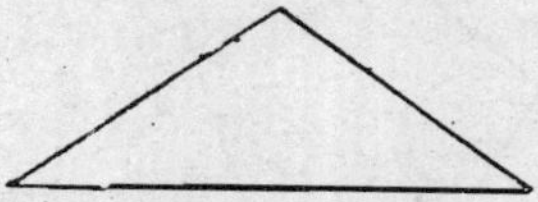

[३] किसी किसान का खेत △ के आकार का है। उसने खेत की भुजाओं के किनारे-किनारे तीन नालियाँ बनाई हैं। वह खेत में एक कुआँ बनाना चाहता है, जो तीनों नालियों से समान दूरी पर हो। कुँआ कहाँ बनावेगा ?

[४] फारसी की एक कहावत—

ऐ बागवाँ एक बाग रख, जिसमें शजर उन्नीस हों।
नौ कतारें हों अयाँ और हर सतर में पाँच हों॥

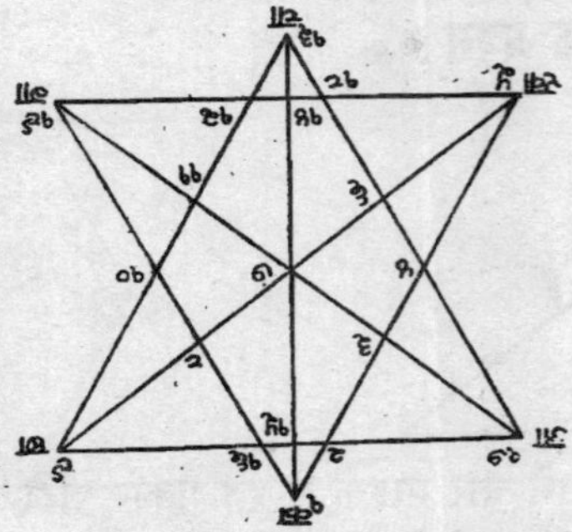

इसका अर्थ यह है कि—ऐ माली एक बाग ऐसा बना कि उसमें पेड़ों की नौ पंक्तियाँ हो, प्रत्येक पंक्ति में पाँच पेड़ हों परन्तु कुल बाग में केवल १९ पेड़ हों।

चित्र में **का खा, खा गा, गा का, चा छा, छा जा, जा चा, का चा, खा छा, गा जा**—नौ पंक्तियाँ पाँच-पाँच पेड़ों की हैं और बाग में कुल १९ पेड़ हैं।

[५] प्रत्येक त्रिभुज समबाहु △ है—त्रुटि कहाँ है?

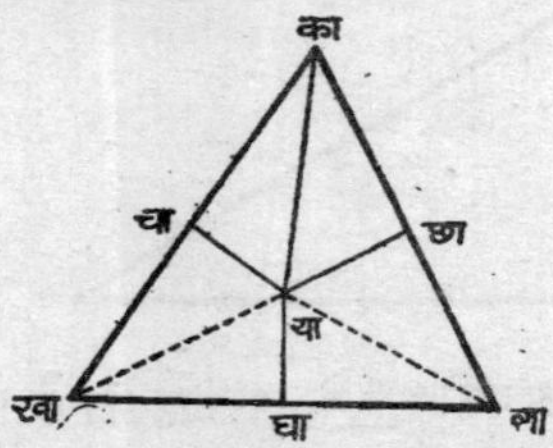

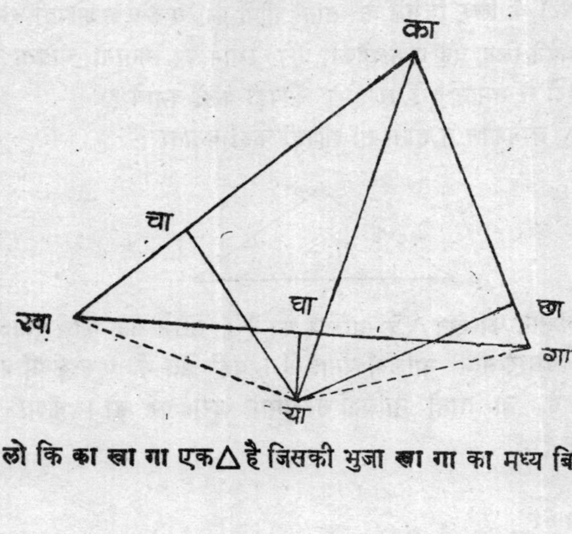

मान लो कि का खा गा एक △ है जिसकी भुजा खा गा का मध्य बिन्दु घा है।

मान लो कि ∠ का का अर्धक और खा गा का लम्बार्धक या पर मिलते हैं। या से का खा, का गा पर क्रमशः या चा, या छा ⊥ डालो। या खा, या गा को मिलाओ।

अब △ या खा घा और △ या गा घा में—

∵ { खा घा = गा घा,
या घा सामान्य है,
और मध्यस्थ ∠ या घा खा = मध्यस्थ ∠ या घा गा
(दोनों लम्बकोण हैं)

∴ △ या खा घा ≡ △ या गा घा।

अतः या खा = या गा।

फिर △ का या चा, △ का या छा में—

∵ { ∠ चा का या = ∠ छा का या (रचना से),
∠ चा = ∠ छा (दोनों लम्बकोण हैं),
और का या सामान्य है।

∴ △ का या चा ≡ △ का या छा

अतः का चा = का छा। ....(अ)

और या चा = या छा।

अन्त में लम्बकोण △ या चा खा, △ या छा गा में—

∵ { कर्ण या खा = कर्ण या गा (अभी सिद्ध किया है)
भुजा या चा = भुजा या छा (,, ,, किया है)

∴ △ सर्वांगसम हैं।

अतः चा खा = छा गा। ....(आ)

(अ) और (आ) को जोड़ने से—

का खा = का गा।

इसी प्रकार हम सिद्ध कर सकते हैं कि खा गा = खा का। अतः △ का खा गा समबाहु त्रिभुज है।

[६] ४५° = ६०°, त्रुटि ढूँढ़ो।

मान लो कि का खा गा एक △ है, जिसमें ∠ का लम्बकोण है और का खा = का गा।

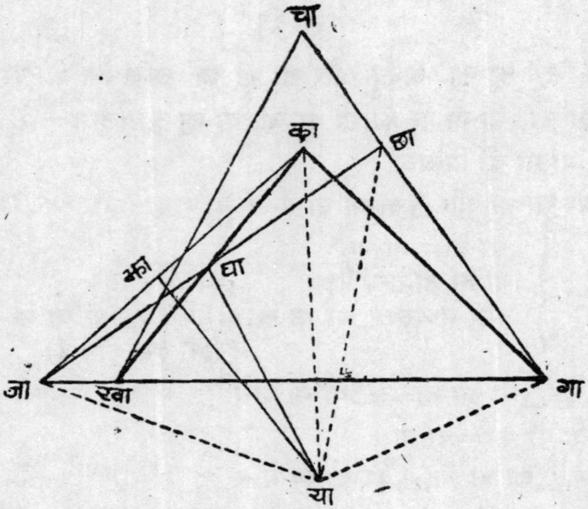

खा गा पर एक समबाहु△खा चा गा बनाओ।
गा चा में से गा छा, गा का के बराबर काटो।
छा को का खा के मध्य बिन्दु घा से मिलाओ।
छा घा, गा खा दोनों को बढ़ाओ, ताकि वे जा पर मिलें।
का जा को मिलाओ।
मान लो कि झा उसका मध्य बिन्दु है।
मान लो कि छा जा, का जा के लम्बार्धक या पर मिलते हैं।
या जा, या का, या छा, या गा को मिलाओ।
अब ∵ या झा, का जा का लम्बार्द्धक है,
∴ या का = या जा।
इसी प्रकार, या छा = या जा।
अतः या का = या छा।
फिर, △गा या का और △गा या छा में—

∴ { या गा सामान्य है,
या का = या छा (अभी सिद्ध किया है),
और गा का = गा छा (रचना से),

∴ △ सर्वांगसम हैं।
अतः ∠या गा का = ∠या गा छा।
इनमें से सामान्य ∠या गा खा निकाल दो।
तो ∠खा गा का = ∠खा गा छा।   अर्थात् ४५° = ६०।
[५ और ६ में चित्र ठीक-ठीक खींचो। त्रुटि शीघ्र मिल जायगी।]

अध्याय १०

चतुर्भुज (Quadrilateral)

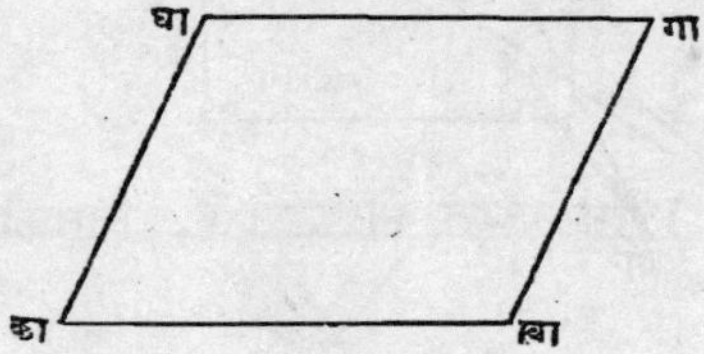

परिभाषायें—

समान्तर चतुर्भुज (Parallelogram) उस चतुर्भुज को कहते हैं, जिसकी सम्मुख भुजायें समान्तर हों।

चित्र में दिए हुए समान्तर चतुर्भुज को समान्तर चतुर्भुज का खा गा घा अथवा केवल समान्तर चतुर्भुज का गा (या खा घा) कहेंगे।

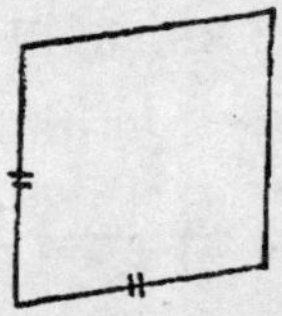

समचतुर्भुज (Rhombus) उस समान्तर चतुर्भुज को कहते हैं, जिसकी दो आसन्न भुजायें बराबर हों।

आगे सिद्ध किया जायगा कि समचतुर्भुज की चारों भुजायें बराबर होती हैं।

आयत (Rectangle) उस समान्तर चतुर्भुज को कहते हैं, जिसका एक कोण लम्ब कोण हो।

आगे सिद्ध किया जायगा कि आयत के सब कोण लम्ब कोण होते हैं।

वर्ग (Square) उस आयत को कहते हैं, जिसकी दो संलग्न भुजायें बराबर हों।

आगे सिद्ध किया जायगा कि वर्ग की सब भुजायें बराबर होती हैं।

समलम्ब (Trapezium) उस चतुर्भुज को कहते हैं, जिसकी केवल दो सम्मुख भुजायें समान्तर हों।

समान्तर भुजाओं को समलम्ब की भुजायें (Sides) कहते हैं।

समद्विबाहु समलम्ब (Isosceles Trapezium) उस समलम्ब को कहते हैं, जिसकी असमान्तर भुजायें बराबर हों।

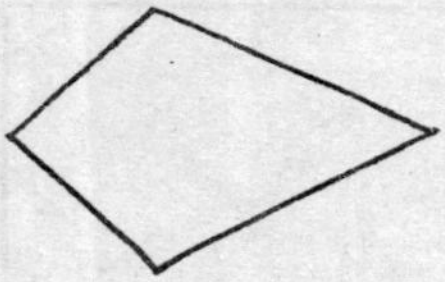

पतंग (Kite) उस चतुर्भुज को कहते हैं, जिसमें दो जोड़े समान संलग्न भुजाओं के हों।

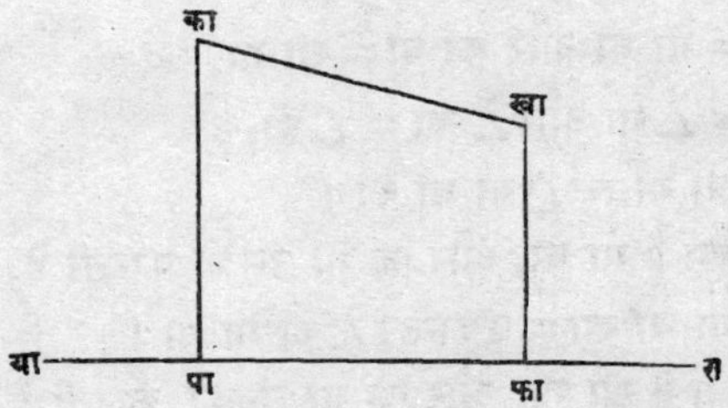

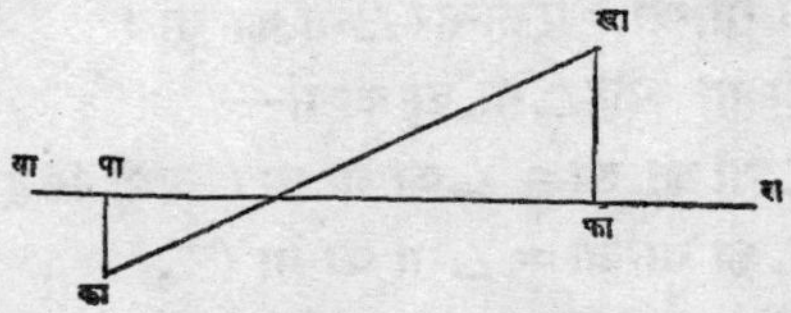

यदि ऋजु रेखा का खा के सिरों से ऋजु रेखा या रा पर लम्ब का पा और खा फा डाले जायँ, तो पा फा को या रा पर का खा का लम्बकोणीय विक्षेप (Orthogonal Projection) कहते हैं।

प्रमेय २२

समान्तर चतुर्भुज में—

(१) सम्मुख भुजायें (Opposite sides) बराबर होती हैं।

(२) सम्मुख कोण (Opposite angles) बराबर होते हैं।

(३) प्रत्येक विकर्ण (Diagonal) उसको दो बराबर भागों में बाँटता है।

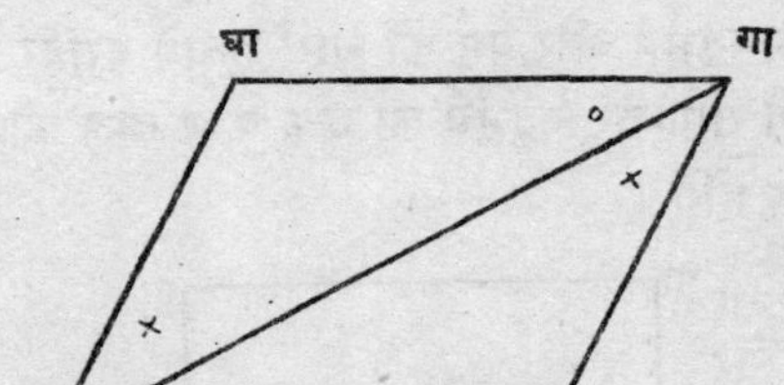

मान लो कि का खा गा घा एक ▱ है और का गा उसका एक विकर्ण, तो सिद्ध करना है कि :—

(१) का खा = गा घा और का घा = खा गा,

(२) ∠का = ∠गा और ∠खा = ∠घा;

(३) △का खा गा ≡ △गा घा का।

उपपत्ति : ∵ का खा ∥ गा घा, और का गा उनको काटती है,

∴ ∠गा का खा = एकान्तर ∠का गा घा।

फिर, ∵ का घा ∥ खा गा, और का गा उनको काटती है,

∴ ∠का गा खा = एकान्तर ∠गा का घा।

अब, △का खा गा और △गा घा का में—

∵ { ∠गा का खा = ∠का गा घा (अभी सिद्ध किया है),
∠का गा खा = ∠गा का घा (,, ,, ,,),
और भुजा का गा सामान्य है

∴ △का खा गा ≡ △गा घा का।

का खा = गा घा, खा गा = का घा

और ∠खा = ∠घा।

इसी प्रकार हम विकर्ण खा घा खींचकर सिद्ध कर सकते हैं कि—

∠का = ∠गा,

और △का खा घा ≡ △गा घा खा।

उपप्रमेय :

१—यदि किसी समान्तर चतुर्भुज की दो संलग्न भुजायें बराबर हों, तो उसकी चारों भुजायें बराबर होंगी।

स्पष्ट है कि समचतुर्भुज और वर्ग की चारों भुजायें बराबर होती हैं।

२—यदि किसी समान्तर चतुर्भुज का एक कोण लम्ब कोण हो, तो उसके सब कोण लम्ब कोण होंगे।

∵ का खा ∥ घा गा और का घा एक तिर्यग्रेखा है,

∴ ∠का + ∠घा = २ लम्ब कोण।

यदि $\angle$का = १ लम्ब कोण

तो $\angle$घा भी एक लम्ब कोण है।

∴ सम्मुख कोण खा और गा भी लम्बकोण हैं।

स्पष्ट है कि आयत और वर्ग के सब कोण लम्ब कोण होते हैं।

(३) समान्तर ऋजु रेखाओं के बीच की दूरी सदैव एक-सी रहती है।

क्योंकि विभिन्न दूरियाँ आयत की सम्मुख भुजायें होती हैं। इसीलिए इन रेखाओं को समान्तर (सम + अन्तर) कहते हैं।

प्रश्नावली २७

[महत्वपूर्ण प्रश्नों पर * चिह्न अंकित है।]

१—प्रमेय २२ के चित्र में का खा को बढ़ाकर प्रमेय के भाग २ को सिद्ध करो।

२—जिस चतुर्भुज का एक विकर्ण उसके दो समान भाग करे वह या तो समान्तर चतुर्भुज होगा या पतंग। यदि प्रत्येक विकर्ण उसके दो समान भाग करे, तो वह समान्तर चतुर्भुज ही होगा।

*३—आयत के विकर्ण बराबर होते हैं।

४—जिस समान्तर चतुर्भुज के विकर्ण बराबर होते हैं वह आयत होता है।

५—समान्तर चतुर्भुज के विकर्ण एक दूसरे का अर्धन करते हैं।

*६—समचतुर्भुज की सब भुजायें बराबर होती हैं और विकर्ण जिन कोणों को मिलाते है उनका अर्धन करते हैं।

*७—जिस चतुर्भुज के विकर्ण कोणों के अर्धक हों वह समचतुर्भुज होगा।

*८—समचतुर्भुज के विकर्ण एक दूसरे पर लम्ब होते हैं।

[प्रश्न ६ में यह सिद्ध किया गया है कि समचतुर्भुज के विकर्ण जिन कोणों को मिलाते हैं, उनके अर्धक होते हैं।]

समचतुर्भुज का खा गा घा के विकर्णों का कटान बिन्दु मू है।

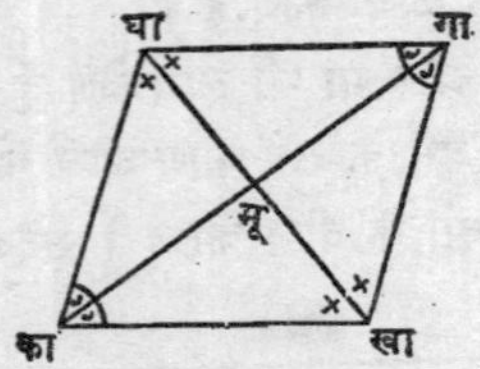

△ का मू खा तथा गा मू खा में—

∵ { भुजा का खा = भुजा खा गा (समचतुर्भुज की भुजायें हैं)
मू खा सामान्य है,
तथा, मध्यस्थ ∠ का खा मू = मध्यस्थ ∠ गा खा मू।
(∵ घा खा, ∠ खा की अर्धक है।) }

∴ △ का मू खा ≡ △ गा मू खा।

∴ ∠ का मू खा = ∠ गा मू खा।

परन्तु ये संलग्न कोण है,

अतः इनमें से प्रत्येक लम्ब कोण है,

अर्थात् खा मू ⊥ का गा

*९—यदि किसी चतुर्भुज के विकर्ण एक दूसरे के लम्बार्धक हों, तो वह समचतुर्भुज होगा।

१०—यदि समान्तर चतुर्भुज का एक विकर्ण एक कोण का अर्धक हो, तो दूसरे का भी अर्धक होगा।

११—समान्तर चतुर्भुज के किसी विकर्ण पर सम्मुख भुजाओं से डाले गए लम्ब बराबर होते हैं।

१२—△ का खा गा के शीर्षों से सम्मुख भुजाओं के समान्तर रेखायें खींची गई हैं, जो △ पा फा बा बनाती हैं। सिद्ध करो कि—

$$\triangle \text{का खा गा} = \frac{1}{4} \triangle \text{पा फा बा}$$

१३—वर्ग, पतंग तथा समचतुर्भुज के सम्मित्यक्ष बताओ।

१४—समद्विबाहु △ के आधार के समान्तर एक भुजा के किसी बिन्दु से खींची गई रेखा △ के दो भाग करती है; एक समद्विबाहु त्रिभुज होता है दूसरा समद्विबाहु समलम्ब।

१५—(अ) समचतुर्भुज के शीर्षों से विकर्णों के समान्तर रेखायें खींचने से एक आयत बनता है।

(आ) आयत (वर्ग) के शीर्षों से विकर्णों के समान्तर रेखायें खींचने से समचतुर्भुज (वर्ग) बनता है।

प्रमेय २२ (१) का विलोम

जिस चतुर्भुज की सम्मुख भुजायें बराबर हों, वह समान्तर चतुर्भुज होगा।

प्रमेय २२ (२) का विलोम

जिस चतुर्भुज के सम्मुख कोण बराबर हों, वह समान्तर चतुर्भुज होगा।

मान लो कि का खा गा घा एक चतुर्भुज है, जिसमें—

∠का = ∠गा, और ∠खा = ∠घा।

तो सिद्ध करना है कि का खा गा घा एक समान्तर चतुर्भुज है।

∵ ∠का = ∠गा और ∠खा = ∠घा,

∴ ∠का + ∠खा = ∠गा + ∠घा।

परन्तु ∠का + ∠खा + ∠गा + ∠घा = ४ लम्ब कोण।

∴ ∠का + ∠खा = २ लम्बकोण।

परन्तु का खा दो रेखाओं का घा, खा गा को काटती है और ∠का, ∠खा एक ही ओर के अन्तःकोण है।

∴ का खा ‖ खा गा।

इसी प्रकार हम सिद्ध कर सकते हैं कि का खा ‖ गा घा।

अतः का खा गा घा एक समान्तर चतुर्भुज है।

प्रश्नावली २८

१—समान्तर चतुर्भुज के सम्मुख कोणों के अर्धक समान्तर होते हैं। ये रेखायें कब संपाती (Coincident) हो जाती हैं ?

२—जिस चतुर्भुज के विकर्ण एक दूसरे के अर्धक हों, वह समान्तर चतुर्भुज होगा।

३—दो समान्तर तथा बराबर रेखाओं के एक ही ओर के सिरों को मिलानेवाली रेखायें समान्तर तथा समान होती हैं।

४—समान्तर चतुर्भुज के अन्तःकोणों के अर्धक एक आयत बनाते हैं।

५—एक समान्तर चतुर्भुज **पा फा बा भा** की भुजाओं **पा फा, फा बा, बा भा,** तथा **भा पा** में क्रमशः **या, रा, ला, वा** बिन्दु इस प्रकार लिए गए हैं कि **पा या = फा रा = बा ला = भा वा**। सिद्ध करो कि **या रा ला वा** एक ▱ है।

६—आयत की संलग्न भुजाओं के मध्य बिन्दुओं को मिलाने से एक समचतुर्भुज बनता है।

७—किसी समचतुर्भुज की भुजाओं के मध्य बिन्दु एक आयत के शीर्ष बिन्दु होते हैं।

८—आयत के शीर्षों से उसके विकर्णों के समान्तर रेखायें खींचने से एक समचतुर्भुज बनता है।

९—किसी भी △ में एक भुजा के मध्यबिन्दु के आधार के समान्तर खींची गई रेखा दूसरी भुजा की अर्धक तथा आधार की आधी होती है।

प्रमेय २३

समान्तर चतुर्भुज के विकर्ण एक दूसरे का अर्धन करते हैं।

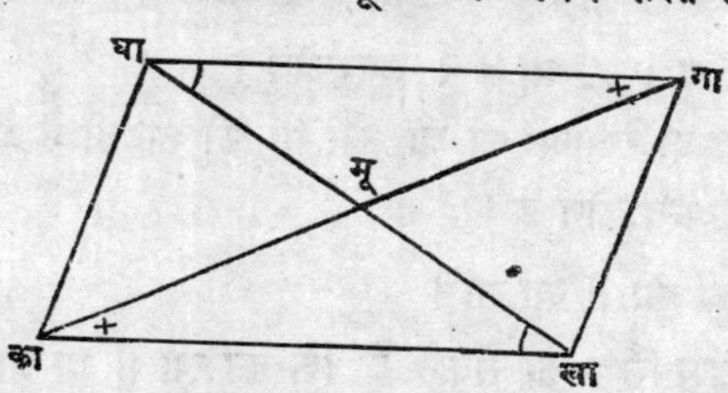

मान लो कि **का खा गा घा** एक समान्तर चतुर्भुज है, जिसके विकर्ण **का गा** और **खा घा** बिन्दु **मू** पर मिलते हैं।

तो सिद्ध करना है कि :—

का मू = मू गा और खा मू = मू घा।

△का मू खा और△गा मू घा में—

∵ { ∠मू का खा = एकान्तर ∠मू गा घा,
∠मू खा का = एकान्तर ∠मू घा गा,
तथा का खा = गा घा (पिछले प्रमेय से)

∴ △ का मू खा ≡ △गा मू खा।

अतः का मू = मू गा और खा मू = मू घा।

प्रमेय २३ का विलोम

जिस चतुर्भुज के विकर्ण एक दूसरे का अर्धन करें, वह समान्तर चतुर्भुज होगा।

प्रमेय २४

जिस चतुर्भुज में सम्मुख भुजाओं का एक जोड़ा समान और समान्तर हो वह समान्तर चतुर्भुज होगा।

इस प्रमेय की प्रतिज्ञा को इस प्रकार भी लिख सकते हैं—"यदि दो ऋजु रेखायें समान और समान्तर हों, तो उनके एक ही ओर के सिरों को मिलाने वाली ऋजु रेखायें भी समान और समान्तर होंगी।"

उपर्युक्त दोनों प्रमेय सरलता से सिद्ध किये जा सकते हैं।

प्रश्नावली २९

१—समान्तर चतुर्भुज का खा गा घा के विकर्णों का कटान बिन्दु मू है। एक ऋजु रेखा पा मू फा, का खा और गा घा को पा और फा पर काटती है। सिद्ध करो कि मू, पा फा का मध्यबिन्दु है।

२—समान्तर चतुर्भुज का खा गा घा की भुजाओं का खा और गा घा में दो

बिन्दु फा और पा इस प्रकार लिए गए हैं कि खा फा = बा पा। सिद्ध करो कि का फा गा पा एक समान्तर चतुर्भुज है।

३—(अ) यदि एक चतुर्भुज की चार भुजायें तथा एक कोण दूसरे चतुर्भुज की संगत भुजाओं तथा संगत कोण के बराबर हों, तो सिद्ध करो कि चतुर्भुज सर्वांगसम होंगे।

(आ) विकर्णों के कटान बिन्दु से खींची गई कोई भी ऋजु रेखा समान्तर चतुर्भुज को दो सर्वांगसम भागों में विभाजित करती है।

४—समान्तर चतुर्भुज का खा गा घा के त्रिकर्णों का कटान बिन्दु मू है। मू का, मू खा, मू गा और मू घा के मध्य बिन्दु क्रमशः पा, फा, बा, भा हैं। सिद्ध करो कि पा फा बा भा एक समान्तर चतुर्भुज है।

५—किसी समान्तर चतुर्भुज के एक विकर्ण पर दो बिन्दु इस प्रकार लिए गए हैं कि उनका मध्यबिन्दु विकर्ण का मध्यबिन्दु है। सिद्ध करो कि उन बिन्दुओं के शीर्षों को मिलाने वाली रेखायें एक समान्तर चतुर्भुज का सृजन करती है।

६—आसन्न चित्र में किसी बिन्दु खा के मध्येन एक ऋजु रेखा खींचो जो पा फा और फा बा को ठा और डा पर काटे और खा पर समद्विभाजित हो।

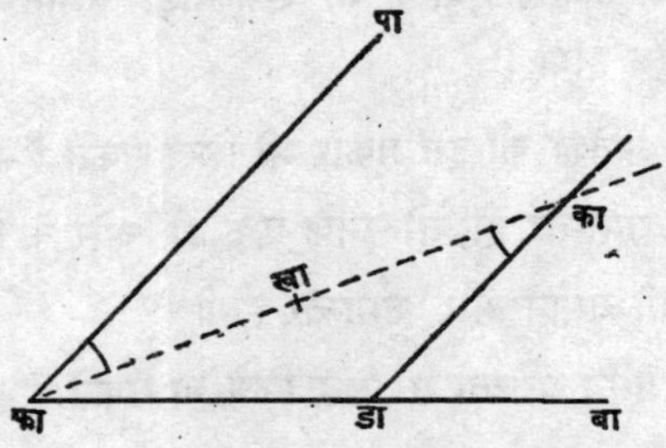

[फा खा को मिलाकर का तक इतना बढ़ाओ कि फा खा = खा का। का से का डा ॥ पा फा खींचो और आगे बढ़ो।]

७—किसी समान्तर चतुर्भुज में दो सम्मुख भुजाओं के मध्य बिन्दुओं को मिलाने वाली रेखा शेष दोनों भुजाओं के समान्तर होगी।

८—△का खा गा के आधार की माध्यिका का घा को बिन्दु चा तक इतना

बढ़ाया गया है कि का वा = वा चा । सिद्ध करो कि का खा गा चा एक समान्तर चतुर्भुज है ।

९—किसी ऋजु रेखा पर दो समान तथा समान्तर ऋजु रेखाओं के लम्ब-कोणीय विक्षेप बराबर होते हैं ।

१०—एक △ की दो भुजायें दूसरे △ की संगत भुजाओं के बराबर तथा समान्तर हैं । शेष भुजायें भी बराबर तथा समान्तर होंगी ।

११—समान्तर चतुर्भुज का खा गा घा में का घा तथा खा गा के मध्य बिन्दु पा, फा हैं । सिद्ध करो कि चतुर्भुज का खा फा पा, का फा गा पा तथा खा फा घा पा समान्तर चतुभुज हैं ।

१२—का खा पर दोनों ओर बने दो समान्तर चतुर्भुजों के शेष शीर्षों को मिलाने वाली रेखायें समान्तर होती हैं (अतएव एक समान्तर चतु-र्भुज का सृजन करती हैं ।)

१३—त्रिभुज की दो भुजाओं के मध्य बिन्दुओं को मिलाने वाली रेखा आधार की आधी और उसके समान्तर होती है ।

१४—आसन्न चित्र में का खा = का गा, पा फा ⊥ का खा, गा घा ⊥ का खा तथा पा बा ⊥ का गा । सिद्ध करो कि—

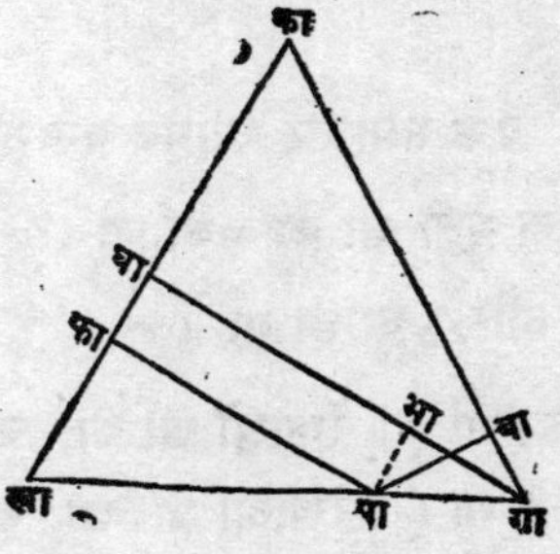

पा फा + पा बा = गा घा ।

[पा भा ⊥ गा घा खींच लो ।]

यदि बिन्दु पा, खा गा के बाहर हो तो क्या अन्तर होगा ?

१५—समबाहु त्रिभुज के अन्दर के किसी भी बिन्दु से भुजाओं पर डाले गए

लम्बों का योग अचल रहता है और उस लम्ब के बराबर होता है, जो △ के किसी भी शीर्ष से सम्मुख भुजा पर डाला जाय।

प्रमेय २५

त्रिभुज की एक भुजा के मध्य बिन्दु से दूसरी भुजा के समान्तर खींची गई रेखा तीसरी भुजा को भी अधियाती है।

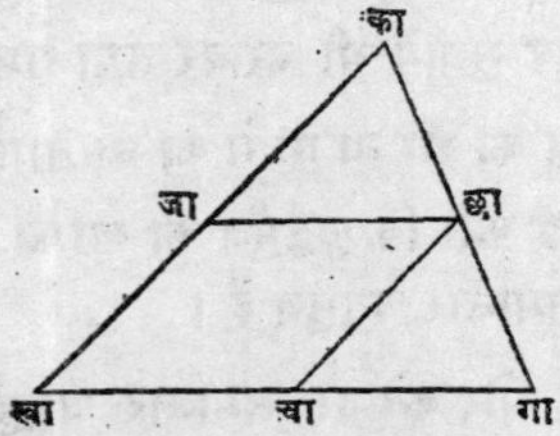

मान लो कि का खा गा एक △ है, जिसकी भुजा का खा का मध्य बिन्दु जा है। मान लो कि जा से खा गा के समान्तर ऋजु रेखा जा छा खींची गई है, जो का गा से बिन्दु छा पर मिलती है।

तो सिद्ध करना है कि—

का छा = छा गा।

छा से का खा के समान्तर ऋजु रेखा छा चा खींचो। मान लो कि वह खा गा से चा पर मिलती है।

अब, छा जा खा चा एक समान्तर चतुर्भुज बन गया।

अतः चा छा = सम्मुख भुजा खा जा = का जा।

फिर, △ जा का छा और △ चा छा गा में—

∵ { ∠का = ∠चा छा गा (∥ रेखाओं खा का, चा छा के संगतकोण)
∠जा छा का = ∠गा (∥ रेखाओं जा छा, खा गा के संगतकोण)
तथा जा का = चा छा (अभी सिद्ध किया है।)

∴ △ सर्वांगसम हैं।

अतः का छा = छा गा।

उपप्रमेय :

(१) यदि किसी △ की एक भुजा के **प** बराबर खण्ड किए जायें और खण्डों के सिरों में से आधार के समान्तर रेखायें खींची जायँ, तो वे दूसरी भुजा के भी **प** बराबर खंड करेंगी।

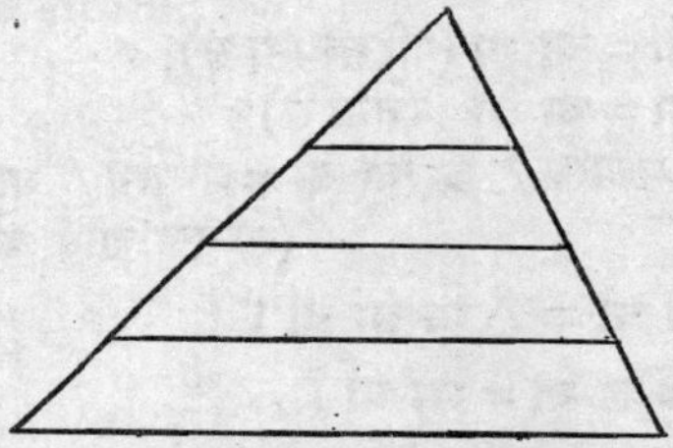

(२) यदि किसी △ की एक भुजा को **क : ख** के अनुपात में विभाजित किया जाय और विभाजक बिन्दु से आधार के समान्तर एक रेखा खींची जाय, तो वह दूसरी भुजा को भी उसी अनुपात में विभाजित करेगी।

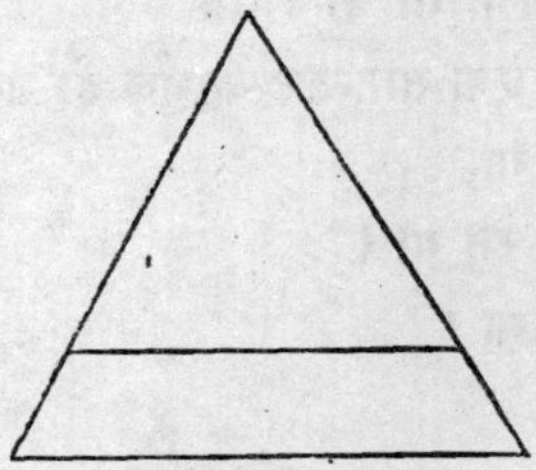

प्रमेय २६

जो ऋजु रेखा एक त्रिभुज की दो भुजाओं के मध्य बिन्दुओं को मिलाती है, तीसरी भुजा की आधी और उसके समान्तर होती है।

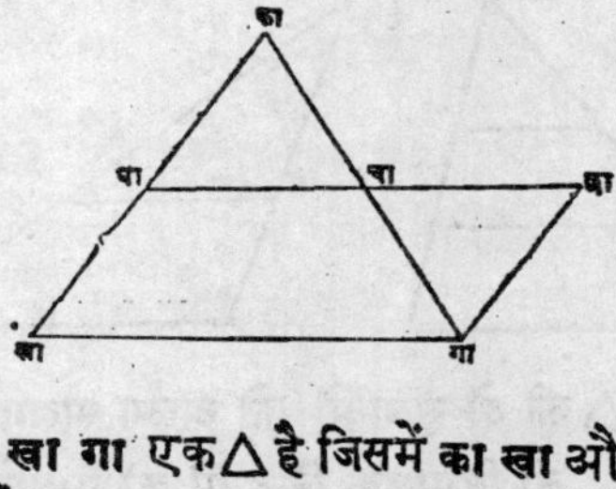

मान लो कि **का खा गा** एक △ है जिसमें **का खा** और **का गा** के मध्य बिन्दु क्रमशः **घा** और **चा** हैं।

तो सिद्ध करना है कि घा चा, खा गा की आधी और उसके समान्तर है।
घा चा को छा तक बढ़ाओ और चा छा = घा चा काट लो।

अब, △ का घा चा और △ गा छा चा में—

∵ { का चा = चा गा (परिकल्पना से),
घा चा = चा छा (रचना से)
तथा मध्यस्थ ∠ का चा घा = मध्यस्थ ∠ गा चा छा।
(सम्मुख शीर्ष कोण हैं।)

∴ △ का घा चा ≡ △ गा छा चा।

अतः गा छा = का घा = खा घा।

और ∠ घा का चा = संगत ∠ चा गा छा।

परन्तु ये एकान्तर कोण हैं,

अतः का खा ‖ गा छा।

अब, खा घा = तथा ‖ गा छा।

∴ खा गा छा घा एक समान्तर चतुर्भुज हो गया।

अतः घा छा = खा गा,

अर्थात् घा चा = $\frac{1}{2}$ खा गा।

और घा चा ‖ खा गा।

उपप्रमेय :

(१) यदि किसी △ की दो भुजाओं के अलग-अलग ट बराबर खण्ड किए जायँ, तो खंडों के संगत सिरों को मिलाने वाली रेखायें आधार के समान्तर होंगी।

(२) यदि किसी △ की दो भुजाओं को अलग अलग क : ख के अनुपात में विभाजित किया जाय, तो विभाजक बिन्दुओं को मिलाने वाली रेखा आधार के समान्तर होगी।

प्रश्नावली ३०

१—प्रमेय २५ के चित्र में गा से खा का के समान्तर एक रेखा खींचो जो जा छा (बढ़ी हुई) को झा पर काटे। इस प्रकार प्रमेय की दूसरी उपपत्ति दो।

२—△का खा गा के आधार खा गा में एक बिन्दु पा इस प्रकार लिया गया है कि पा गा = २ खा पा। पा से पा फा || गा का खींची गई है। सिद्ध करो कि—

(अ) का गा = ३ पा फा।

(आ) फा का = २ खा फा।

३—प्रश्नावली २९ के प्रश्न ११ में सिद्ध करो कि का फा तथा गा पा, विकर्ण खा घा को समत्रिभाजित (Trisected) करती हैं।

४—किसी चतुर्भुज की भुजाओं के मध्य बिन्दु एक समान्तर चतुर्भुज के शीर्ष होते हैं। अतएव सम्मुख भुजाओं के मध्य बिन्दुओं को मिलाने वाली रेखायें एक दूसरे की अर्धक होती हैं। इस प्रकार बने समान्तर चतुर्भुज की भुजाओं का योग चतुर्भुज के विकर्णों के योग के बराबर होता है।

५—त्रिभुज का खा गा में ∠ खा एक लम्ब कोण है। कर्ण का मध्य बिन्दु घा, शीर्ष खा से मिलाया गया है। सिद्ध करो कि घा खा = घा का = घा गा। [घा से घा पा || का खा खींचो।]

६—एक△की भुजाओं के मध्य बिन्दुओं को मिलाने से जो△बनता है वह पहले△का $\frac{1}{4}$ होता है।

७—△का खा गा में का खा, का गा के मध्य बिन्दु पा, फा है। खा गा में कोई बिन्दु ठा है। सिद्ध करो कि पा फा, का ठा को अधियाती है।

८—निम्न चित्र में का पा△का खा गा की एक माध्यिका है।

∠का पा फा = ∠ बा का पा और ∠ बा का फा = ∠ बा पा का।

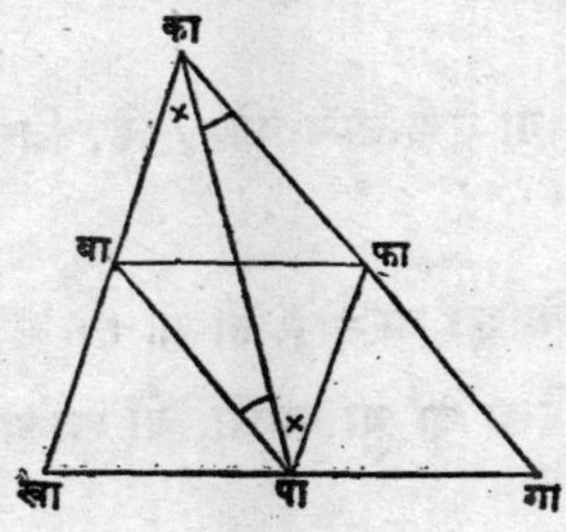

तो सिद्ध करो कि—

फा बा = $\frac{१}{२}$ खा गा ।

९—प्रश्नावली २९ प्रश्न ४ में सिद्ध करो कि समान्तर चतुर्भुज पा फा बा भा की भुजाओं का योग समान्तर चतुर्भुज का खा गा घा के परिमाप का आधा है ।

१०—△ का खा गा में का बा एक माध्यिका है । पा, का बा का मध्य बिन्दु है । खा पा को मिलाकर बढ़ाया गया है, जिससे वह का गा को बा पर काटती है । सिद्ध करो कि—

का बा = $\frac{१}{३}$ का गा ।

प्रमेय २७

किसी लम्ब कोण त्रिभुज में शीर्ष को कर्ण के मध्य बिन्दु से मिलाने वाली रेखा कर्ण की आधी होती है ।

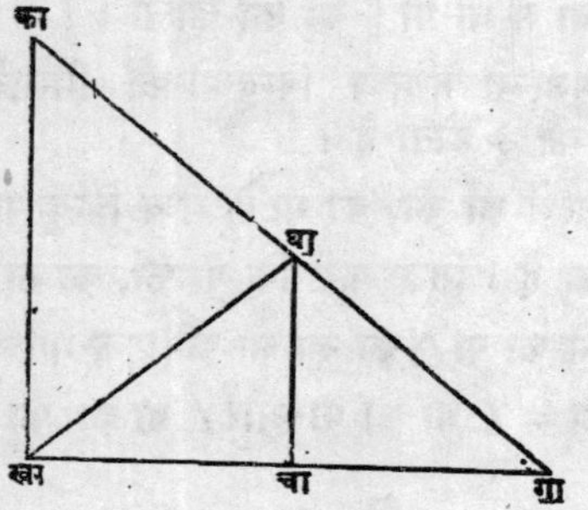

मान लो कि का खा गा एक लम्ब कोण△ है, जिसके कर्ण का गा का मध्य बिन्दु घा है ।

तो सिद्ध करना है कि खा घा = $\frac{१}{२}$ का गा ।

घा से का खा के || रेखा घा चा खींचो, जो खा गा से चा पर मिले ।

अब, ∵ का घा = घा गा,

और घा चा ‖ का खा,

∴ खा चा = चा गा ।

फिर, घा चा ‖ का खा, और खा गा दोनों को काटती है ।

∴ ∠घा चा गा = संगत ∠का खा गा ।

अतः ∠घा चा खा, ∠घा चा गा लम्ब कोण हैं ।

अन्त में, △खा घा चा, △गा घा चा में—

∵ { खा चा = चा गा, (अभी सिद्ध किया है),
घा चा सामान्य है
और मध्यस्थ ∠घा चा खा = मध्यस्थ ∠घा चा गा
(∵ दोनों लम्ब कोण हैं) }

∴ △खा घा चा ≡ △गा घा चा ।

∴ खा घा = घा गा ।

प्रश्नावली ३१

१—यदि एक त्रिभुज में सबसे बड़ी भुजा के मध्य बिन्दु को सम्मुख शीर्ष से मिलाने वाली रेखा उस भुजा की आधी हो तो △ लम्ब कोणीय होगा ।

२—किसी समद्विबाहु लम्बकोण △ के कर्ण के मध्यबिन्दु से सम्मुख शीर्ष को मिलाने वाली रेखा कर्ण पर लम्ब होती है ।

३—किसी लम्ब कोण △ के कर्ण को व्यास मानकर खींचा गया वृत्त लम्ब कोण वाले शीर्ष में से होकर जाता है ।

४—अर्धवृत्त का कोण एक लम्ब कोण होता है ।

५—△का खा गा के आधार के कोण बिन्दुओं खा, गा से सम्मुख भुजाओं पर खा घा, गा चा लम्ब डाले गए हैं । डा, खा गा का मध्य बिन्दु है । सिद्ध करो कि △डा घा चा समद्विबाहु है ।

प्रमेय २८

समलम्ब की एक भुजा के मध्य बिन्दु से समान्तर भुजाओं के समान्तर खींची गई ऋजु रेखा—

(१) दूसरी भुजा को भी अधियाती है,

(२) समान्तर भुजाओं के योग की आधी होती है।

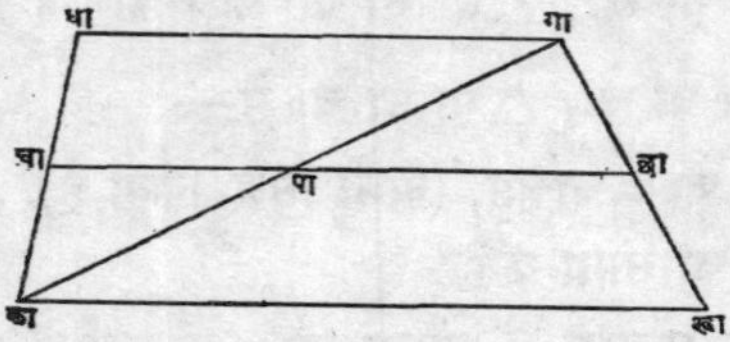

मान लो कि का खा गा घा एक समलम्ब हैं जिसमें भुजा घा का का मध्य बिन्दु चा है। और चा से समान्तर रेखाओं का खा, गा घा के समान्तर खींची गई रेखा खा गा से छा पर मिलती है।

तो सिद्ध करना है कि—

(१) गा छा = छा खा,

और (२) चा छा = $\frac{1}{2}$ (का खा + गा घा)।

का गा को मिलाओ और मान लो कि वह चा छा को बिन्दु पा पर काटती है। अब △का घा गा में—

∵ का चा = चा घा (परिकल्पना से),

और चा पा ‖ घा गा (परिकल्पना से)

∴ का पा = पा गा,

और चा पा = $\frac{1}{2}$ गा घा। (अ)

फिर, △का खा गा में—

∵ का पा = पा गा (अभी सिद्ध किया है),

और पा छा ‖ का खा (परिकल्पना से),

∴ गा छा = छा खा................(१)

और पा छा = $\frac{1}{2}$ का खा। (आ)

(अ) और (आ) को जोड़ने से—

चा छा = $\frac{1}{2}$ (का खा + गा घा)।......(२)

प्रश्नावली ३२

१—समद्विबाहु समलम्ब के सम्मुख कोणों का योग अचल होता है। अतएव. समद्विबाहु समलम्ब के सम्मुख कोण ऋजुपूरक होते हैं।

२—जिस समलम्ब के सम्मुख कोण ऋजुपूरक हों वह समद्विबाहु होगा।

३—चतुर्भुज का खा गा घा में ∠का = ∠खा और ∠गा = ∠घा, तो चतुर्भुज या तो आयत होगा या समद्विबाहु समलम्ब।

४—समद्विबाहु समलम्ब के विकर्ण बराबर होते हैं। इस साध्य का विलोम क्या है? क्या यह सर्वदा सत्य होता है?

५—समलम्ब की असमान्तर भुजाओं के मध्य बिन्दुओं को मिलाने वाली रेखा उसके विकर्णों के मध्य बिन्दुओं में से होकर जाती है।

६—गा घा पर का खा का लम्ब कोणीय विक्षेप, का खा के आधे के लम्बकोणीय विक्षेप का दुगुना होता है।

७—किसी ऋजु रेखा पर दो समान और समान्तर ऋजु रेखाओं के लम्ब-कोणीय विक्षेप बराबर होते हैं।

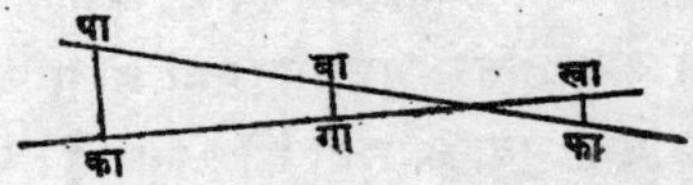

८—चित्र में पा का, बा गा तथा फा खा, का खा पर ⊥ हैं। बा, पा फा का मध्य बिन्दु है। सिद्ध करो कि बा गा = ½ (पा का − फा खा)।

९—चतुर्भुज का खा गा घा के शीर्षों से एक ऋजु रेखा पा फा पर, जो चतुर्भुज के बाहर है, लम्ब डाले गये हैं। सिद्ध करो कि का, गा से डाले गए लम्बों का योग शेष दोनों शीर्षों से डाले गए लम्बों के योग के बराबर हैं।

१०—अनिष्ट प्रदर्शन द्वारा प्रमेय २८ का विलोम सिद्ध करो।

अध्याय ११

त्रिभुजों पर निर्मेय

विषय प्रवेश—तुम पिछले अध्यायों में पढ़ चुके हो कि किन स्थितियों में त्रिभुज सर्वांगसम होते हैं। यदि किसी त्रिभुज के निम्नलिखित अङ्ग दिए हों, तो त्रिभुज की आकृति बिल्कुल निश्चित हो जायगी:—

(१) दो भुजायें और मध्यस्थ कोण।

(२) दो कोण और एक भुजा।

(३) तीनों भुजायें।

(४) यदि त्रिभुज लम्बकोणीय हो तो कर्ण और एक भुजा।

इन स्थितियों में हम केवल एक ही त्रिभुज की रचना कर सकते हैं। परंतु ये अङ्ग ऐसे न हों जो त्रिभुजों के किसी गुण का विरोध करते हों। ऐसी दशा में त्रिभुज बन ही नहीं सकता। मान लो कि त्रिभुज की भुजायें दी हैं—१", ३", ५"। इस दशा में त्रिभुज की रचना असंभव है, क्योंकि किसी भी त्रिभुज में किन्हीं दो भुजाओं का योग तीसरी भुजा से बड़ा होना चाहिये। इसी प्रकार यदि किसी त्रिभुज की एक भुजा और दो कोण दिए हैं: ५", ७८°, १०४° तो त्रिभुज असंभव है, क्योंकि दोनों कोणों का योग १८०° से कम होना चाहिए।

यदि त्रिभुज न्यून कोणीय हो और दो भुजायें और एक के सामने का कोण दिया हो, तो दो त्रिभुज बन सकते हैं। इस दशा में हम निश्चयपूर्वक नहीं कह सकते कि दोनों में से कौन-सा त्रिभुज अभीष्ट है। अतः इस स्थिति को संदिग्ध दशा (Ambiguous Case) कहते हैं।

यदि तीनों कोण या केवल दो भुजायें दी हों, तो अनेक त्रिभुज बन सकते हैं, जिनके अङ्ग न्यस्त मानों के हों। इस दशा में हम कहेंगे कि त्रिभुज अनिश्चित (Indefinite) है।

ध्यान देने योग्य बातें—

(१) पहले देख लो कि दिए हुए अंग त्रिभुज के किसी गुण के विरुद्ध तो नहीं हैं। यदि ऐसा है तो त्रिभुज असम्भव है।

(२) पेन्सिल से त्रिभुज की एक मोटी-सी आकृति बना लो।

(३) जो अंग दिए हैं उन पर चिह्न डाल लो। फिर विश्लेषण करो। पता लगाओ कि न्यास से त्रिभुज के सम्बन्ध में और कौन-कौन-सी बातें जान सकते हो।

(४) निर्मेयों में न्यस्त अङ्ग अलग-अलग भी बना दिए जाते हैं। यदि परीक्षा-पत्र में भी अङ्ग अलग बने हों, तो केवल सादी पटरी और परकार की सहायता से उन अङ्गों के बराबर अङ्ग बना लो। यदि केवल इतना लिखा हो कि "त्रिभुज की दो भुजायें और मध्यस्थ कोण दिया है; △ बनाओ।" तो पहले इन अङ्गों को अलग-अलग बना लो। फिर सादी पटरी और परकार से इनके बराबर अङ्ग बनाकर △ बनाओ। चाँदे और फुटे का उपयोग मत करो।

(५) यदि भुजाओं की लम्बाई या कोणों का वास्तविक मान दिया हो, जैसे— $\angle$का = ३५°, $\angle$खा = ८२°, ग = १½" तो फुटे और चाँदे की सहायता

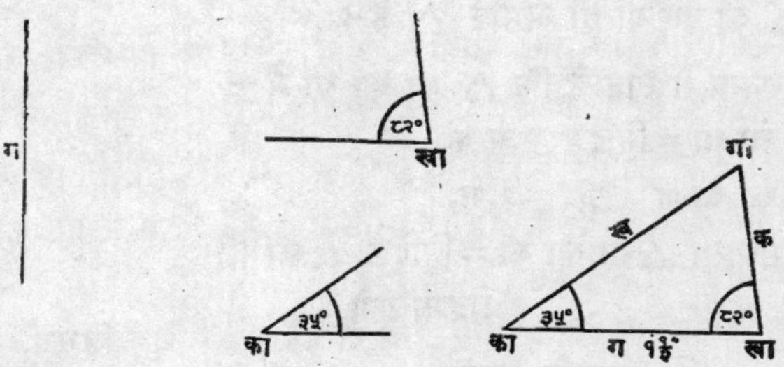

से पहिले निर्दिष्ट अङ्गों के बराबर अङ्ग अलग बना लो। फिर इन्हीं यन्त्रों की सहायता से त्रिभुज बनाओ। ऐसा कदापि मत करो कि इन अलग बनें हुए अङ्गों के बराबर परकार की सहायता से त्रिभुज बना लो। इसमें त्रुटि की अधिक सम्भावना है।

(६) आकृति जहाँ तक हो सके, बड़ी बनाओ। प्रत्येक भुजा २" से बड़ी हो तो अच्छा है।

निर्मय ८

त्रिभुज बनाना, जब दो भुजायें और मध्यस्थ कोण दिये हों।

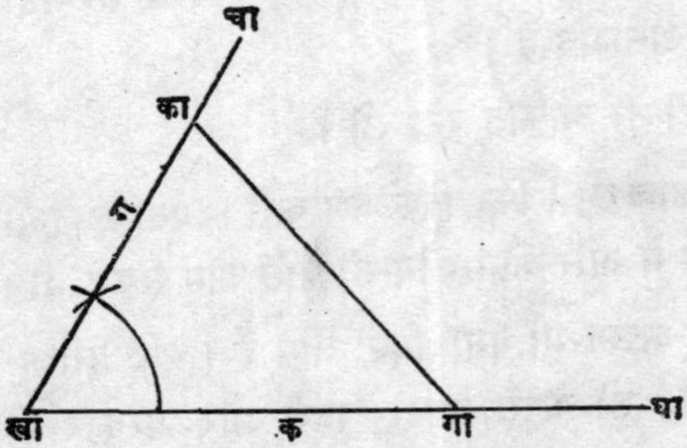

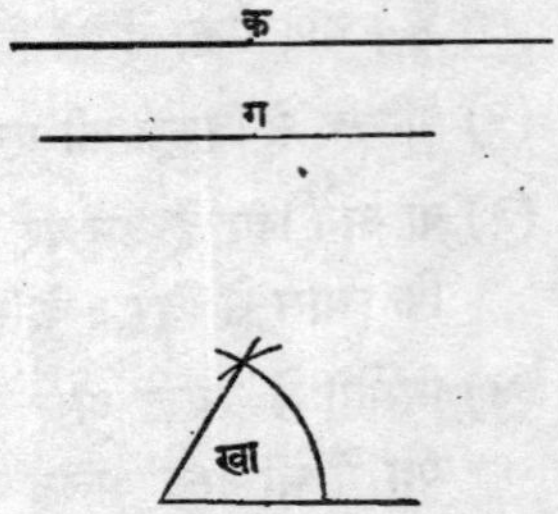

मान लो कि △ का खा गा की भुजायें क, ग और मध्यस्थ ∠खा दिए हैं। तो △ का खा गा बनाना है।

एक ऋजु रेखा खा घा लेकर उसमें से क के बराबर खा गा काट लो।

खा घा के बिन्दु खा पर ∠गा खा चा, ∠खा के बराबर बनाओ।

खा चा में से खा का = ग काट लो।

का गा को मिला दो।

तो △ का खा गा ही अभीष्ट △ है।

उपपत्ति : रचना से स्पष्ट है कि △ का खा गा में—

भुजा खा गा = निर्दिष्ट भुजा क,

भुजा खा का = ,, ,, ग,

और मध्यस्थ ∠गा खा का = निर्दिष्ट ∠खा।

प्रश्नावली ३३

△ का खा गा बनाओ जब कि—

१—क = ३"; ख = १·२"; ∠गा = ३८°।

२—क = ५ सें० मी०; ख = २·१ सें० मी०; ∠गा = ९४°।

३—खा गा = १·८"; का गा = १·४"; ∠गा = ५०°।

४—का खा = ३ सें० मी०; का गा = ४ सें० मी०; ∠का = ३५°।

५—समद्विबाहु त्रिभुज बनाओ जिसका शीर्ष कोण ५३° का हो तथा एक भुजा की लम्बाई ४" हो।

६—चौराहे पर दो सड़कें एक दूसरे से ५६° का कोण बनाती है। एक सड़क पर चौराहे से ५ मील दूर एक गाँव बसा है और दूसरी सड़क पर ८ मील की दूरी पर एक कुआँ है। आकृति खींचकर बताओ कि कुआँ गाँव से कितनी दूर है।

७—एक नाव एक स्थान का से २ मील प्रति घंटे की चाल से उत्तर-पूर्व की ओर चली। आधे घंटे पश्चात् अपने दायें को ४९° घूम गई और उसी चाल से ३७½ मिनट चली। नाव के मार्ग का चित्र बनाकर का से उसकी दूरी बताओ। [१ मील = १"]

८—एक लम्ब कोण △ का आधार तथा लम्ब दिये हैं। त्रिभुज की रचना करो।

निर्मय ९

△ बनाना जब एक भुजा और दो कोण दिए हों।

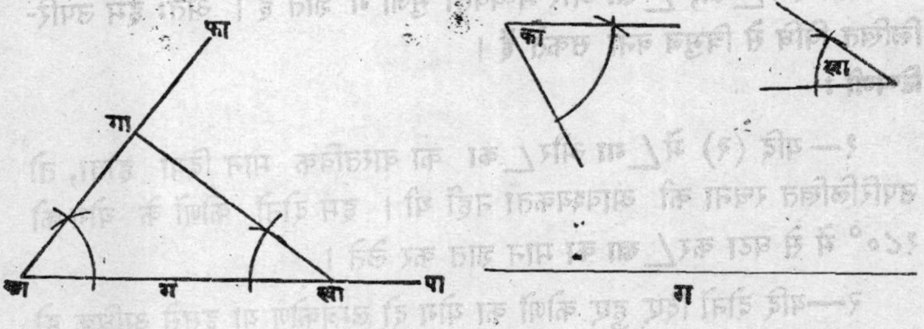

(१) मान लो कि ∠ का और ∠ खा और मध्यवर्ती (Intermediary) भुजा ग दिए हैं तो △ का खा गा बनाना है।

एक ऋजु रेखा का पा खींच लो और उसमें से ग के बराबर का खा काट लो।

का खा के बिन्दु का पर ∠ का के बराबर ∠ खा का फा बनाओ।

फिर का खा के बिन्दु खा पर ∠ खा के बराबर ∠ का खा गा बनाओ।

मान लो कि का फा और खा गा बिन्दु गा पर मिलती हैं। तो △ का खा गा ही अभीष्ट △ है।

उपपत्ति : रचना से △ का खा गा की भुजा ग दी हुई भुजा के बराबर है और ∠ का तथा ∠ खा दिए हुए कोणों के बराबर हैं।

(२) मान लो कि ∠ गा और ∠ का और भुजा ग दिए हैं।

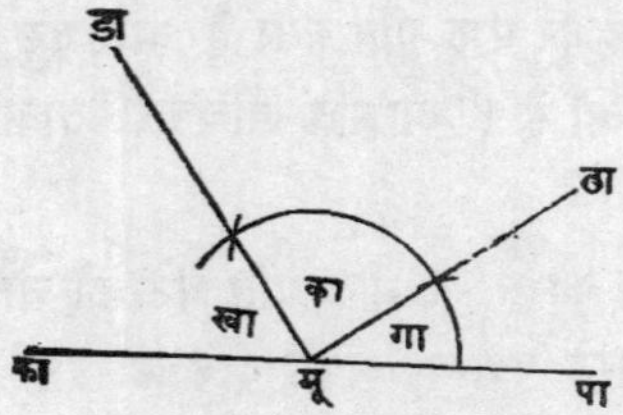

कोई ऋजु रेखा मू पा लेकर उसके किसी बिन्दु मू पर क्रम से ∠ पा मू ठा, ठा मू डा क्रमशः ∠ गा और ∠ का के बराबर बना लो। इस प्रकार ∠ पा मू डा कोणों गा और का के योग के बराबर बन गया। अब पा मू को किसी बिन्दु फा तक बढ़ाओ। यतः किसी त्रिभुज के तीनों कोणों का योग दो लम्ब कोण होता है, अतः ∠ डा मू फा = ∠ खा।

अब हमें ∠ का, ∠ खा और मध्यवर्ती भुजा ग ज्ञात हैं। अतः हम उपरिलिखित विधि से त्रिभुज बना सकते हैं।

टिप्पणी :

१— यदि (२) में ∠ गा और ∠ का का वास्तविक मान दिया होता, तो उपरिलिखित रचना की आवश्यकता नहीं थी। हम दोनों कोणों के योग को १८०° में से घटा कर ∠ खा का मान ज्ञात कर लेते।

२—यदि दोनों दिए हुए कोणों का योग दो लम्बकोण या इससे अधिक हो तो △ का बनना असम्भव होगा।

प्रश्नावली ३४

△ पा फा बा की रचना करो, जब कि—

१— ∠ पा = ५१°; फा = १०४°, प = २½″

२— ∠ पा = ७०°; फा = ९५°, फ = ३ सें० मी०

३— ∠ पा = ८०°; फा = ३९°, ब = २″

४—एक खेत के बीच में एक नहर है। उसकी चौड़ाई नापनी है। एक किनारे पर एक ऋजु रेखा पा फा = १० गज खींची जाती है। पा तथा फा से दूसरे किनारे पर एक बिन्दु बा इस प्रकार स्थित किया जाता है कि ∠पा फा बा = ६३° और ∠फा पा बा = ५४°। चित्र खींच कर नहर की चौड़ाई नापो।

५—एक खेत में तीन पेड़ का, खा, गा हैं। गा, का से ३५° उत्तर-पूर्व की ओर, और खा से ४८° उत्तर-पश्चिम की ओर है। खा से गा की दूरी ४ गज है। गा से का तथा खा की दूरी नापो।

निर्मेय १०

त्रिभुज बनाना जब तीनों भुजायें दी हों।

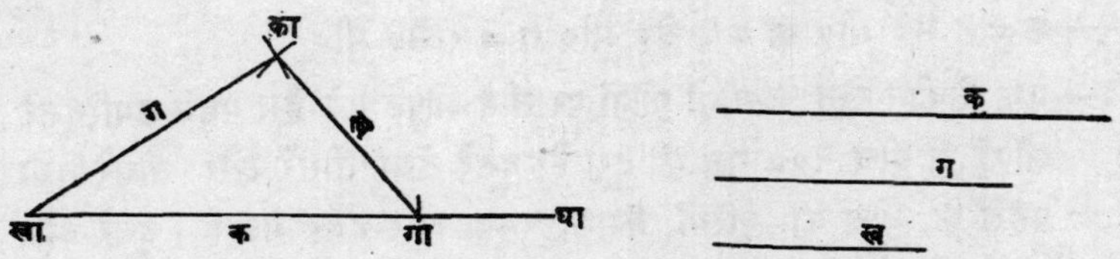

मान लो कि △का खा गा की भुजायें क, ख, ग दी हैं। तो △का खा गा बनाना है।

एक ऋजु रेखा खा घा लेकर उसमें से खा गा को क के बराबर काट लो।

केन्द्र खा और त्रिज्या ग लेकर एक चाप खींचो। फिर केन्द्र गा और त्रिज्या ख लेकर दूसरा चाप खींचो, जो पहले चाप को का पर काटे।

का खा, का गा को मिलाओ।

तो रचना से, का खा गा ही हमारा अभीष्ट △ है।

टिप्पणी :

१—दोनों चाप एक दूसरे को खा गा के नीचे भी किसी बिन्दु घा पर काटेंगे। इस प्रकार दो △ बनेंगे जो सर्वांगसम होंगे।

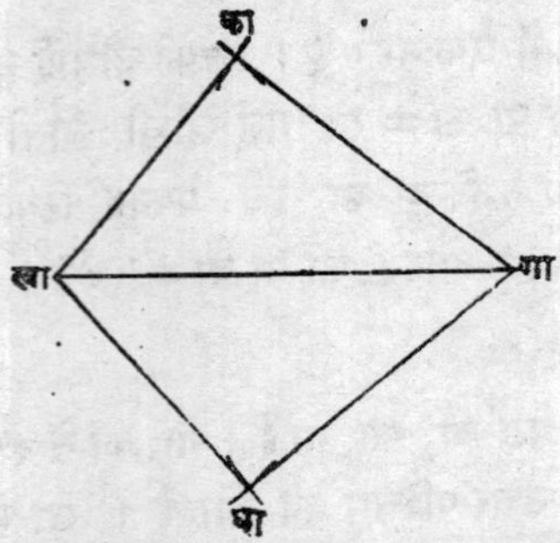

२. यदि किन्हीं दो भुजाओं का योग तीसरी से कम हो तो △ असम्भव होगा।

प्रश्नावली ३५

△ का खा गा बनाओ जिसमें—

१—क = ५", ख = ७", ग = ३"।

२—क = ८ सें० मी० ख = ४ सें० मी० ग = ५ सें० मी०।

३—एक तिकोने खेत के तीनों कोनों पर तीन झोंपड़े बने हैं। पहले तथा दूसरे झोंपड़े के बीच २०० गज की दूरी है; दूसरे तथा तीसरे और तीसरे तथा पहले के बीच की दूरियाँ क्रमशः ५०० और ४०० गज हैं। दूसरे और तीसरे झोंपड़ों को एक सीधी सड़क मिलाती है। पहले झोंपड़े से उस सड़क की दूरी नापो।

४—का गा की लम्बाई ४" है। इसके दोनों ओर दो ऐसे बिन्दु खा, घा ज्ञात करो कि का खा = ५", खा गा = ३", का घा = ६" तथा गा घा = ६"। खा घा को नापो।

५—एक स्थान पा से फा की दूरी नापनी है। परन्तु सीधे मार्ग में एक बहुत बड़ा तालाब पड़ता है। बा, भा दो स्थान हैं जो पा से क्रमशः ४ और ५ फर्लांग की दूरी पर हैं। बा भा की लम्बाई ६ फर्लांग है। फा से बा और भा क्रमशः ७ तथा ६ फर्लांग दूर हैं। पा फा के एक ही ओर बा और भा लेकर चित्र बनाओ और पा फा की लम्बाई नापो।

[२ फर्लांग = १"]

निर्मेय ११

लम्ब कोण त्रिभुज बनाना जब कर्ण और एक भुजा ज्ञात हो।

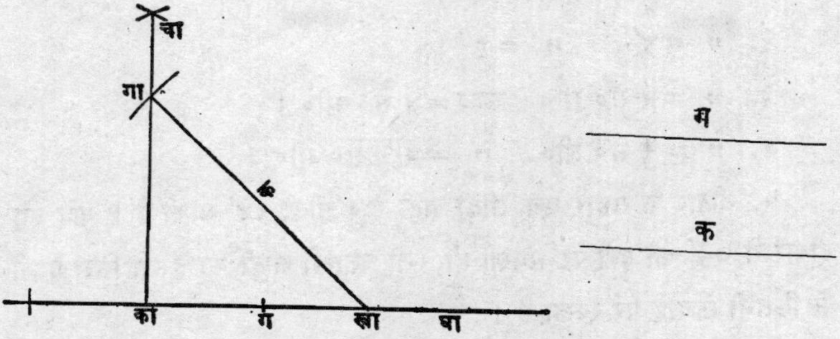

मान लो कि लम्ब कोण△का खा गा का कर्ण क और भुजा ग दी हैं।

तो △ का खा गा बनाना है।

कोई ऋजु रेखा का घा लेकर उसमें से का खा को ग के बराबर काट लो। का खा के बिन्दु का पर एक लम्ब का चा खींचो। फिर त्रिज्या क और केन्द्र खा लेकर एक चाप खींचो जो का चा को गा पर काटे।

तो का खा गा ही अभीष्ट△होगा।

उपपत्ति : रचना से का खा = ग,

खा गा = क,

∠का = १ लम्ब कोण।

टिप्पणी :

१. यदि ग के स्थान पर ख दी होती, तो का घा में से जो भाग काटते उसे का गा कहते। शेष रचना वही रहती।

२. यदि कर्ण के स्थान पर दूसरी भुजा ख दी होती तो यह निर्मेय ८ का विशिष्ट रूप हो जाता।

३. यदि लम्ब चा का को नीचे की ओर बढ़ाया जाय तो केन्द्र खा से खींचा गया चाप उसको नीचे की ओर भी एक बिन्दु पर काटेगा। इस प्रकार दो त्रिभुज बनेंगे जो सर्वांगसम होंगे।

प्रश्नावली ३६

लम्ब कोण त्रिभुज का खा गा बनाओ, जिसमें—

१. कर्ण = ४″, आधार = २″।

२. ” = ४″, ” = ३″।

३. ” = ५ से० मी० लम्ब = ४ से० मी०।

४. ” = ५ से० मी० ” = ३·५ से० मी०।

५. दीवार के सहारे एक सीढ़ी खड़ी है। सीढ़ी १४′ लम्बी है। यदि वह दीवार से ७½′ की दूरी पर रक्खी हो, तो बताओ सीढ़ी का दूसरा सिरा पृथ्वी से कितनी ऊँचाई पर रक्खा है।

निर्मेय १२

त्रिभुज बनाना जब दो भुजायें और उनमें से एक का सम्मुख कोण दिया हो।

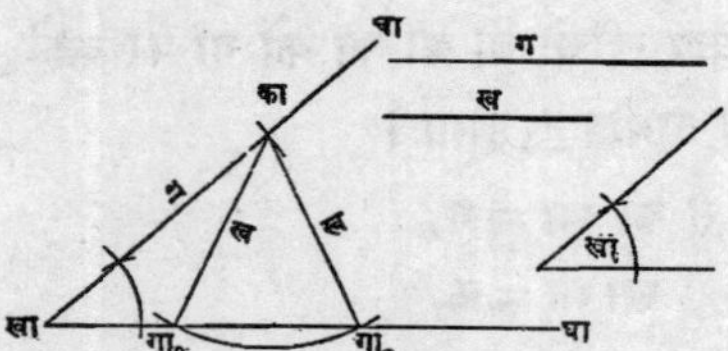

मान लो कि △ का खा गा की भुजायें ख और ग तथा ख का सम्मुख कोण खा दिया है।

तो △ का खा गा बनाना है।

एक ऋजु रेखा खा घा लेकर उसके बिन्दु खा पर कोण घा खा चा, ∠खा के बराबर बनाओ।

खा चा में से ग के बराबर खा का, काट लो।

केन्द्र का और त्रिज्या ख से एक चाप खींचो।

१—मान लो कि यह चाप खा घा को खा के एक ही ओर दो बिन्दुओं गा$_1$, गा$_2$ पर काटता है।

का गा$_1$ और का गा$_2$ को मिलाओ।

तो दोनों△का खा गा$_1$ और का खा गा$_2$ हमारे अभीष्ट△हो गये।

उपपत्ति :△का खा गा$_1$ और का खा गा$_2$ में,∠खा दिए हुए कोण के बराबर है, उसकी सम्मुख भुजा ख के समान है और का खा, भुजा ग के समान है।

टिप्पणी :

१. इस दशा में हम निश्चयपूर्वक नहीं कह सकते कि हमारा अभीष्ट △का खा गा$_1$ है या का खा गा$_2$। दोनों में से कोई भी हो सकता है। इसलिये इस दशा को 'संदिग्ध दशा' कहते हैं।

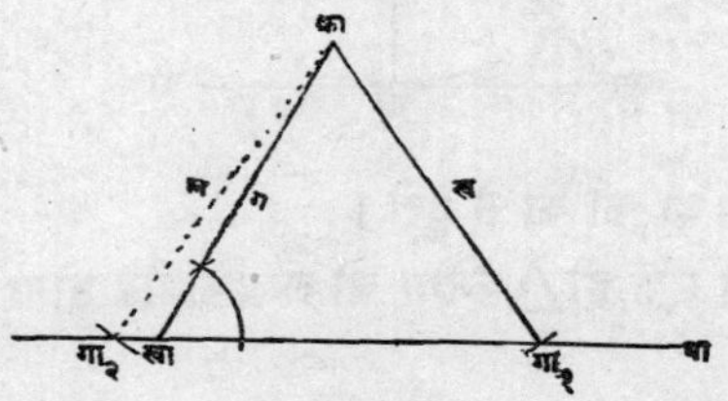

२. यदि ख>ग तो बिन्दु गा$_1$ गा$_2$ बिन्दु खा के दोनों ओर पड़ेंगे।

मान लो कि गा$_1$ घा की ओर है, और गा$_2$ उसके दूसरी ओर। का गा$_1$ को मिलाओ।

इस दशा में केवल एक ही अभीष्ट△का खा गा$_1$ बनेगा।

इस दशा में,△का खा गा$_2$ में:—

का खा = ग,

का गा$_2$ = ख,

परन्तु∠का खा गा$_2$ ≠ ∠खा।

अतः, यह हमारा अभीष्ट△नहीं है।

३. यदि ख = ग; तो चाप खा घा को एक ही बिन्दु गा पर काटेगा क्योंकि दूसरा बिन्दु खा से संपाती होगा।

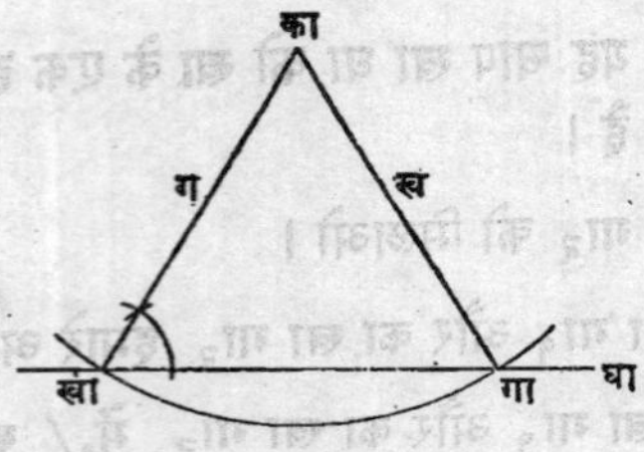

इस दशा में भी एक ही△का खा गा बनेगा ।

४. मान लो कि चाप खा घा को केवल एक बिन्दु गा पर छूता है ।

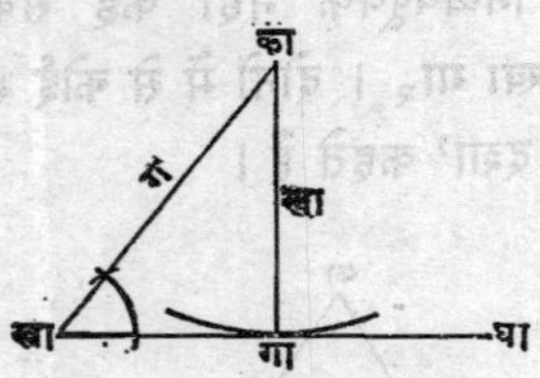

अर्थात् ख = खा घा की का से दूरी ।

इस दशा में भी एक ही△बनेगा जो लम्बकोणीय होगा ।

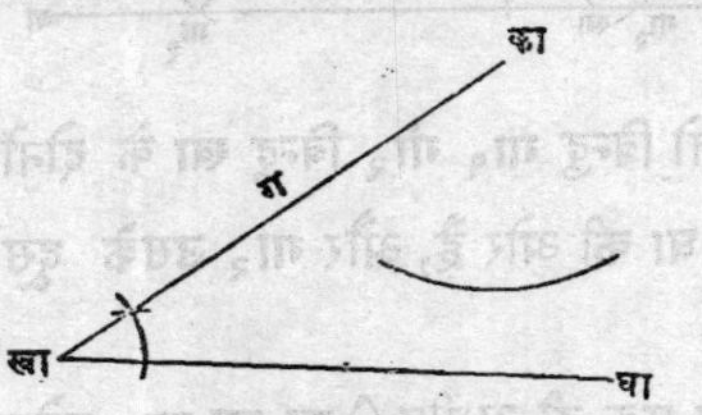

५. यदि ख, का से खा गा की दूरी से भी छोटी हो, तो चाप खा घा को कहीं पर भी नहीं काटेगा । इस स्थिति में कोई भी△न बन सकेगा ।

६. ऊपर दिए हुए विवेचन से स्पष्ट है कि विभिन्न दशाओं में ख, ग और 'खा गा से का की दूरी' में निम्नलिखित सम्बन्ध है :—

(१) में ग > ख > दूरी (दो△ः संदिग्ध दशा) ।

(२) ,, ख > ग > दूरी (एक△) ।

(३) ,, ख = ग > दूरी (,,) ।

(४) में ग > ख = दूरी (एक लम्बकोण △) ।

(५) " ग > दूरी > ख (△ की रचना असम्भव) ।

७. संदिग्ध दशा में ∠ का गा$_1$ खा + ∠ का गा$_2$ खा = १८०° ।

८. इन दशाओं की तुलना भाग १ में दिए हुए प्रकरण "त्रिभुजों में सर्वांगसमता" की विभिन्न दशाओं में करनी चाहिए ।

प्रश्नावली ३७

△ बनाओं जिसकी दो भुजायें और एक के सामने का कोण नीचे दिये हैं—

(१)	५ सें० मी०,	४ सें० मी०,	६०° ।
(२)	५ " ,	४ " ,	३०° ।
(३)	२ " ,	४ " ,	७०° ।
(४)	२.५ " ,	४ " ,	४०° ।
(५)	८ " ,	९ " ,	१५° ।
(६)	४.५ इंच ,	४.५ इंच ,	४५° ।
(७)	३.५ " ,	४.५ " ,	३८° ।
(८)	४ " ,	४ " ,	६०° ।
(९)	३.५ " ,	३.१ " ,	५०° ।

प्रश्नावली ३८

[त्रिभुजों के निर्माण पर]

१—त्रिभुज बनाओ जिसका आधार, परिमाप तथा एक आधार कोण दिये हों।

२—त्रिभुज बनाओ जिसका आधार, शेष भुजाओं का अन्तर तथा आधार कोणों में से छोटा कोण (अर्थात् छोटी भुजा के सामने का कोण) दिये हों।

३—त्रिभुज की रचना करो जिसके परिमाप तथा आधार कोण दिए हैं ।

△ बनाओ, जिनके निम्नलिखित अङ्ग दिये हैं:—

४—आधार, एक आधार कोण, आधार की माध्यिका ।

५—आधार, शीर्ष कोण, दो भुजाओं का योग ।

६—आधार, दो भुजाओं का अन्तर, आधार कोणों का अन्तर।

७—आधार, दो भुजाओ का अन्तर, आधार कोणों का योग।

समद्विबाहु △ बनाओ जिसके निम्नलिखित अङ्ग दिये हैं:—

८—आधार, एक आधार कोण।

९—आधार, एक भुजा।

१०—आधार, आधार कोणों का योग।

११—आधार, शेष भुजाओं का योग।

१२—आधार तथा आधार कोणों के योग और शीर्ष कोण का अनुपात (४:१)।

१३—आधार तथा प्रत्येक आधार कोण और शीर्ष कोण का अनुपात।

१४—आधार, शीर्ष कोण।

१५—आधार, शीर्ष कोण और एक आधार कोण का योग।

१६—आधार कोण, भुजा।

१७—शीर्ष कोण, शीर्ष से आधार पर डाला गया लम्ब।

१८—शीर्ष कोण, शीर्ष कोण के अर्धक की लम्बाई।

१९—आधार, आधार के एक सिरे से सम्मुख भुजा पर डाला गया लम्ब।

२०—परिमाप, आधार पर शीर्ष से डाला गया लम्ब।

२१—समबाहु △ बनाओ, जिसके शार्ष से आधार पर डाला गया लम्ब ज्ञात है।

लम्ब कोण त्रिभुज बनाओ, जिसके निम्नलिखित अङ्ग दिये हैं।

२२—कर्ण, आधार।

२३—आधार, सम्मुख कोण।

२४—परिमाप, एक न्यून कोण।

२५—कर्ण, शेष भुजाओं का योग।

२६—कर्ण, एक न्यून कोण।

२७—एक भुजा, कर्ण पर शीर्ष से डाला गया लम्ब।

२८—आधार, कर्ण तथा कर्ण पर शीर्ष से डाला गया लम्ब।

२९—कर्ण, तथा न्यून कोणों का अनुपात (१:२)।

समद्विबाहु लम्बकोण △ बनाओ, जिसमें:—

३०—कर्ण की लम्बाई दी हो।

३१—कर्ण और एक भुजा का अन्तर दिया हो।

३२—कर्ण तथा लम्बकोण से कर्ण पर डाला गया लम्ब दिया हो।

△ की रचना करो, जिसके नीचे लिखे अंग ज्ञात हैं :—

३३—आधार, एक आधार कोण, शीर्ष से आधार पर डाला गया लम्ब।

३४—दो भुजायें, तीसरी भुजा पर सम्मुख शीर्ष से डाला गया लम्ब।

३५—दोनों आधार कोण और आधार पर शीर्ष से डाला गया लम्ब।

३६—आधार, आधार पर शीर्ष से डाला गया लम्ब तथा आधार की माध्यिका।

३७—भुजाओं के मध्य बिन्दुओं की स्थिति।

३८—एक △ बनाओ जिसकी भुजायें क्रमशः १०", १२", ९" की हों। सबसे बड़ी भुजा के दोनों सिरों से ८½" की दूरी पर एक बिन्दु ज्ञात करके उससे तीसरे शीर्ष की दूरी ज्ञात करो। [सुलभ मापनी मान लो]

अध्याय १२

संगामी रेखायें [Concurrent Lines]

परिभाषाः— जो रेखायें एक ही बिन्दु पर मिलें या एक दूसरे को काटें, संगामी (Concurrent) कहलाती हैं।

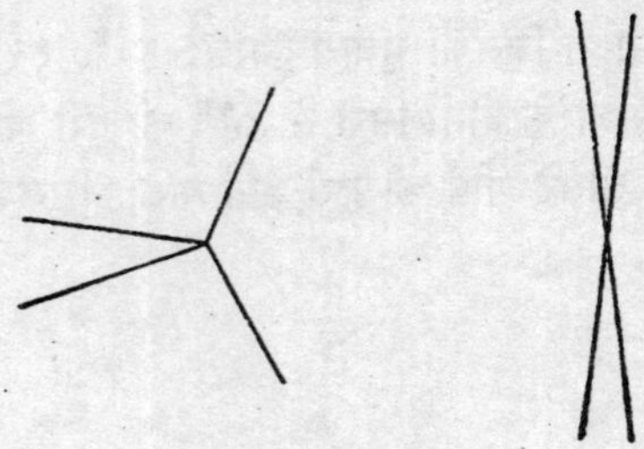

(१) किसी त्रिभुज के कोणों के अर्धक संगामी होते हैं।

मान लो कि △ का खा गा दिया है और ∠खा, ∠गा के अर्धक मू पर मिलते हैं।

तो सिद्ध करना है कि का मू, ∠ का की अर्धक होगी।

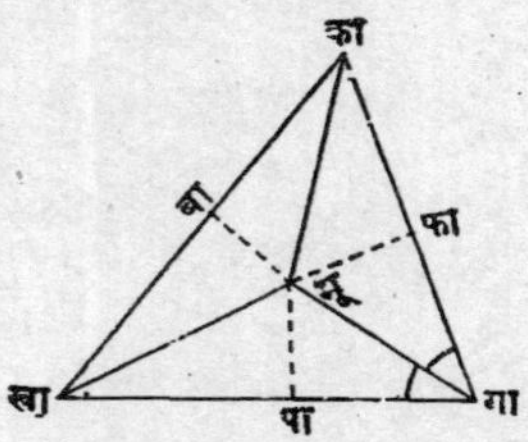

रचनाः—मू से क, ख, ग पर क्रमशः मू पा, मू फा, मू बा लम्ब डालो।

उपपत्ति :

अब, △ मू खा पा, △ मू खा बा में:—

∵ { भुजा मू खा सामान्य है,
∠ मू खा पा = ∠ मू खा बा, दिया है,
∠ पा = ∠ बा = ९०° ।

∴ △ सर्वांगसम हैं ।

∴ मू पा = मू बा ।

इसी प्रकार △ मू गा पा, △ मू गा फा में—

मू पा = मू फा ।

∴ मू बा = मू फा ।

फिर, △ मू का बा, △ मू का फा में—

∵ { मू बा = मू फा, अभी सिद्ध किया है ।
मू का सामान्य है,
तथा ∠ बा = ∠ फा = ९०° ।

∴ △ मू का बा ≡ △ मू का फा ।

∴ ∠ मू का बा = ∠ मू का फा ।

अर्थात् का मू, ∠ का की अर्धक है ।

परिभाषा : △ के कोणों के अर्धकों के मिलन बिन्दु को △ का **अन्तःकेन्द्र** (In-centre) कहते हैं ।

उपप्रमेय : △ के दो बाह्यकोणों और तीसरे अन्तःकोण के अर्धक संगामी होते हैं ।

[उपर्युक्त प्रमेय की रचना तथा उपपत्ति इस दशा में भी लागू है ।]

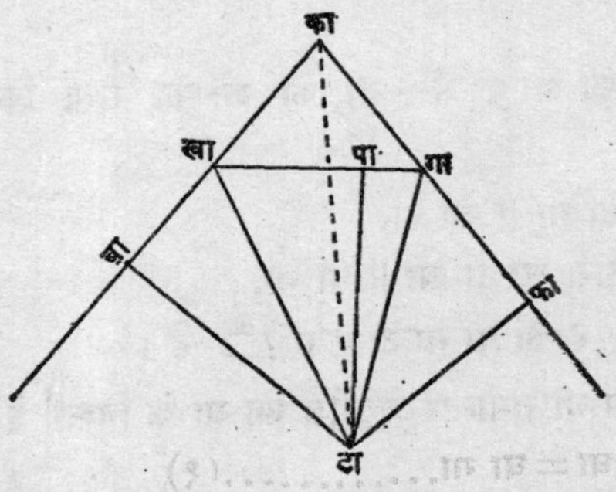

परिभाषा : इस बिन्दु को △ का **बहिष्केन्द्र** (Ex-centre) कहते हैं ।

(२) त्रिभुज की माध्यिकायें संगामी होती हैं और कटान बिन्दु पर प्रत्येक माध्यिका समत्रिभाजित होती है ।

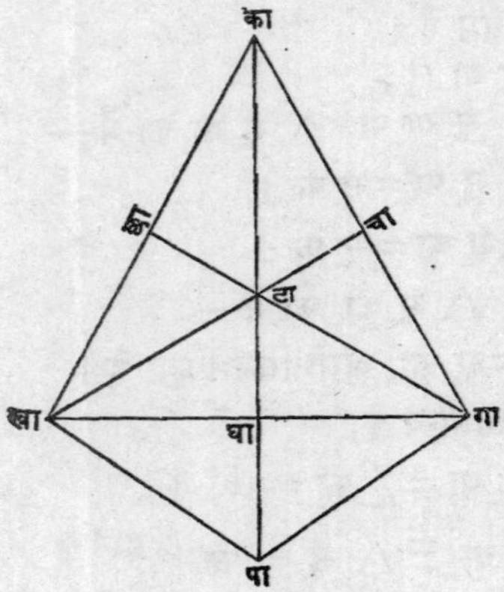

मान लो कि △ का खा गा में खा चा, गा छा दो माध्यिकायें हैं, जो एक दूसरी को टा पर काटती हैं ।

तो सिद्ध करना है कि तीसरी माध्यिका (का घा) भी बिन्दु टा में से हो कर जायगी ।

रचना : का टा को मिलाकर बिन्दु पा तक इतना बढ़ाओ कि का टा = टा पा। मान लो कि का पा, खा गा को बिन्दु घा पर काटती है। खा पा, गा पा को मिलाओ ।

उपपत्ति : △ का खा पा में—छा, का खा का मध्य बिन्दु है और टा, का पा का ।

∴ छा टा गा ∥ खा पा,

इसी प्रकार, चा टा खा ∥ पा गा,

∴ चतुर्भुज खा पा गा टा एक ▱ है ।

अब, टा पा, खा गा समान्तर चतुर्भुज खा गा के विकर्ण हैं ।

∴ खा घा = घा गा............(१)

और टा घा = घा पा............(२)

फल (१) से यह सिद्ध होता है कि घा, खा गा का मध्य बिन्दु है। अतः का टा घा एक माध्यिका है।

इस प्रकार तीनों माध्यिकायें संगामी हो गईं।

फल (२) से—टा घा = घा पा = $\frac{1}{2}$ टा पा,

= $\frac{1}{2}$ का टा।

∴ टा घा = $\frac{1}{3}$ का घा,

और का टा = $\frac{2}{3}$ का घा।

अतः टा माध्यिका का घा का एक समत्रिभाजन बिन्दु है।

इसी प्रकार हम सिद्ध कर सकते हैं कि अन्य दोनों माध्यिकायें भी टा पर समत्रिभाजित होती हैं।

परिभाषा : △ की तीनों माध्यिकाओं के कटान बिन्दु को △ का केन्द्रव **(Centroid)** कहते हैं।

(३) त्रिभुज की भुजाओं के लंबार्धक संगामी होते हैं।

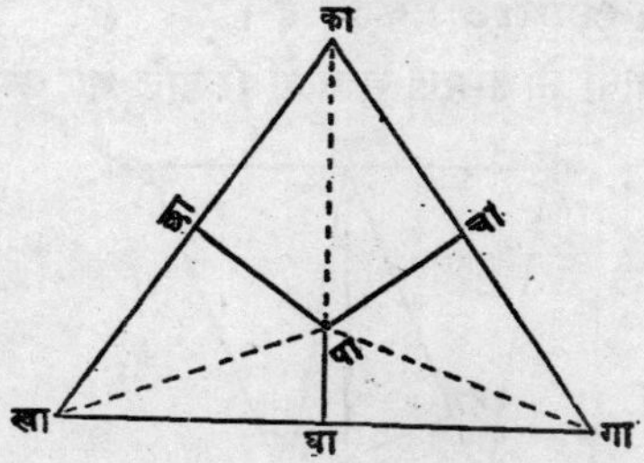

मान लो कि △ का खा गा में पा छा, पा चा भुजाओं का खा, का गा के लम्बार्धक हैं, जो पा पर मिलते हैं। और घा, खा गा का मध्य बिन्दु है।

तो सिद्ध करना है कि पा घा ⊥ खा गा।

रचना : पा से का, खा, गा को मिला दो।

अब, △ का पा छा, △ खा पा छा में:—

∵ { भुजा का छा = भुजा खा छा (दिया है),
छा पा सामान्य है,
तथा ∠ खा छा पा = ∠ का छा पा = ९०°।

∴ △ सर्वांगसम हैं।

∴ खा पा = का पा।

इसी प्रकार, का पा = गा पा।

∴ खा पा = गा पा

अब, △खा घा पा, △गा घा पा में—

∵ { खा पा = गा पा (अभी सिद्ध किया है)।
पा घा सामान्य है,
तथा खा घा = घा गा (दिया है)।

∴ △खा घा पा ≡ △गा घा पा।

∴ ∠खा घा पा ≡ ∠गा घा पा।

परन्तु ये संलग्न कोण हैं,

∴ ∠खा घा पा = एक लम्ब कोण।

अर्थात् पा घा, खा गा की लम्बार्धक है।

परिभाषा : △की भुजाओं के लम्बार्धकों के मिलन बिन्दु को△का **परिकेन्द्र** (Circum-centre) कहते हैं।

(४) त्रिभुज के शीर्षों से सम्मुख भुजाओं पर डाले गए लम्ब संगामी होते हैं।

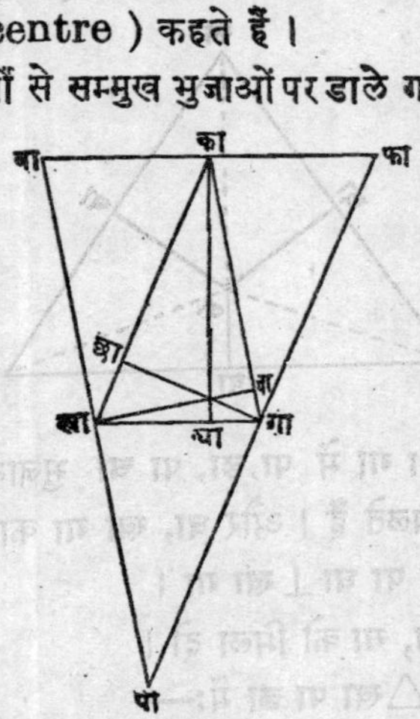

मान लो कि△का खा गा में शीर्षों से सम्मुख भुजाओं पर का घा, खा चा, गा छा लम्ब गिराये गए हैं।

तो सिद्ध करना है कि का घा, खा चा, गा छा संगामी हैं।

रचना : △के शीर्षों के मध्येन सम्मुख भुजाओं के समान्तर ऋजु रेखायें खींचो और इस प्रकार△पा फा बा की रचना करो।

उपपत्ति : रचना के अनुसार—

चतुर्भुज खा गा का बा एक समान्तर चतुर्भुज है ।

∴ खा गा = का बा ।

इसी प्रकार, खा गा = का फा ।

∴ का फा = का बा ।

अर्थात् का, बा फा का मध्यबिन्दु है ।

फिर, रचना के अनुसार खा गा ‖ फा बा ।

अतः का घा, खा गा पर भी लम्ब है ।

अतः का घा, फा बा की लम्बार्धक है ।

इसी प्रकार हम सिद्ध कर सकते हैं कि खा चा तथा गा छा क्रमशः पा बा तथा पा फा की लम्बार्धक हैं ।

∴ का घा, खा चा, गा चा संगामी हैं ।

परि भाषा :

(१) शीर्षों से सम्मुख भुजाओं पर गिराये गए लम्बों के कटान बिन्दु को △ का लाम्बिक केन्द्र (Ortho-centre) कहते हैं ।

(२) ऐसे बिन्दु जो एक ही ऋजु रेखा पर स्थित हों, संरेख (Collinear) बिन्दु कहलाते हैं ।

प्रश्नावली ३९

१—दिये हुए △ के शीर्षों के मध्येन एक वृत्त खींचो ।

[परिवृत्त या Circum-circle]

२—एक △ की तीनों भुजाओं से समान दूरी वाला बिन्दु ज्ञात करो और ऐसा वृत्त खींचो जो तीनों भुजाओं को स्पर्श करे ।

[अन्तर्वृत्त या In-circle]

३—एक वृत्त खींचो जो दिए हुए त्रिभुज की एक भुजा तथा अन्य भुजाओं के विस्तृत भागों को स्पर्श करे ।

[बहिर्वृत्त या Escribed circle]

△ बनाओ, जब—

४—एक भुजा और केन्द्रव दिया हो।

५—एक भुजा और शेष भुजाओं की माध्यिकायें दी हों।

६—दो भुजायें तथा तीसरी भुजा की माध्यिका दी हो।

[पहले एक △ बनाओ जिसकी दो भुजायें दी हुई लम्बाइयों की हों तथा तीसरी भुजा दी हुई माध्यिका की दुगुनी हो।]

७—तीनों माध्यिकायें दी हों।

[माध्यिकाओं की $\frac{2}{3}$ लम्बाइयों से पहले (२) के चित्र का △ षा टा गा बनाओ, तब आगे बढ़ो।]

अध्याय १३

बिन्दुपथ [Locus]

परिभाषाः—बिन्दु का बिन्दुपथ वह रेखा (ऋजु अथवा वक्र) है, जिसका प्रत्येक बिन्दु किसी दिए हुए विशेष नियम का पालन करे और उस विशेष नियम का पालन करने वाले सभी बिन्दु किसी रेखा पर स्थित हों।

या यों कहिये कि जब कोई बिन्दु किसी निर्धारित नियम के अनुसार घूमता है, तो उसका मार्ग उसका 'बिन्दुपथ' कहलाता है।

यदि बिन्दुपथ के बाहर या भीतर कोई बिन्दु लिया जाय तो नियम का पालन नहीं करेगा।

उदाहरण

१. एक बिन्दु का, दूसरे बिन्दु मू से सदा ४ सें० मी० की दूरी पर रहता है। तो हमें बिन्दु का का बिन्दुपथ ज्ञात करना है।

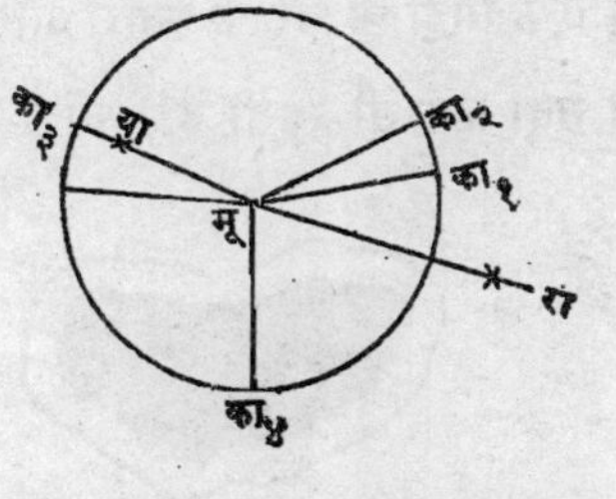

मान लो कि $का_1$, $का_2$, $का_3$, $का_4$,.........ऐसे बिन्दु हैं, जिनकी दूरी मू से ४ सें० मी० है। दूसरे शब्दों में $का_1$, $का_2$,.... बिन्दु का की विभिन्न स्थितियाँ हैं।

यह स्पष्ट है कि बिन्दु $का_1$ $का_2$ $का_3$,....उस वृत्त की परिधि पर स्थित होंगे जिसका केन्द्र मू है और त्रिज्या ४ सें० मी० है; क्योंकि इस वृत्त

की परिधि पर स्थित प्रत्येक बिन्दु मू से ४ सें० मी० दूर है तथा परिधि के अतिरिक्त कहीं और लिया गया कोई भी बिन्दु इस नियम का पालन नहीं करेगा ।

अतः का का बिन्दुपथ यह परिधि है ।

२. एक वृत्त के चारों ओर एक बिन्दु इस प्रकार घूमता है कि उसकी दूरी वृत्त की परिधि से सदा एक-सी रहती है । तो उस बिन्दु की निधि उस वृत्त की

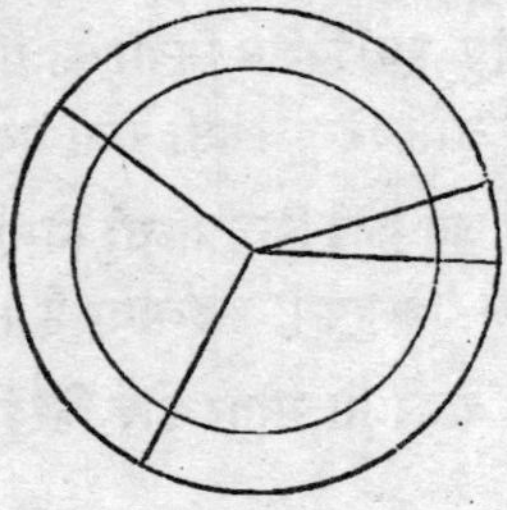

परिधि होगी जिसका केन्द्र दिए हुए वृत्त का केन्द्र होगा और जिसकी त्रिज्या दिए हुए वृत्त की त्रिज्या तथा दी हुई दूरी का योग होगी । इसका कारण बताओ ।

३. एक चींटी एक मिट्टी के ढेर के चारों ओर घूमती है और उस ढेर से उसकी दूरी सदा एक-सी रहती है । चींटी का बिन्दुपथ निकालो ।

४. उस बिन्दु का बिन्दुपथ, जो दो समान्तर रेखाओं से समान दूरी पर स्थित हो, एक ऐसी समान्तर रेखा होगा जो दोनों रेखाओं के मध्य में स्थित हो ।

५. उस बिन्दु का बिन्दुपथ ज्ञात करो, जो एक आयत से २" की दूरी पर स्थित हो।

६. घड़ी की सुई का बिन्दुपथ क्या होता है ?

७. एक चील पृथ्वी से ६०० गज की ऊँचाई पर एक सीध में उड़ती है। उसे एक बिन्दु मानकर उसका बिन्दुपथ बताओ।

८. यह बतलाया गया है कि मुरादाबाद के स्टेशन से एक धर्मशाला १ मील पर है। साथ में एक मानचित्र दिया गया है, जिसमें मुरादाबाद के आस-पास का स्थान दिखाया गया है। धर्मशाला की स्थिति किस प्रकार ज्ञात की जाय ?

९. अर्धवृत्त का गा खा की त्रिज्या के मध्य बिन्दु का बिन्दुपथ अर्धवृत्त पा बा फा होगा, पूरा वृत्त पा बा फा भा नहीं।

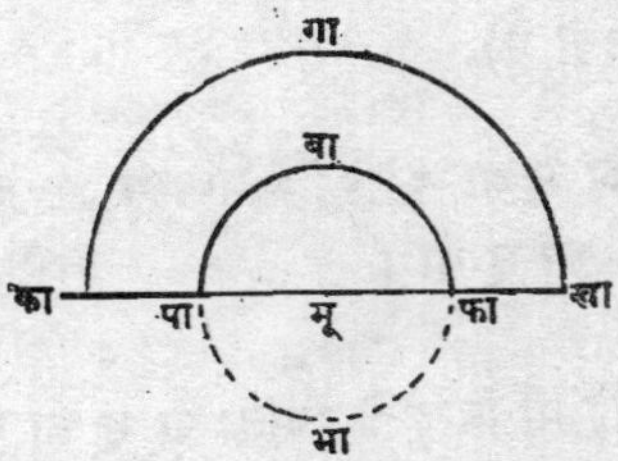

बिन्दुपथ जानने की प्रयोगात्मक विधि :—

कभी-कभी ऐसा होता है कि केवल तर्क से किसी बिन्दु के बिन्दुपथ का पता नहीं चलता। ऐसी अवस्था में हमें उस नियम का पालन करते हुए कुछ और बिन्दु व्यावहारिक रेखागणित (Practical Geometry) की सहायता से आलेखित कर लेने चाहिए। इस क्रिया को बिन्दुपथ का आलेखन (Plotting) कहते हैं।

प्रमेय २९

उस बिन्दु का बिन्दुपथ जो दो स्थिर बिन्दुओं से समान दूरी पर स्थित हो, उन बिन्दुओं की योजक रेखा का लंबार्धक होता है।

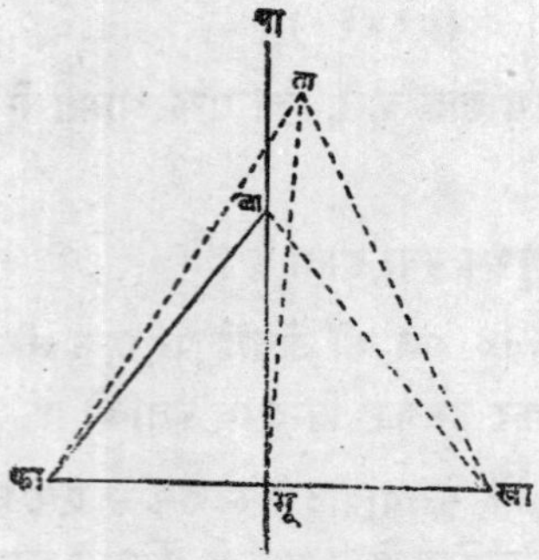

फा

मान लो कि का और खा दो स्थिर बिन्दु हैं। मू, का खा का मध्यबिन्दु है, पा मू फा, का खा का लम्बार्धक है और बा इस लम्बार्धक में कोई बिन्दु है।

तो सिद्ध करना है कि का बा = खा बा।

△ का मू बा, △ खा मू बा में :—

∵ { का मू = मू खा (दिया है),
बा मू सामान्य है,
तथा मध्यस्थ ∠ का मू बा = ९०° = मध्यस्थ ∠ खा मू बा।

∴ △ का मू बा ≡ △ खा मू बा।

अतः का बा = खा बा।

∵ बा, पा मू फा पर कोई भी बिन्दु है, अतः पा मू फा का प्रत्येक बिन्दु का और खा से समान दूरी पर स्थित होगा। (१)

फिर कोई बिन्दु ता, पा मू फा के बाहर लेकर ता मू, ता का, ता खा को मिलाओ।

∠ का मू ता ≠ ∠ खा मू ता

∴ ता का ≠ ता खा।

अर्थात् लम्बार्धक के बाहर का कोई बिन्दु का और खा से समान दूरी पर स्थित नहीं हो सकता। (२)

अतः का, खा से समान दूरी पर स्थित सभी बिन्दु पा मू फा पर स्थित हैं।

(१) और (२) से स्पष्ट है कि पा मू फा, उस बिन्दु का बिन्दुपथ है जो का और खा से समान दूरी पर स्थित है।

प्रमेय ३०

उस बिन्दु का बिन्दुपथ जो दो प्रतिच्छेदक रेखाओं से समान दूरी पर स्थित हो, उन रेखाओं के मध्यस्थ कोणों की अर्धक रेखायें होती हैं।

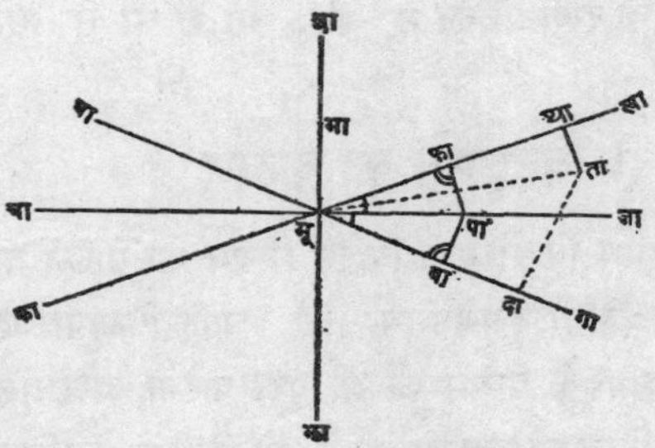

मान लो कि दो प्रतिच्छेदक रेखाओं का खा, गा घा का कटान बिन्दु मू है। छा मू झा, चा मू जा इन प्रतिच्छेदक रेखाओं के मध्यस्थ कोणों के अर्धक हैं। पा, किसी अर्धक (मान लो चा मू जा) पर कोई बिन्दु है। पा से पा फा, पा बा क्रमशः रेखाओं मू खा, मू गा पर लम्ब डाले गए हैं।

तो सिद्ध करना है कि पा फा = पा बा

△पा मू फा, △पा मू बा में:—

∵ ∠पा मू फा = ∠पा मू बा,
∠फा = ९०° = ∠बा
तथा, पा मू सामान्य है

∴ △ सर्वांगसम हैं।

∴ पा फा = पा बा

इसी प्रकार, अर्धक छा मू झा पर कोई बिन्‍[illegible] सिद्ध कर सकते हैं कि भा से रेखाओं की दूरी समान है।···

अब, कोई बिन्दु ता इन अर्धकों से बाह[illegible] क्रमशः मू खा, मू गा पर लम्ब डालो और ता मू को [illegible]

∵ ∠ता मू था ≠ ∠ता मू दा

∴ ता था ≠ ता दा

अतएव, इन अर्धकों के बाहर का कोई बिन्दु प्रतिच्छेदक रेखाओं से समान दूरी पर नहीं हो सकता। अर्थात् रेखाओं से समान दूरी वाले सभी बिन्दु इन अर्धकों पर ही स्थित हैं।....................(२)

(१) और (२) से स्पष्ट है कि रेखायें छा मू झा, चा मू जा उस बिन्दु के बिन्दुपथ हैं जो प्रतिच्छेदक रेखाओं का मू खा, गा मू घा से समान दूरी पर स्थित हो।

दो बिन्दुपथों का कटान

एक बिन्दु का बिन्दुपथ किसी एक विशेष नियम का पालन करता है और दूसरे बिन्दु का बिन्दुपथ किसी दूसरे नियम का। यदि बिन्दुपथ एक दूसरे को काटें तो वह कटान बिन्दु पहले नियम को भी पूरा करेगा और दूसरे को भी। अतएव यदि हमें एक ऐसे बिन्दु का पता लगाना है, जो दो दिए हुए नियमों का पालन करता है, तो साधारणतः हम उन नियमों का अलग-अलग पालन करने वाले दो बिन्दुओं को अलग अलग बिन्दुपथ खींचकर उनका कटान बिन्दु ज्ञात कर लेते हैं।

निम्नलिखित उदाहरणों से यह अधिक स्पष्ट हो जायगा :—

(१) एक ऐसा बिन्दु ज्ञात करना है जिसकी दूरी तीन दिये हुए बिन्दुओं से (जो संरेख नहीं है) समान हो।

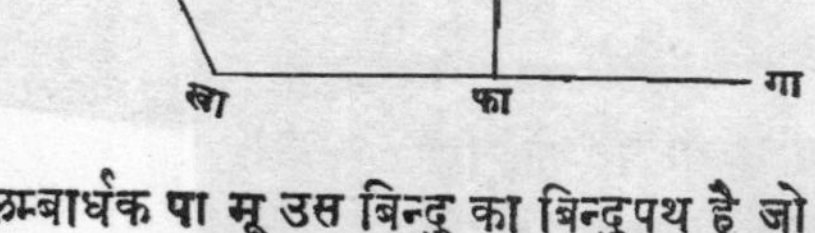

का खा का लम्बार्धक पा मू उस बिन्दु का बिन्दुपथ है जो का, खा से समान दूरी पर रहता है; और खा गा का लम्बार्धक फा मू उस बिन्दु का बिन्दुपथ है जो खा, गा से समान दूरी पर रहता है।

पा मू, फा मू एक दूसरे को बिन्दु मू पर काटते हैं। अतः बिन्दु मू दोनों [illegible]ों का पालन करता है। अर्थात् मू तीनों बिन्दुओं का, खा, गा से समान [illegible] स्थित है।

टिप्पणी : केन्द्र मू तथा त्रिज्या मू का से जो वृत्त खींचा जायेगा, वह का, खा, गा में से होकर जायेगा। इस वृत्त को △ का खा गा का परिवृत्त Circumcircle) कहते हैं।

(२) एक ऐसा बिन्दु ज्ञात करना है जो दी हुई तीन ऋजु रेखाओं से (जो एक △ बनाती हैं) समान दूरी पर स्थित हो।

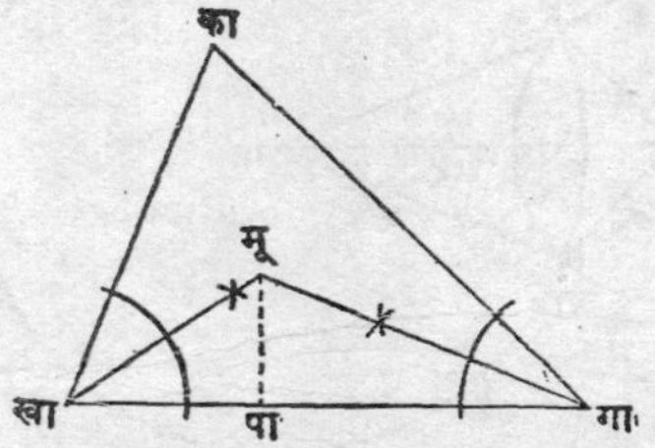

खा मू (∠खा की अर्धक) उस बिन्दु का बिन्दुपथ है जो भुजाओं क, ग से समान दूरी पर स्थित है।

अतः खा मू का प्रत्येक बिन्दु भुजाओं ग तथा क से समान दूरी पर स्थित होगा।

इसी प्रकार गा मू का प्रत्येक बिन्दु भुजाओं क, ख से समान दूरी पर स्थित होगा।

बिन्दु मू, खा मू, और गा मू का कटान बिन्दु है।

अतः मू तीनों भुजाओं से समान दूरी पर है।

टिप्पणी :

(क) मू केन्द्र तथा मू पा त्रिज्या (मू पा, मू से खा गा पर लम्ब डाला गया है) लेकर जो वृत्त खींचा जायेगा वह तीनों भुजाओं का स्पर्श करेगा। इस वृत्त को △ का खा गा का **अन्तर्वृत्त** (In-circle) कहते हैं।

(ख) यदि का खा, खा गा, गा $का_१$, एक ही सीध में हो तो खा $मू_१$, गा $मू_२$ प्रतिच्छेदक रेखायें न रह कर दो समान्तर रेखायें हो जायँगी।

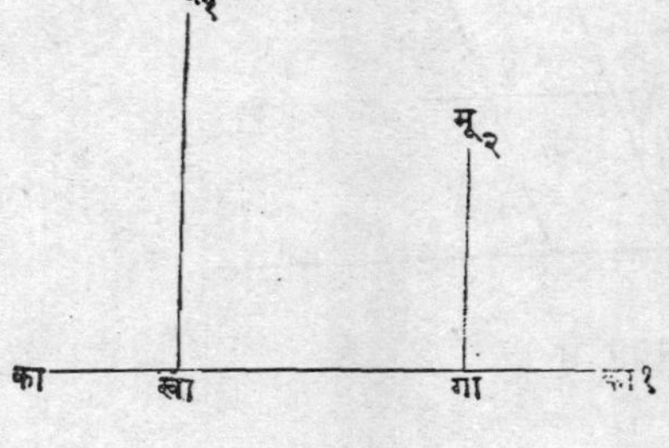

(ग) मू गा १·५" की एक ऋजु रेखा है। हमें एक ऐसा बिन्दु निकालना है, जो मू से ·६" और गा से १·२" की दूरी पर हो।

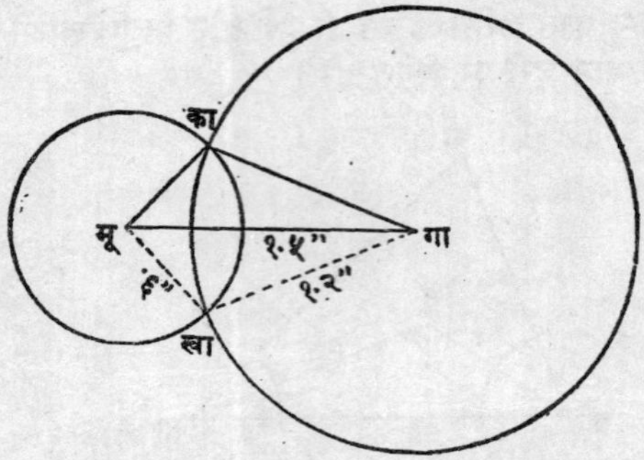

मू को केन्द्र मानकर तथा ·६" की त्रिज्या लेकर एक चाप खींचो।

गा केन्द्र तथा १·२" की त्रिज्या से दूसरा चाप खींचो जो पहले चाप को बिन्दुओं का, खा पर काटे।

सिद्ध करो कि का, खा ही अभीष्ट बिन्दु है।

(घ) ∠पा फा बा की बाहु पा फा से तथा बाहु फा बा से क्रमशः १½से० मी० तथा २ से० मी० की दूरी पर स्थित एक बिन्दु ज्ञात करो।

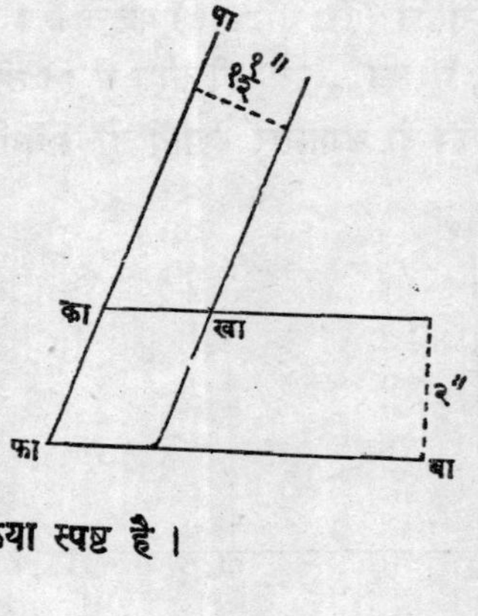

चित्र से क्रिया स्पष्ट है।

प्रश्नावली ४०

१—उस बिन्दु का बिन्दुपथ जो एक स्थिर ऋजु रेखा से दी हुई दूरी पर स्थित हो, एक समान्तर ऋजु रेखा होगा जो उस स्थिर रेखा से दी हुई दूरी पर स्थित हो। (ऐसी दो ऋजु रेखायें होंगी)।

२—(अ) एक △ का आधार ४ से० मी० और आधार की माध्यिका २·५ से० मी० है। शीर्ष का बिन्दुपथ बताओ।

(आ) जिस △ का आधार और एक भुजा दी हो, उसके शीर्ष का बिंदुपथ ज्ञात करो।

३—समचतुर्भुज (अतएव वर्ग) की भुजाओं से विकर्णों के कटान बिन्दु की दूरियाँ समान होती हैं।

४—उन बिन्दुओं का बिन्दुपथ ज्ञात करो जो दो प्रतिच्छेदक रेखाओं से (जिनके बीच का कोण ७५° है) १·२″ की दूरी पर स्थित हों।

५—(अ) दिये हुए आधार पर बने समद्विबाहु त्रिभुजों के शीर्षों का बिन्दुपथ बताओ।

(आ) दिए हुए आधार पर एक समद्विबाहु △ बनाओ, जिसका शीर्ष एक दी हुई ऋजु रेखा पर स्थित हो।

६—शीर्ष से आधार के किसी बिन्दु को मिलाने वाली ऋजु रेखा के मध्य बिन्दु का बिन्दुपथ ज्ञात करो।

७—का खा एक ऋजु रेखा है और पा उसके बाहर एक बिन्दु। का खा में कोई बिन्दु फा लेकर उसे पा में मिलाया गया। फा पा को बा तक इस प्रकार बढ़ाया गया है कि फा पा = पा बा। बा का बिन्दुपथ ज्ञात करो।

८—एक △ के आधार के किसी बिन्दु से भुजाओं के समान्तर रेखायें खींचने से जो समान्तर चतुर्भुज बनते हैं, उनके विकर्णों के कटान बिन्दु एक ऐसी रेखा पर होंगे जो आधार के समान्तर है।

९—(अ) एक ऋजु रेखा में एक ऐसा बिन्दु ज्ञात करो, जो दो अन्य प्रतिच्छेदक रेखाओं से समान दूरी पर स्थित हो।

(आ) एक ऋजु रेखा में एक ऐसा बिन्दु ज्ञात करो, जो एक अन्य रेखा से एक स्थिर दूरी पर स्थित हो!

१०—(अ) एक ऋजु रेखा में एक ऐसा बिन्दु ज्ञात करो, जो दो अन्य बिन्दुओं से समान दूरी पर स्थित हो।

(आ) एक ऋजु रेखा में एक ऐसा बिन्दु ज्ञात करो, जो एक अन्य बिन्दु से स्थिर दूरी पर स्थित हो।

११—का खा = ५ से० मी०। का खा में एक बिन्दु पा, का से ४ से० मी० की दूरी पर स्थित है। ऐसे बिन्दु ज्ञात करो जो का, खा से समान दूरी पर स्थित हों तथा पा से ३ से० मी० दूर हों।

१२—एक दी हुई ऋजु रेखा में एक ऐसा बिन्दु ज्ञात करो, जो दो समान्तर रेखाओं से समान दूरी पर हो।

१३—दो बिन्दु का, खा दिए हैं। एक वृत्त खींचो (जिसकी त्रिज्या ज्ञात है) जो इन बिन्दुओं में से होकर जाय। (पहले यह ज्ञात कर लो कि का, खा में से होकर जाने वाले वृत्त के केन्द्र का बिन्दु पथ क्या है)।

१४—एक वृत्त की परिधि पर एक ऐसा बिन्दु ज्ञात करो जो दिये हुए बिन्दुओं से बराबर दूरी पर स्थित हो। क्या सदैव ऐसे दो बिन्दु मिलेंगे?

१५—आधार, आधार की माध्यिका और △ की उच्चता दी हुई है। △ की रचना करो।

१६—ऐसे चार बिन्दु होते हैं, जो किसी △ की तीनों भुजाओं से समान दूरी पर स्थित हों।

अध्याय १४

क्षेत्रफल [Area]

क्षेत्रफल की इकाई उस वर्ग के क्षेत्रफल को कहते हैं, जिसकी एक भुजा एक इकाई (अर्थात् एक गज, फुट, इंच, से० मी० आदि) हो। इसका दूसरा नाम "वर्ग इकाई" है।

प्रमेय ३१

आयत का क्षेत्रफल उसकी संलग्न भुजाओं के गुणनफल के बराबर होता है।

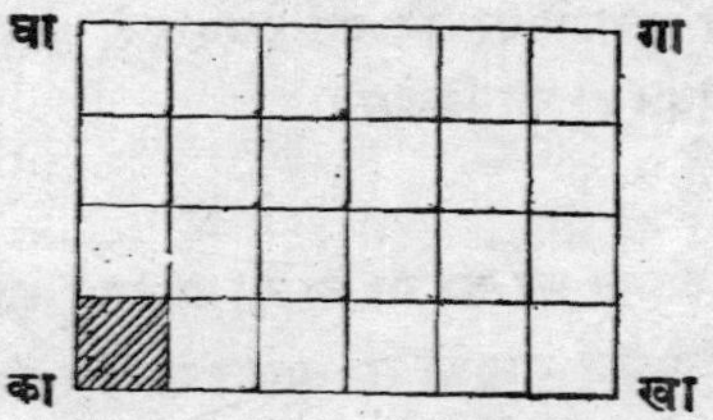

मान लो कि का खा गा घा एक आयत है। का खा में ६ इकाइयाँ हैं और का घा में ४।

तो सिद्ध करना है कि आयत का खा गा घा का क्षेत्रफल = ४ × ६ वर्ग इकाई।

का खा को ६ समान भागों में बाँटो और का घा को ४ में, और इन बिभाजक बिन्दुओं में से का घा और का खा के ॥ रेखायें खींचो।

अब, आयत के ऐसे बहुत से भाग हो गए जिनमें से प्रत्येक का क्षेत्रफल १ वर्ग इकाई है।

क्षेत्र का खा गा घा में ४ पंक्तियाँ हैं जिनमें से प्रत्येक में ६, ६ वर्ग हैं।

∴ आयत में ४ × ६ वर्ग हैं।

अर्थात् आयत का क्षेत्रफल ४ × ६ वर्ग इकाई है।

इसी प्रकार, यदि का खा, का घा में क्रमशः क और ख इकाइयाँ होतीं, तो आयत का क्षेत्रफल क ख वर्ग इकाई होता।

उपप्रमेयः

१—यदि वर्ग की प्रत्येक भुजा की लम्बाई क इकाई हो; तो उसके क्षेत्रफल में क.क अर्थात् $क^2$ वर्ग इकाइयाँ होंगी।

(२) एक आयत की लम्बाई, चौड़ाई क्रमशः दूसरे आयत की लम्बाई, चौड़ाई के बराबर है। आयत क्षेत्रफल में समान होंगे।

३—दो आयतों के क्षेत्रफल समान हैं। एक की एक भुजा दूसरे की संगत भुजा के बराबर है, तो पहले की संलग्न भुजा दूसरे की संगत भुजा के बराबर होगी।

उदाहरण : यदि आयतों के क्षेत्रफल और चौड़ाइयाँ बराबर हैं, तो उनकी लम्बाइयाँ भी बराबर होंगी।

(४) बराबर भुजाओं पर बने वर्ग क्षेत्रफल में समान होते हैं।

(५) उपप्रमेय (४) का विलोम।

टिप्पणी :

१—प्रायः आयत का खा गा घा को आयत (**का खा, का घा**) भी कहते हैं; क्योंकि इन्हीं संलग्न भुजाओं से आयत के विस्तार और स्वरूप की स्थिति पूर्ण रूप से ज्ञात होती है।

२—उपर्युक्त प्रमेय में हमने भुजाओं की लम्बाइयों में पूरी-पूरी इकाइयाँ ली हैं। सम्भव है कहीं पूरी-पूरी इकाइयाँ न आयें। तब किसी छोटी इकाई के लेने से काम चल सकता है। उदाहरणतः, यदि आयत की लम्बाई चौड़ाई ६', ४', न होकर $४\frac{२}{३}'$ और $३\frac{१}{२}'$ होती तो हम अपनी इकाई फुट न मान कर इंच मान लेते। और तब आयत का क्षेत्रफल ($४\frac{२}{३} \times १२$) ($३\frac{१}{२} \times १२$) वर्ग इंच होता।

३—आयत के क्षेत्रफल के सूत्र (अर्थात् क्षेत्रफल = लम्बाई × चौड़ाई) से हम निम्नांकित फल सुगमता से निकाल सकते हैं:—

१ वर्ग गज = ९ वर्ग फुट

१ वर्ग फुट = १४४ वर्ग इंच

१ वर्ग से० मी० = १०० वर्ग मि० मी०, आदि-आदि।

परिभाषायें

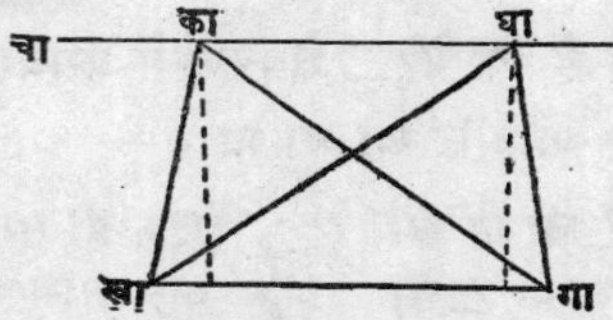

यदि किसी △ के शीर्ष के मध्येन एक ऋजु रेखा आधार के ‖ खींची जाय तो कहा जाता है कि △ इन दोनों समान्तर रेखाओं के बीच स्थित है।

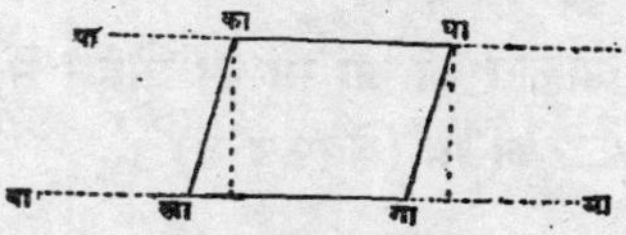

इसी प्रकार कहा जाता है कि एक समान्तर चतुर्भुज अपनी दो सम्मुख समान्तर भुजाओं के बीच स्थित है।

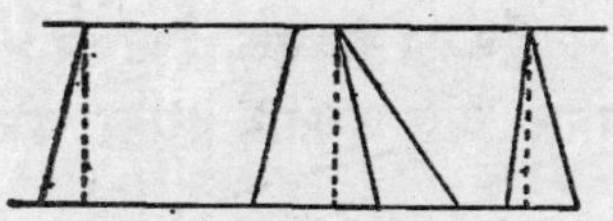

चित्र से स्पष्ट है कि समान्तर रेखाओं के एक ही जोड़े के बीच की आकृतियों की उच्चतायें समान होती हैं।

अतः यह भी स्पष्ट है कि समान ऊँचाई वाली आकृतियाँ समान्तर रेखाओं के एक ही जोड़े के बीच रक्खी जा सकती है।

प्रमेय ३२

यदि दो समान्तर चतुर्भुज एक ही आधार पर खड़े हों और एक ही समान्तर रेखाओं के बीच स्थित हों, तो वे क्षेत्रफल में बराबर होंगे।

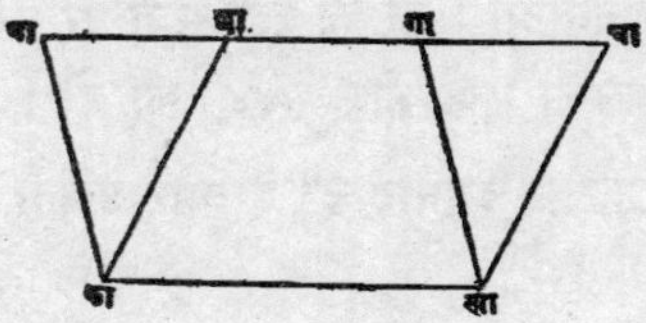

मान लो कि का खा गा घा और का खा चा छा दो ▱ हैं जो एक ही आधार का खा पर और एक ही समान्तर रेखाओं का खा, घा चा के बीच बने हैं।

तो सिद्ध करना है कि ये ▱ क्षेत्रफल में बराबर हैं।

अब, त्रिभुजों का छा घा और खा चा गा में—

∵ { ∠घा = ∠चा गा खा
∠का छा घा = ∠चा
भुजा का छा = भुजा खा चा } (एक ही समान्तर चतुर्भुज के अन्तः∠ और सम्मुख ब्राह्यकाण)
(एक ही ▱ की सम्मुख भुजायें)।

∴ △ सर्वांगसम हैं।

∴ दोनों के क्षेत्रफल समान हैं।

इन दोनों त्रिभुजों में आकृति का खा गा छा जोड़ने से,

▱ का चा = ▱ का गा (क्षेत्रफल में)।

उपप्रमेय :

१—एक ही आधार पर और एक ही समान्तर रेखाओं के बीच बने समान्तर चतुर्भुज और आयत क्षेत्रफल में बराबर होते हैं।

२—समान्तर चतुर्भुज का क्षेत्रफल = आधार × उच्चता। अतः जिन समान्तर चतुर्भुजों के आधार और उच्चतायें बराबर होती हैं, उनके क्षेत्रफल भी बराबर होते हैं।

३—बराबर क्षेत्रफल और बराबर आधार (या उच्चता) वाले समान्तर चतुर्भुजों की उच्चतायें (या आधार) बराबर होती हैं।

प्रश्नावली ४१

१—एक मील की भुजा पर बने वर्ग का क्षेत्रफल वर्ग गजों में निकालो।
[वर्ग पत्र पर १″ = १७६ गज मान लो]

२—एक समान्तर चतुर्भुज बनाकर छोटी भुजा पर उसके बराबर एक आयत बनाओ।

३—एक आयत बनाओ। उसकी बड़ी भुजा पर बराबर क्षेत्रफल वाला ▱ बनाओ, जिसका एक कोण १०४° का हो।

४—(अ) एक ▱ का आधार २″ है ओर उच्चता १·७″। उसका क्षेत्रफल निकालो।

(आ) एक ▱ का क्षेत्रफल ३४·४ वर्ग सें० मी० और ऊँचाई ४·३ सें० मी० है। आधार की लम्बाई बताओ।

५—एक ▱ के बराबर उसी आधार पर एक समचतुर्भुज बनाओ।

६—एक ही आधार पा फा पर बने बराबर क्षेत्रफल वाले सब समान्तर चतुर्भुजों में वर्ग का परिमाप सब से कम होगा।

७—▱ का खा गा घा के विकर्णों का कटान बिन्दु मू है। ▱ मू खा पा गा, और ▱ मु घा फा गा को पूरा करके सिद्ध करो कि इनके क्षेत्रफल बराबर हैं।

८—▱ पा फा बा भा की भुजाओं पा फा बा भा के मध्य बिन्दु का, खा हैं। तो ▱ बा का पा खा = $\frac{1}{2}$ ▱ पा फा बा भा (क्षेत्रफल में)।

९—एक ▱ को (अ) ३ (आ) ४ बराबर भागों में बाँटो।

१०—एक ही आधार पर बने वर्ग और समचतुर्भुज में से पहले का क्षेत्रफल अधिक होगा।

११—एक समान्तर चतुर्भुज के बराबर दूसरा ▱ बनाओ, जिसकी एक भुजा पहले ▱ की संगत भुजा की $\frac{2}{3}$ हो।

१२—बराबर आधारों पर बने, बराबर क्षेत्रफल वाले आयत और समान्तर चतुर्भुज (या वर्ग और समचतुर्भुज) में ▱ (या समचतुर्भुज) का परिमाप आयत (या वर्ग) के परिमाप से बड़ा होता है।

१३—एक ही आधार पर उसके एक ही ओर दो ▱ का खा गा घा, का खा पा फा बने हैं। तो सिद्ध करो कि—

▱ गा घा फा पा = ▱ का गा $\sim$ ▱ का पा

यदि दोनों समान्तर चतुर्भुज आधार का भिन्न-भिन्न दिशाओं में स्थित हों, तो ▱ गा फा का क्षेत्रफल दोनों समान्तर चतुर्भुजों के क्षेत्रफलों के योग के बराबर होगा।

प्रमेय ३३

किसी त्रिभुज का क्षेत्रफल उस समान्तर चतुर्भुज के क्षेत्रफल का आधा होता है, जो उसी आधार पर और उन्हीं समान्तर रेखाओं के बीच निर्मित हो।

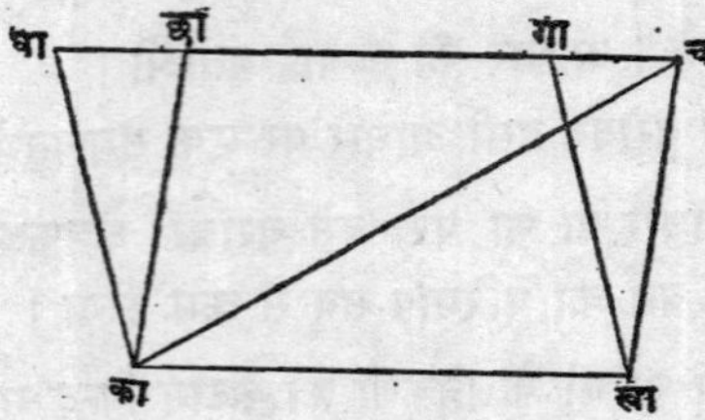

मान लो कि ▱ का खा गा घा और △ का खा चा एक ही आधार का खा पर एक ही समान्तर रेखाओं का खा, घा चा के बीच बने हैं।

तो सिद्ध करना है कि △ का खा चा = $\frac{1}{2}$ ▱ का खा गा घा।

का से खा चा के समान्तर का छा खींचो जो घा चा को छा पर काटे।

अत्र, △ का खा चा = $\frac{1}{2}$ ▱ का खा चा छा।

परन्तु ▱ का खा चा छा = ▱ का खा गा घा।

$\therefore$ △ का खा चा = $\frac{1}{2}$ ▱ का खा गा घा।

उपप्रमेय :

(१) △ का क्षेत्रफल उसी आधार पर और उन्हीं समान्तर रेखाओं के बीच बने आयत का आधा होता है।

(२) △ का क्षेत्रफल = $\frac{1}{2}$ × (आधार) × (उच्चता), अतः बराबर आधारों पर (या एक ही आधार पर) और दो समान्तर रेखाओं के बीच बने (अथवा बराबर उच्चता वाले) त्रिभुजों का क्षेत्रफल समान होता है।

(३) समलम्ब का क्षेत्रफल = $\frac{1}{2}$ (समान्तर भुजाओं का योग) × (उच्चता) उपपत्ति चित्र से स्पष्ट है।

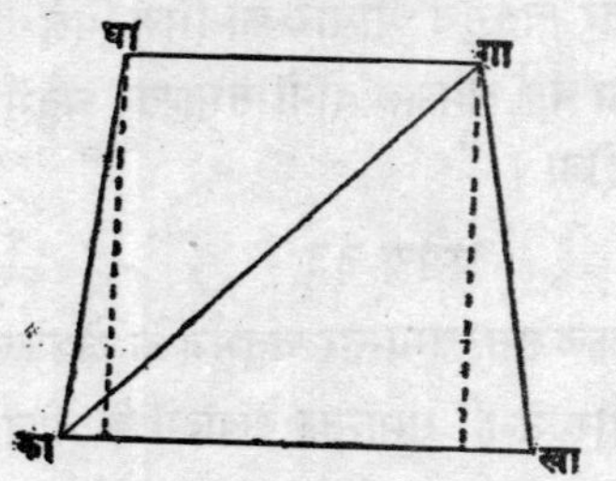

(४) चतुर्भुज का क्षेत्रफल $= \frac{१}{२}$ (विकर्ण) × [अन्तर्लम्बों (offsets) का योग]।

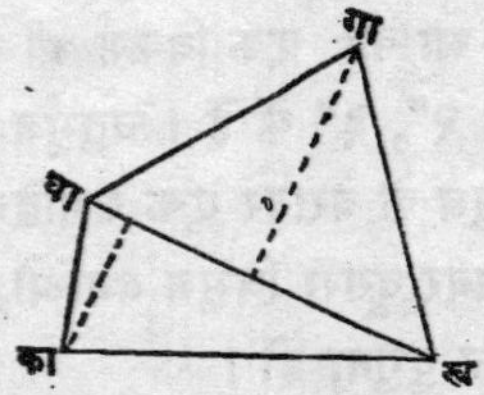

आकृति से उपपत्ति स्पष्ट है।

प्रमेय ३४

एक ही आधार पर बने बराबर क्षेत्रफल वाले त्रिभुजों की उच्चतायें बराबर होती हैं।

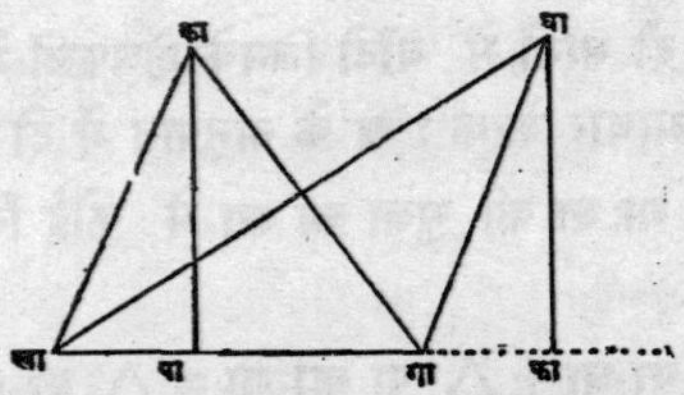

मान लो कि का खा गा, घा खा गा दिए हुए त्रिभुज हैं जिनके क्षेत्रफल बराबर हैं, और जिनकी उच्चतायें क्रमशः का पा और घा फा हैं।

तो सिद्ध करना है कि का पा = घा फा।

अब, △ का खा गा = $\frac{१}{२}$ खा गा · का पा,

और △ घा खा गा = $\frac{१}{२}$ खा गा · घा फा।

परन्तु △ का खा गा = △ घा खा गा।

∴ $\frac{१}{२}$ खा गा · का पा = $\frac{१}{२}$ खा गा · घा फा।

अर्थात् का पा = घा फा

उपप्रमेय : बराबर आधारों पर बने बराबर क्षेत्रफल वाले त्रिभुजों की उच्चतायें बराबर होती हैं।

प्रश्नावली ४२

१—△ का खा गा का आधार = ४″, उच्चता = २·५″। क्षेत्रफल निकालो।

△ का खा गा का क्षेत्रफल = २१ वर्ग सें० मी०, आधार = ६ सें० मी०। उच्चता निकालो।

△ का खा गा का क्षेत्रफल = ५९·८ वर्ग फुट, उच्चता = ४·८′। आधार निकालो।

२—समलम्ब का खा गा घा का क्षेत्रफल निकालो जब कि समान्तर भुजाओं की लम्बाइयाँ ४′, १५′ हैं और उच्चता २·४′ है।

३—चतुर्भुज पा फा बा भा का एक विकर्ण ४″ लम्बा है, और उस पर डाले गए अन्तर्लम्ब २″, ३″ के हैं। चतुर्भुज का क्षेत्रफल निकालो।

४—एक विषमबाहु त्रिभुज के बराबर एक समद्विबाहु त्रिभुज बनाओ।

५—एक त्रिभुज के बराबर दूसरा त्रिभुज बनाओ, जिसका आधार पहले त्रिभुज के आधार का दुगुना हो।

६—सिद्ध करो कि △ की माध्यिका उसको अधियाती है।

७—एक △ के आधार को पाँच बराबर भागों में बाँटा गया है। सिद्ध करो कि विभाजक बिन्दुओं से शीर्ष को मिलाने वाली रेखायें △ के पाँच बराबर भाग करेंगी।

८—एक △ को दो भागों में बाँटो जिनके क्षेत्रफलों में क : ख का अनुपात हो। (आधार के क : ख के अनुपात में दो भाग कर लो)

९—▱ का खा गा घा की भुजा का खा में कोई बिन्दु पा लेकर सिद्ध करो कि—

△ का पा घा + △ पा खा गा = △ घा पा गा।

१०—यदि त्रिभुज पा फा बा की भुजाओं फ, ब के बिन्दुओं का, खा को मिलाने वाली रेखा आधार के समान्तर हो तो, △ फा बा का = △ फा बा खा।

११—प्रश्न १० का विलोम लिखो और सिद्ध करो।

१२—प्रश्न ११ के अनुसार चलकर प्रमेय ३४ को सिद्ध करो।

१३—△ का खा गा का केन्द्रव डा है। सिद्ध करो कि △ का डा खा = △ का डा गा। यह भी सिद्ध करो कि △ का खा गा का क्षेत्रफल △ डा खा गा के क्षेत्रफल का तिगुना है।

१४—सिद्ध करो कि ▱ का खा गा घा के विकर्ण खा घा से का और गा की दूरियाँ समान हैं।

१५—▱ का खा गा घा के विकर्णों का कटान बिन्दु ना है। सिद्ध करो कि △ का खा ना = $\frac{1}{4}$ ▱ का खा गा घा।

१६—जिस चतुर्भुज का प्रत्येक विकर्ण उसके दो बराबर भाग करे वह ▱ होगा।

१७—सिद्ध करो कि ▱ का खा गा घा का क्षेत्रफल, विकर्ण का गा और खा घा के बराबर और ‖ रेखाओं द्वारा बने ▱ का आधा होगा।

१८—एक △ की दो भुजायें दूसरे △ की संगत भुजाओं के बराबर हैं और उनके मध्यस्थ कोण एक दूसरे के ऋजुपूरक हैं। सिद्ध करो कि त्रिभुज क्षेत्रफल में बराबर हैं।

१९—किसी समान्तर चतुर्भुज के किसी विकर्ण के मध्यबिन्दु में से जाने वाली कोई भी रेखा उसको अधियाती है।

उपर्युक्त साध्य का प्रयोग करके एक ऐसी रेखा द्वारा एक ▱ का अर्धन करो जो :

(अ) आधार (या दूसरी भुजा) पर ⊥ हो।

(आ) एक दी हुई ऋजु रेखा के ‖ हो।

(इ) एक दिये हुए बिन्दु में से होकर जाये।

(ई) आधार के साथ एक दिया हुआ कोण बनाये।

२०—पा फा के दोनों ओर दो △ पा फा बा, पा फा भा बने हैं, जिनके क्षेत्रफल बराबर हैं। सिद्ध करो कि उनके शीर्षों की योजक रेखा बा भा, पा फा पर अर्धित होगी।

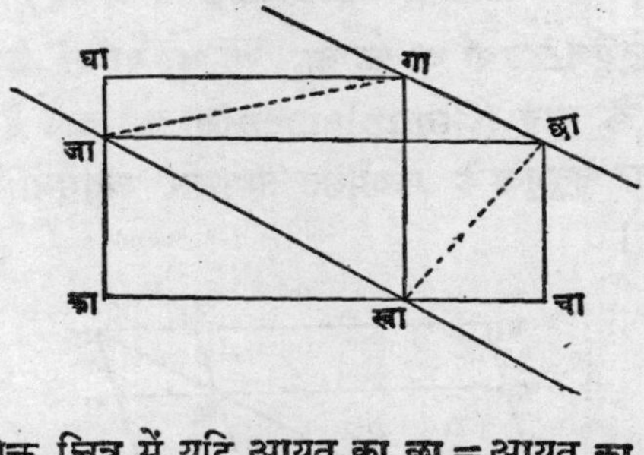

२१—उपरोक्त चित्र में यदि आयत का छा = आयत का गा।
तो सिद्ध करो कि खा छा गा जा एक समलम्ब है।

२२—▱ की भुजाओं के मध्य बिन्दुओं को मिलाने से जो समान्तर चतुर्भुज बनता है, क्षेत्रफल में उसका आधा होता है।

२३—समलम्ब का खा गा घा के विकर्णों का कटान बिन्दु पा है। यदि का पा = पा गा, तो खा पा = पा घा।

२४—समद्विबाहु समलम्ब की समान्तर भुजाओं के मध्य बिन्दुओं को मिलाने वाली रेखा उसके दो बराबर भाग करती है और समलम्ब के विकर्णों के कटान बिन्दु में से होकर जाती है।

२५—एक △ की दो भुजायें दी हैं। उसका क्षेत्रफल कब सबसे अधिक होगा?

२६—(अ) △ का खा गा की भुजा का खा में एक बिन्दु पा दिया है। पा से एक रेखा खींच कर △ का अर्धन करो।

(आ) पा से रेखायें खींचकर △ के तीन बराबर भाग करो।

२७—सिद्ध करो कि एक ही आधार पर बने बराबर क्षेत्रफल वाले त्रिभुजों में समद्विबाहु △ का परिमाप न्यूनतम होगा।

२८—एक △ का आधार और क्षेत्रफल ज्ञात हैं। उसके शीर्ष का बिन्दु पथ बताओ।

परिभाषायें—का खा गा घा एक ▱ है। का गा उसका विकर्ण है और था उसपर एक बिन्दु है। था के मध्येन पा था बा और फा था भा दो रेखायें क्रमशः का खा, का घा के ‖ खींची गई हैं।

▱ था बा गा फा और का भा था पा कर्णाश्रित समान्तर चतुर्भुज कहलाते हैं। दूसरे शब्दों में इन समान्तर चतुर्भुजों को विकर्ण का गा के आश्रित समान्तर चतुर्भुज (Parallelograms about का गा) कहते हैं।

समान्तर चतुर्भुज ▱ पा था फा घा, भा खा बा था उपरोक्त कर्णाश्रित समान्तर चतुर्भुजों के पूरक (Complements) कहे जाते हैं।

किसी समान्तर चतुर्भुज के कर्णाश्रित समान्तर चतुर्भुजों के पूरक क्षेत्रफल में बराबर होते हैं।

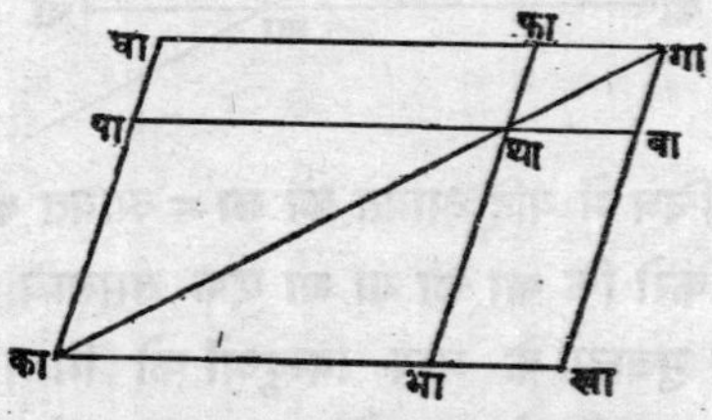

मान लो कि किसी ▱ का खा गा घा के विकर्ण का गा पर आश्रित ▱ का भा था पा, था फा गा बा हैं और उनके पूरक भा खा बा था और पा था फा घा हैं।

तो सिद्ध करना है कि ▱ भा खा बा था = पा था फा घा ।

अब, का गा ▱ का खा गा घा का एक विकर्ण है

∴ △ का खा गा = △ का घा गा ।

इसी प्रकार, △ का भा था = △ का था पा

और △ था बा गा = △ था फा गा ।

∴ △ का भा था + △ था बा गा = △ का था पा + △ था फा गा [१]

परन्तु, △ का खा गा = △ का भा था + △ था बा गा + ▱ भा खा बा था

और △ का गा घा = △ का था पा + △ था गा फा + ▱ पा था फा घा

∴ △ का भा था + △ था बा गा + ▱ भा खा बा था

= △ का था पा + △ था गा फा + ▱ पा था फा घा

∴ ▱ भा खा बा था = ▱ पा था फा घा —[१] की सहायता से ।

प्रमेय ३५

लम्ब कोण त्रिभुज के कर्ण पर बना वर्ग शेष भुजाओं पर बने वर्गों के योग के बराबर होता है ।

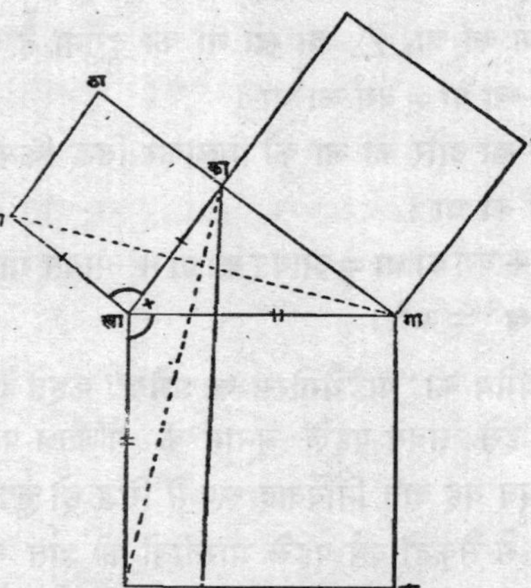

मान लो कि का खा गा एक लम्ब कोण △ है जिसका ∠ कां एक लम्बकोण है ।

तो सिद्ध करना है कि का गा तथा का खा पर बने वर्गों का योग, कर्ण खा गा पर बने वर्ग के बराबर है, अर्थात् क² = ख² + ग² ।

भुजाओं क, ख, ग, पर क्रमशः वर्ग खा जा, का घा और का चा बनाओ। का छा, गा चा को मिलाओ, का से छा जा पर लम्ब का पा डालो।

अब, का पर बने संलग्न कोणों का योग दो लम्ब कोण है,

∴ गा का ठा एक ऋजु रेखा है।

फिर, ∠का खा चा = ∠गा खा छा = १ लम्बकोण

∴ ∠का खा चा + ∠का खा गा = ∠गा खा छा + ∠का खा गा

अर्थात्, ∠गा खा चा = ∠का खा छा।

अब, △चा खा गा = △का खा छा में—

∵ { खा गा = खा छा (एक ही वर्ग की भुजायें हैं),
खा चा = खा का (,, ,,),
मध्यस्थ ∠गा खा चा = मध्यस्थ ∠का खा छा

[अभी सिद्ध किया है]

∴ △चा खा गा ≡ △ का खा छा

परन्तु, आयत खा पा, △का खा छा का दुगुना है [दोनों एक ही आधार पर और एक ही समान्तर रेखाओं के बीच बने हैं।]

इसी प्रकार, वर्ग का चा, △ चा खा गा का दुगुना है।

∴ आयत खा पा = वर्ग का चा।

इसी प्रकार घा खा और का जा को मिलाकर सिद्ध किया जा सकता है कि आयत गा पा = वर्ग का घा।

∴ वर्ग का चा + वर्ग का घा = आयत खा पा + आयत गा पा = वर्ग खा जा।

अर्थात् $ग^2 + ख^2 = क^2$।

टिप्पणी : इस प्रमेय को **"पाईथैगोरस का प्रमेय"** कहते हैं; क्योंकि यूरोपवालों का विश्वास है कि इसे सबसे पहले यूनान के गणितज्ञ पाईथैगोरस ने सिद्ध किया था। किन्तु अब यह बात निर्विवाद रूप से सिद्ध हो चुकी है कि यह प्रमेय पाईथैगोरस के जन्म से सैकड़ों वर्ष पहले भारतीयों को ज्ञात था। इस प्रमेय की साधारण प्रतिज्ञा आपस्तंब के शुल्बसूत्र के प्रथम अध्याय के चौथे श्लोक में दी हुई है। इसके अतिरिक्त यह बात कि ३,४,५, इकाइयों वाला △ समकोणीय होता है, कई प्राचीन हिन्दू ग्रंथों में दी हुई है जो कम से कम ८०० ई० पू० से पहले लिखे गये थे और पाइथैगोरस का जीनव काल छठी शताब्दी था।

प्रमेय ३६

यदि किसी त्रिभुज में एक भुजा पर बना वर्ग शेष भुजाओं पर बने वर्गों के योग के बराबर हो, तो उस भुजा का सम्मुख कोण लम्ब कोण होगा।

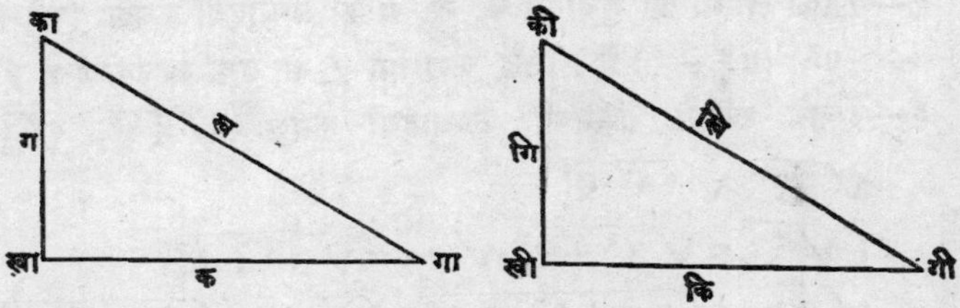

मान लो कि $\triangle$ का खा गा में ख^2 = क^2 + ग^2

तो सिद्ध करना है कि $\angle$ खा = एक लम्ब कोण

खी गी = खा गा बनाओ।

खी गी पर खी की लम्ब खींचों जो का खा के बराबर हो। की गी को मिला दो।

अब, $\because$ $\angle$ खी = ९०$^\circ$ (रचना द्वारा)

$\therefore$ खि^{2} = कि^{2} + गि^{2}

किन्तु रचना के अनुमार—

खी गी = खा गा,

और की खो = का खा,

$\therefore$ खि^{2} = का खा^{2} + खा गा^{2}

= का गा^{2} (परिकल्पना से)।

$\therefore$ का गा^{2} = की गी^{2}।

अतः का गा = की गी।

अब $\triangle$ का खा गा और $\triangle$ की खी गी में—

$\because$ { का खा = की खी (रचनानुसार),
खा गा = खी गी (,,),
का गा = की गी (अभी सिद्ध किया है)

$\therefore$ $\triangle$ का खा गा $\equiv$ $\triangle$ की खी गी

$\therefore$ $\angle$ खा = $\angle$ खी = ९०$^\circ$।

उपप्रमेय : ऐसी रेखायें खींचो जिनकी लम्बाइयाँ क्रमशः $\sqrt{२}, \sqrt{३}, \ldots$ इकाई हों।

प्रश्नावली ४३

१—चतुर्भुज का खा गा घा में $\angle$ खा = ९०° और का गा^{२} + गा घा^{२} = का खा^{२} + खा घा^{२}। सिद्ध करो कि $\angle$ खा गा घा भी एक लम्बकोण है।

२—$\triangle$ का खा गा की भुजाओं क, ख, ग की लम्बाइयाँ क्रमशः (प^{२} + १) २प^{२}, (प^{२} − १) हैं। सिद्ध करो कि $\angle$ का एक लम्बकोण है।

३—रेखायें खींचो, जिनकी लम्बाइयाँ क्रमशः $\sqrt{२९''}$, $\sqrt{१०''}$, $\sqrt{५१''}$, $\sqrt{६०''}$ हों।

[$\sqrt{२९} = \sqrt{५^{२} + २^{२}}$, $\sqrt{१०} = \sqrt{३^{२} + १^{२}}$,
$\sqrt{५१} = \sqrt{(७^{२} + १^{२}) + १^{२}}$, $\sqrt{६०} = \sqrt{(६^{२} + ५^{२}) - १^{२}}$]

४—समद्विबाहु लम्ब कोण $\triangle$ का खा गा में $\angle$ खा लम्बकोण है, सिद्ध करो कि—

क : ख : ग = १ : $\sqrt{२}$: १

५—$\triangle$ का खा गा में $\angle$ का = ६०°, $\angle$ गा = ३०°। सिद्ध करो कि—

क : ख : ग = $\sqrt{३}$: २ : १

६—क$''$ की भुजा पर बने वर्ग के विकर्ण की नाप क$\sqrt{२}$ होती है। अतः सिद्ध करो कि वर्ग की भुजाओं पर बने वर्गों का योग तथा विकर्णों पर बने वर्गों का योग बराबर होता है।

७—$\triangle$पा फा बा के आधार फा बा में का कोई बिन्दु है।
यदि पा फा^{२} − फा का^{२} = बा पा^{२} − बा का^{२},
तो, पा का $\perp$ फा बा।

८—का खा $\perp$ गा घा। पा, गा घा में कोई बिन्दु है। सिद्ध करो कि पा का^{२} $\sim$ पा खा^{२} अचर (Constant) है।

९—किसी लम्ब कोण $\triangle$ के कर्ण पर बने वर्ग के विकर्णों के कटान-बिन्दु की दूरी अन्य भुजाओं से समान होती है।

१०—$\triangle$ का खा गा में $\angle$ खा = ९०°. और का पा, गा बा उसकी दो माध्यिकायें हैं, तो।

(अ) ३ का बा^{२} = ख^{२} − गा बा^{२}

(आ) का पा^{२} + गा बा^{२} = $\frac{५}{४}$ख^{२}

११—उस वर्ग की रचना करो, जो—

(अ) दिए हुए वर्ग का $\frac{१}{८}$ हो।

(आ) दिए हुए वर्ग का दुगुना हो।

(इ) दिए हुए वर्ग का $\frac{१}{२}$ हो।

(ई) दो दिए हुए वर्गों के योग के बराबर हो।

(उ) दो दिए हुए वर्गों के अन्तर के बराबर हो।

(ऊ) दिए हुए वर्ग का २ गुना, ४ गुना,......हो।

(ए) तीन दिए हुए वर्गों के योग के बराबर हो।

सिद्ध करो कि—

१२—(अ) समबाहु △ की उच्चता = $\frac{\sqrt{३}}{२}$ क

(आ) समबाहु △ का क्षेत्रफल = $\frac{\sqrt{३}}{४}$ $क^२$ [जिसमें क △ की एक भुजा है।]

१३—△ का खा गा का क्षेत्रफल निकालो, जब—

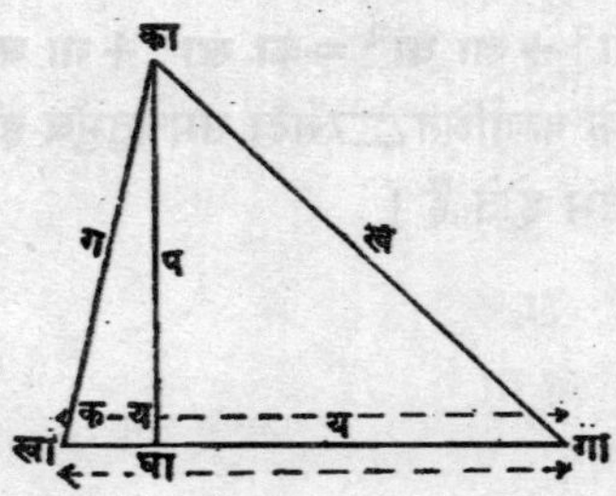

क = ४", २·१ से० मी०, ३′

ख = ६", १·७ से० मी०, २·५′

ग = ५", १ से० मी०, ४·३′

[$ग^२$ − खा $घा^२$ = का $घा^२$ = $ख^२$ − गा $घा^२$,

अर्थात् $ग^२ - (क - य)^२ = प^२ = ख^२ - य^२$]

१४—रेखा का खा में पा एक ऐसा बिन्दु ज्ञात करो कि का $पा^२$ = २ खा $पा^२$।

१५—(अ) यदि △ का खा गा में ∠ खा न्यून कोण है तो $ख^2 < क^2 + ग^2$।

(आ) यदि △ का खा गा में ∠ खा अधिक कोण है तो $ख^2 > क^2 + ग^2$ ।

१६—(अ) १५ (अ) का विलोम।

(आ) १५ (आ) का विलोम।

१७—△ का खा गा में—

∠ खा = ९०°। पा, खा गा का मध्य बिन्दु है और पा फा ⊥ का गा तो सिद्ध करो कि : का $फा^2$ − फा $गा^2$ = का $खा^2$ ।

१८—△ का खा गा की भुजाओं पर समबाहु △ बनाये गये हैं। यदि ∠ खा एक लम्ब कोण हो, तो सिद्ध करो कि ख पर का △ क और ग के त्रिभुजों के योग के बराबर होगा।

१९—यदि का आयत पा फा बा भा के अन्दर कोई बिन्दु हो, तो—

का $पा^2$ + का $बा^2$ = का $फा^2$ + का $भा^2$ ।

२०—यदि चतुर्भुज का खा गा घा में का घा बढ़ायी जाने पर खा गा पर ⊥ होती है, तो सिद्ध करो कि—

का $गा^2$ + खा $घा^2$ = का $खा^2$ + गा $घा^2$ ।

२१—समचतुर्भुज के कर्णाश्रित ▱ सदा समचतुर्भुज ही होते हैं और उनके पूरक सर्वांगसम होते हैं।

अध्याय १५

निर्मेय

निर्मेय १३

चतुर्भुज बनाना जब चारों भुजायें और एक कोण दिया हो।

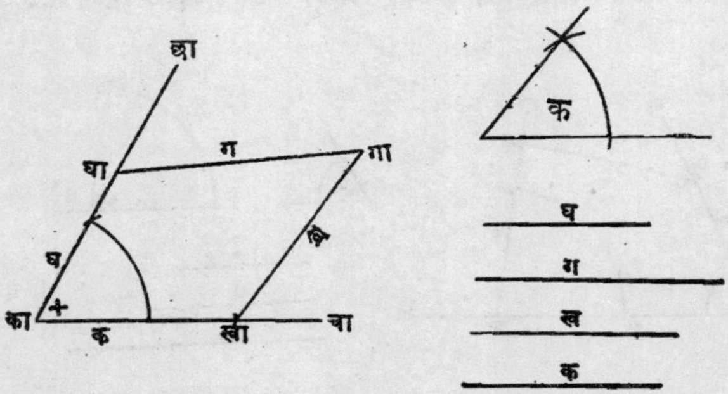

मान लो कि चतुर्भुज का खा गा घा की भुजायें क, ख, ग, घ और ∠का दिए हैं।

तो चतुर्भुज का खा गा घा बनाना है।

एक ऋजु रेखा का चा लेकर उसमें से भाग का खा, क के बराबर काट लो।

का पर ∠खा का छा = ∠का बनाओ और बाहु का छा में से भाग का घा = घ काट लो।

अब केन्द्र घा और त्रिज्या ग लेकर एक चाप खींचो।

फिर, केन्द्र खा और त्रिज्या ख लेकर दूसरा चाप पहले को गा पर काटता हुआ खींचो।

गा घा, गा खा को मिला दो।

तो चतुर्भुज का खा गा घा ही अभीष्ट चतुर्भुज है।

उपपत्ति : रचना से स्पष्ट है।

उपनिर्मेय :

(१) समान्तर चतुर्भुज बनाओ जब दो संलग्न भुजायें और मध्यस्थ कोण दिया हो।

(२) वर्ग बनाओ जब एक भुजा दी हो।

निर्मेय १४

चतुर्भुज बनाना जब तीन भुजायें और उनके दोनों मध्यस्थ कोण दिए हों।

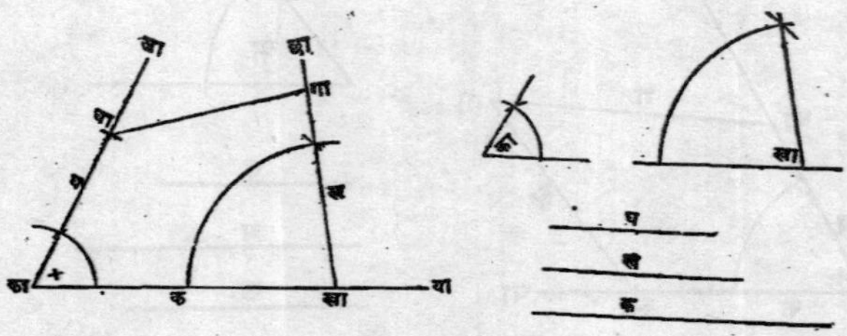

मान लो कि चतुर्भुज का खा गा घा की तीन भुजायें क, ख, घ और उनके मध्यस्थ कोण का, खा दिए हैं।

तो चतुर्भुज का खा गा घा बनाना है।

कोई ऋजु रेखा का चा लेकर उसमें से का खा = क काट लो।

का तथा खा पर क्रमशः ∠खा का जा, ∠का खा छा कोण का और खा के बराबर बनाओ।

बाहु का जा में से भाग का घा = घ काट लो।

बाहु खा छा में से भाग खा गा = ख काट लो।

गा घा को मिला दो।

तो का खा गा घा हमारा अभीष्ट चतुर्भुज है।

उपपत्ति : रचना से स्पष्ट है।

निर्मेय १५

चतुर्भुज बनाना जब दो भुजायें और कोई से तीन कोण दिये हों।

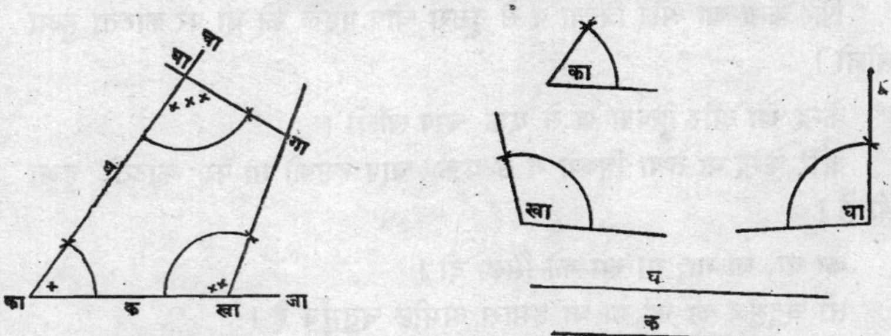

मान लो कि चतुर्भुज का खा गा घा की भुजायें क, घ और कोण का, खा, घा दिए हैं।

तो चतुर्भुज का खा गा घा बनाना है।

पहले एक रेखा का जा खींच कर उसमें से भाग का खा = क काट लो।

का तथा खा पर क्रमशः ∠खा का चा, ∠का खा गा दिये हुए कोणों का, खा के बराबर बनाओ।

बाहु का चा से भाग का घा = घ काट लो।

घा पर ∠का घा गा, ∠घा के बराबर बनाओ।

मान लो कि रेखायें घा गा, खा गा एक दूसरे को गा पर काटती हैं।

तो का खा गा घा हमारा अभीष्ट चतुर्भुज है।

उपपत्ति : रचना से स्पष्ट है।

निर्मेय १६

चतुर्भुज बनाना जब चारों भुजायें और एक विकर्ण दिये हों।

मान लो कि चतुर्भुज का खा गा घा की भुजायें क, ख, ग, घ दी हैं और एक विकर्ण प दिया है। तो चतुर्भुज का खा गा घा बनाना है।

कोई ऋजु रेखा का चा खींच कर उसमें से भाग का खा = क काट लो। केन्द्र का और त्रिज्या घ से एक चाप और खींचो।

फिर केन्द्र खा और त्रिज्या प से दूसरा चाप पहले को घा पर काटता हुआ खींचो।

केन्द्र खा और त्रिज्या ख से एक चाप खींचो।

और केन्द्र घा तथा त्रिज्या ग से एक चाप इसको गा पर काटता हुआ खींचो।

का घा, घा गा, गा खा को मिला दो।

तो चतुर्भुज का खा गा घा हमारा अभीष्ट चतुर्भुज है।

उपपत्तिः रचना से स्पष्ट है।

निर्मेय १७

चतुर्भुज बनाना जब तीन भुजायें और दोनों विकर्ण दिए हों।

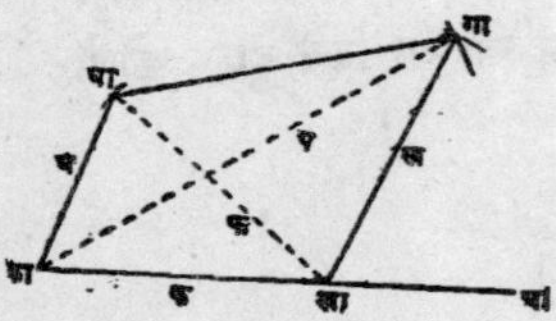

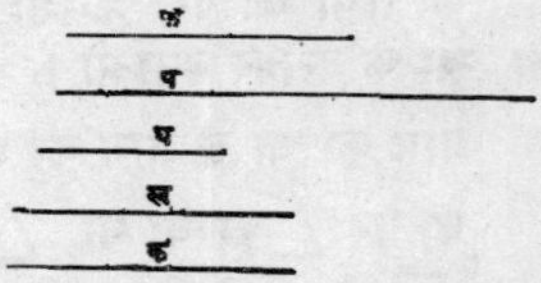

मान लो कि चतुर्भुज का खा गा घा की भुजायें क, ख, घ तथा दोनों विकर्ण प, फ दिए हैं।

तो चतुर्भुज का खा गा घा बनाना है।

एक ऋजु रेखा का चा खींचकर उसमें से भाग का खा = क काट लो।

अब, केन्द्र का और त्रिज्या घ लेकर एक चाप खींचो, तथा केन्द्र खा और त्रिज्या फ लेकर एक दूसरा चाप पहले चाप को घा पर काटता हुआ खींचों।

फिर केन्द्र खा और त्रिज्या ख लेकर एक चाप खींचो, तथा केन्द्र का और त्रिज्या प लेकर एक और चाप खींचो जो पहले चाप को गा पर काटे।

गा घा को मिला दो।

तो का खा गा घा ही अभीष्ट चतुर्भुज है।

उपपत्ति : रचना से स्पष्ट है।

टिप्पणी : यदि भुजा ख के स्थान पर भुजा ग दी होती, तो पहले △ का खा घा बनाकर △ का घा गा की रचना करते और गा खा को मिला देते।

उपर्युक्त निर्मेयों से स्पष्ट है कि चतुर्भुज की रचना में अधिकतर दो △ बनाने पड़ते हैं। यही दोनों △ मिलकर चतुर्भुज की सृष्टि करते हैं। चतुर्भुज बनाते समय इस बात को ध्यान में रखना चाहिए।

प्रश्नावली ४४

चतुर्भुज का खा गा घा बनाओ, जिसके निम्नलिखित अंग दिए हैं :—

१—का खा = १·९", खा गा = १·३", गा घा = ·८", घा का = १" ∠खा = ६०°।

२—का खा = ४·५", खा गा = २·५", का घा = ३·५", ∠का = ७१°, ∠खा = ७३°।

३—का खा = ६ सें० मी०, का घा = ७ सें० मी०, ∠ का = ४०°, ∠खा = ५५°, ∠गा = ११२°।

४—का खा = ३ सें० मी०, खा गा = ४ सें० मी०, गा घा = ४·५ सें० मी०, का गा = ५ सें० मी०, खा घा = ४·५ सें० मी०।

५—का खा = ३·५", खा गा = ३", का घा = २·५", का गा = ५", खा घा = ४·५"।

६—का खा = २·५", खा गा = १", गा घा = ३", का गा = ३·५", घा का = १·५"।

चतुर्भुजों के अन्य अङ्गों को नापो।

७—(अ) ▱ का खा गा घा बनाओ, जब का खा = १·७", का घा = ३", ∠खा = ११५°।

(आ) ▱ का खा गा घा बनाओ, जब का खा = ४ सें० मी०, खा गा = ७ से० मी०, का गा = ६ से० मी०।

८—वर्ग का गा बनाओ, जब का खा = ४ से० मी०।

९—चतुर्भुज का खा गा घा बनाओ, जिसके विकर्ण का गा, खा घा एक दूसरे

को चा पर काटते हैं; और का चा = २", खा चा = १·७", गा चा = ·५", घा चा = १·५" और ∠घा चा गा = ७०°।

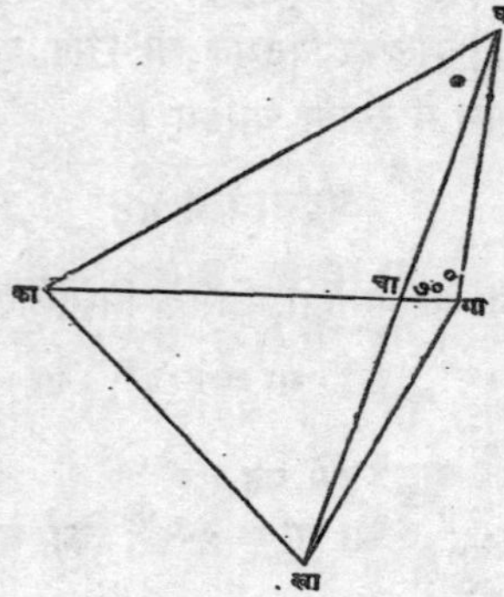

कोई रेखा लेकर उसमें से भाग का चा = २" और चा गा = ·५" काट लो। चा पर चा गा के साथ ७०° का कोण बनाती हुई रेखा घा चा खा खींचो। घा चा = १·५" और खा चा = १·७" बनाओ। का खा, खा गा, गा घा, घा का को मिला दो।

का खा गा घा अभीष्ट चतुर्भुज बन गया।

१०—समान्तर चतुर्भुज पा फा बा भा बनाओ, जिसमें पा बा = ६", फा भा = ४·५" तथा दोनों का मध्यस्थ कोण = ७५°।

११ ▱ का खा गा घा बनाओ जब खा घा = ७ से० मी०, का गा = ४·६ से० मी० और इनके बीच का एक कोण = ५५°।

१२—वर्ग का खा गा घा बनाओ जब का गा = ७·१ से० मी०।

१३—आयत का खा गा घा बनाओ जब एक विकर्ण = ३·५" और विकर्णों के बीच का एक कोण = ३०°।

१४—समलम्ब का खा गा घा बनाओ, जब गा घा = २", का खा = ३·५", का घा = १·५" और खा गा = १·८"। [का खा ‖ गा घा]

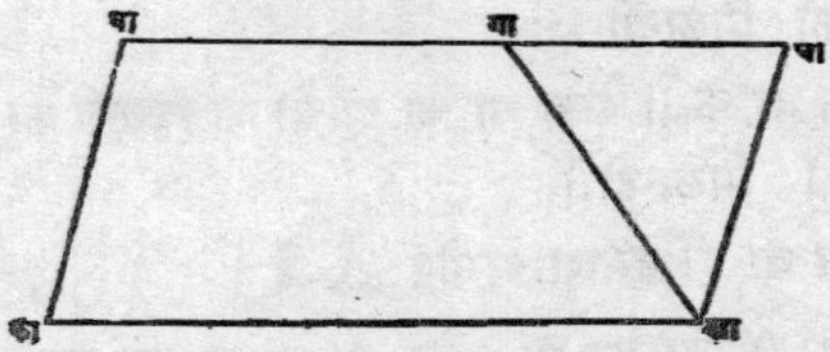

[मान लो कि का खा गा घा हमारा अभीष्ट समलम्ब है। ▱ का खा चा घा पूरा करने पर हमें △ खा चा गा ऐसा मिलता है, जिसकी सब भुजायें ज्ञात हैं। इस △ को बनाकर हम समलम्ब की रचना सुगमता से कर सकते हैं। अतः हमें पहले △ खा चा गा बनाना होगा।]

१५—समद्विबाहु समलम्ब बनाओ जब का खा = ३ से० मी०, गा घा = २ से० मी० और का घा = खा गा = १·५ से० मी०।

१६—चतुर्भुज का खा गा घा बनाओ, यदि—

का खा = ४″, का घा = ४″, गा घा = ३″, और ∠ का = ८०°, ∠ गा = ९०°।

[पहिले △ का खा घा बना लो। फिर खा घा पर अर्धवृत्त बनाकर निम्नलिखित साध्य का उपयोग करो—

अर्धवृत्त का कोण १ समकोण होता है।]

निर्मेय १८

दिए हुए चतुर्भुज के बराबर एक त्रिभुज बनाना।

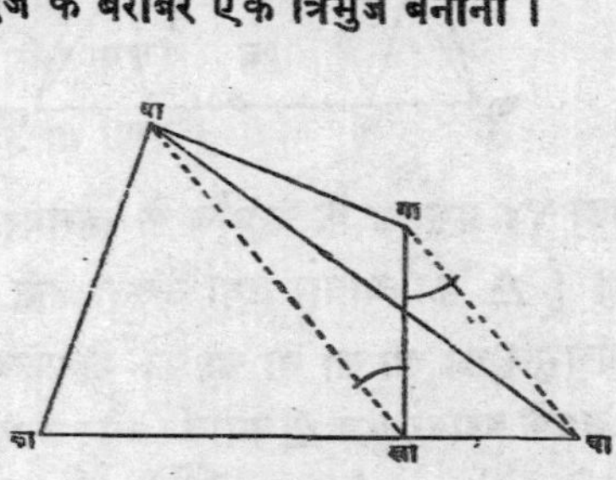

मान लो कि का खा गा घा दिया हुआ चतुर्भुज है।

तो इसके बराबर (क्षेत्रफल में) एक त्रिभुज बनाना है।

खा घा को मिलाओ।

गा से खा घा के ॥ रेखा गा चा खींचो जो विस्तृत का खा को चा पर काटे।

घा चा को मिला दो।

तो का चा घा ही हमारा अभीष्ट △ है।

उपपत्ति : △ घा खा गा, और △ घा खा चा एक ही आधार घा खा पर और एक ही समान्तर रेखाओं खा घा, चा गा के बीच बने हैं।

∴ △ घा खा गा = △ घा खा चा।

अब, इन बराबर त्रिभुजों में △ का खा घा जोड़ने पर हम देखते हैं कि—

△ घा खा गा + △ का खा घा = △ का खा घा + △ घा खा चा।

अर्थात्, चतुर्भुज का खा गा घा = △ का घा चा।

उपनिर्मेय—दिये हुए बहुभुज के बराबर एक △ बनाना।

प्रश्नावली ४५

१—निर्मेय १८ में का गा को मिलाकर चतुर्भुज के बराबर एक △ बनाओ।

२—पंचभुज का खा गा घा चा के बराबर एक त्रिभुज बनाओ।

[आसन्न चित्र से सहायता लो।]

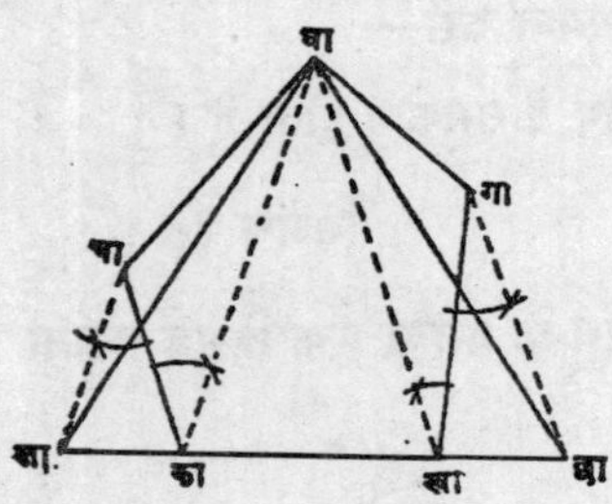

३—प्रश्नावली ४४ प्रश्न ४ के चतुर्भुज के बराबर एक △ बनाकर उसका क्षेत्रफल निकालो। [△ का आधार तथा उच्चता ज्ञात करके।]

४—किसी पंचभुज का खा गा घा चा का क्षेत्रफल निकालो।

(अ) उसके बराबर एक △ बनाकर और उसका क्षेत्रफल निकालकर।

(आ) विकर्णों द्वारा पंचभुज को तीन त्रिभुजों में बाँट कर।

५—(अ) △का खा गा के बराबर एक△बनाओ जिसका आधार पा फा के बराबर हो। ऐसा कब असम्भव है?

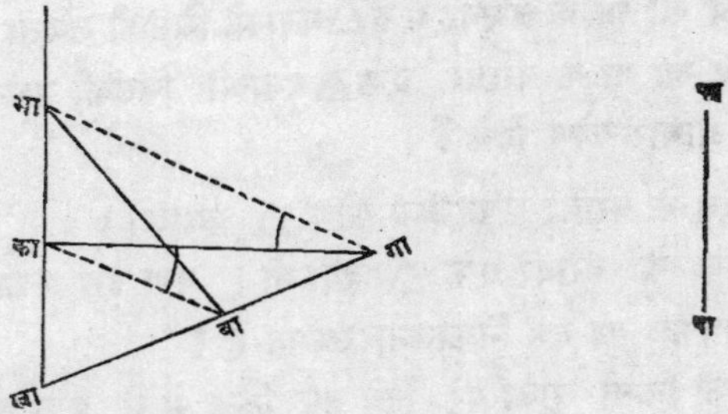

[खा गा में से पा फा के बराबर भाग खा बा काट लो। का बा को मिलाकर गा से उसके || गा भा खींचो, जो खा का को भा पर काटे। भा बा को मिला दो। खा बा भा ही अभीष्ट△ है।]

(आ) यदि नये △ का एक आधार कोण भी दिया हो, तो △ की रचना करो।

६—उपर्युक्त प्रश्न में पा फा $>$ खा गा लेकर रचना करो।

७—(अ) △का खा गा के बराबर एक△बनाओ जिसका आधार का खा हो और शीर्ष एक दी हुई ऋजु रेखा पर स्थित हो।

(आ) △ का खा गा के बराबर एक △ बनाओ, जिसका आधार का खा हो और शीर्ष दो दी हुई प्रतिच्छेदक रेखाओं से समान दूरी पर स्थित हो।

८—पा फा बा के बराबर एक △ बनाओ, जिसका शीर्ष का हो।

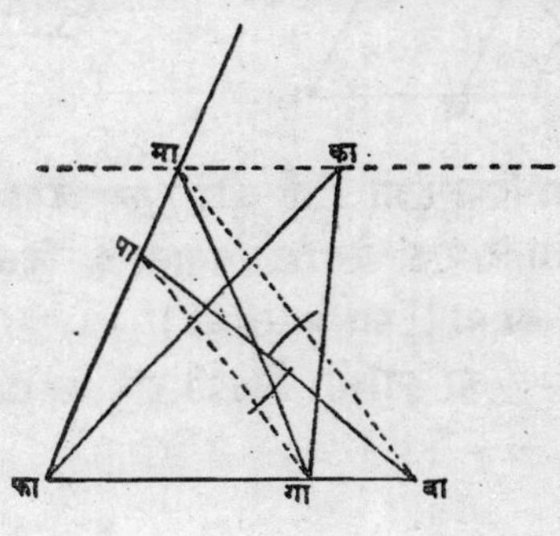

[का से फा बा के || का मा खींचो। पहले △ पा फा बा के बराबर△मा फा गा बना लो। (प्रश्न ५ से)। फिर△मा फा गा के बराबर △ का खा गा बनाओ।]

९—(अ) △का खा गा के बराबर एक△बनाओ जिसकी उच्चता दी हो।

(आ) △का खा गा के बराबर एक△बनाओ जिसकी उच्चता और एक आधार कोण दिये हैं।

१०—एक चतुर्भुज के बराबर एक लम्ब कोण △ बनाओ।

११—एक समलम्ब के बराबर एक △ बनाओ। क्या इस प्रकार समलम्ब के क्षेत्रफल का सूत्र निकालना सम्भव है?

१२—एक △ की किसी भुजा पर दिये हुए बिन्दु में से एक ऋजु रेखा खींचकर त्रिभुज का अर्धन करो।

१३—एक △ की किसी भुजा पर दिये हुए एक बिन्दु में से ऋजु रेखायें खींचकर उसके तीन बराबर भाग करो।

उसी बिन्दु से रेखायें खींचकर △ का $\frac{1}{4}$, $\frac{1}{5}$...ज्ञात करो।

१४—चतुर्भुज के एक शीर्ष में से एक रेखा खींचकर उसका अर्धन करो।

निर्मेय १९

ऐसा समान्तर चतुर्भुज बनाना जिसका क्षेत्रफल एक दिए हुए △ के क्षेत्रफल के बराबर हो और जिसका एक कोण दिया हो।

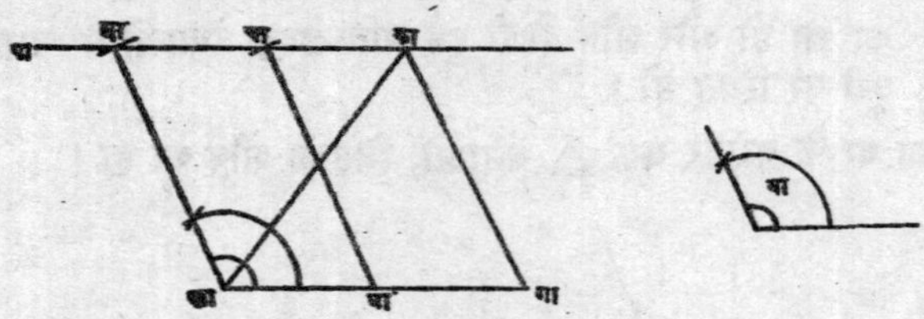

मान लो कि का खा गा दिया हुआ △है और ∠ था दिया हुआ कोण। तो△का खा गा के बराबर एक ऐसा▱बनाना है जिसका एक कोण था हो। का के मध्येन का पा || खा गा खींचो।

खा पर∠ गा खा छा = ∠था बनाओ जिसकी बाहु खा छा, का पा को छा पर काटे।

खा गा का मध्य बिन्दु घा ज्ञात करके घा से घा चा || खा छा खींचो, जो का छा को चा पर काटे।

तो खा घा चा छा ही अभीष्ट समान्तर चतुर्भुज है।

उपपत्ति : रचना से छा चा || खा घा और घा चा || छा खा,

∴ खा घा चा छा एक समान्तर चतुर्भुज है।

और ∠छा खा घा = ∠या।

अब, ▱ खा घा चा छा तथा △ का खा गा एक ही समान्तर रेखाओं के बीच बने हैं परन्तु ▱ का आधार, △ के आधार का आधा है। अतः △ का क्षेत्रफल और ▱ का क्षेत्रफल बराबर है।

उपनिर्मेय : (१) दिये हुए △ के बराबर एक आयत बनाना।

(२) दिए हुए बहुभुज के बराबर एक आयत बनाना।

निर्मेय २०

एक ऐसा समान्तर चतुर्भुज बनाना जो क्षेत्रफल में एक दिए हुए समान्तर चतुर्भुज के बराबर हो और जिसका आधार और एक कोण दिया हो।

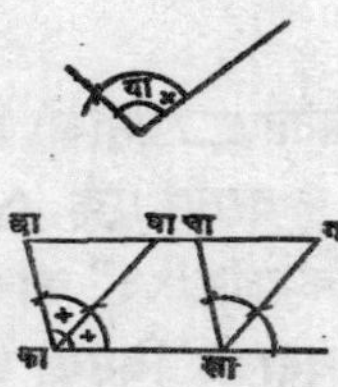

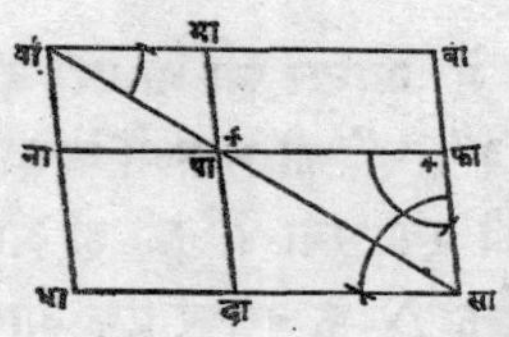

मान लो कि का खा गा घा एक दिया हुआ ▱ है, पा फा दी हुई रेखा और या दिया हुआ कोण है।

तो पा फा पर एक ऐसा ▱ बनाना है जिसका एक कोण ∠या के बराबर हो और जो क्षेत्रफल में ▱ का खा गा घा के समान हो।

का पर ∠ खा का छा = ∠या बनाओ जिसकी बाहु का छा, गा घा को छा पर काटे।

खा से खा चा || का छा खींचो, जो गा घा को चा पर काटे।

अब, फा पर ∠पा फा सा = ∠या बनाओ, जिसकी बाहु फा सा, खा चा के बराबर हो।

▱ सा फा पा दा को पूरा कर लो।

सा दा, फा पा को क्रमशः धा, ना तक इतना बढ़ाओ कि दा धा = पा ना = का खा।

धा ना को मिलाकर आगे बढ़ाओ, जिससे वह विस्तृत सा पा को बा पर काटे, बा से पा फा के ॥ बा बा खींचो, जो दा पा, सा फा को भा, बा में काटे तो पा फा बा भा हमारा अभीष्ट ▱ है।

उपपत्ति : रचना से फा पा ॥ सा दा और पा ना = दा धा = का खा

∴ धा दा पा ना एक ▱ है, जिसका कोण ना पा दा = कोण पा फा सा = ∠या

अर्थात्, ▱ धा दा पा ना = ▱ का खा चा छा

अब, ▱ धा दा पा ना = ▱ पा फा बा भा (∵ ये पूरक ▱ हैं)

∴ ▱ पा फा बा भा = ▱ का खा चा छा = ▱ का खा गा घा।

उपनिर्मेय : दिए हुए आयत के बराबर एक आयत बनाना जिसकी एक भुजा दी हो।

प्रश्नावली ४६

१—निर्मेय १९ में आधार खा गा पर ही अभीष्ट ▱ बनाओ।

२—(अ) ३″, ३″, ५″ की भुजाओं वाले △ के बराबर एक △ बनाओ जिसकी एक भुजा ४″ की हो और एक कोण ९६° का हो।

(आ) उपर्युक्त △ के बराबर एक आयत बनाओ जिसकी एक भुजा ३·७″ की हो।

३—▱ का खा गा घा में का खा = ४ सें० मी०, खा गा = ३ सें० मी० और ∠खा का गा = ४०°। इसके बराबर एक आयत बनाओ जिसकी एक भुजा ३·२ सें० मी० हो।

४—आयत का खा गा घा के बराबर एक ▱ बनाओ, जिसकी एक भुजा (जो आयत की लम्बाई से बड़ी हो) दी हो।

५—एक वर्ग के बराबर एक आयत बनाओ, जिसकी एक भुजा दी है।

६—आयत (३ सें० मी० × २·५ सें० मी०) के बराबर एक आयत बनाओ जिसकी एक भुजा ४ सें० मी० की हो।

७—(अ) एक △ (या आयत) के बराबर एक समचतुर्भुज बनाओ।

(आ) एक △ (या आयत) के बराबर एक समचतुर्भुज बनाओ जिसकी भुजा दी हो।

८—पंचभुज का खा गा घा चा के बराबर एक ▱ बनाओ जिसकी एक भुजा दी है।

९—आयत का खा गा घा के बराबर एक ▱ बनाओ, जिसका आधार का खा हो और परिमाप पा फा के बराबर हो, जब कि पा फा > २ (का खा + का घा)।

१०—△ पा फा बा के बराबर एक ▱ बनाओ, जिसका एक कोण और एक भुजा दिये हों।

११—△ का खा गा के बराबर एक ▱ बनाओ, जिसका परिमाप △ के परिमाप के बराबर हो।

१२—एक ऐसा △ बनाओ जिसका क्षेत्रफल दो बहुभुजों के क्षेत्रफलों के योग के बराबर हो।

१३—पा फा पर एक ▱ बनाओ जो पंचभुज का खा गा घा चा के बराबर हो और जिसका एक कोण दिया हो।

अध्याय १६

वृत्त [Circle]

परिभाषाएँ तथा आदि सिद्धान्त

वृत्त आदि की परिभाषाएँ हम एक पिछले अध्याय में दे चुके हैं।

दो छेदक वृत्तों के कटान बिन्दुओं को मिलाने वाली रेखा सामान्य जीवा (Common Chord) कहलाती है।

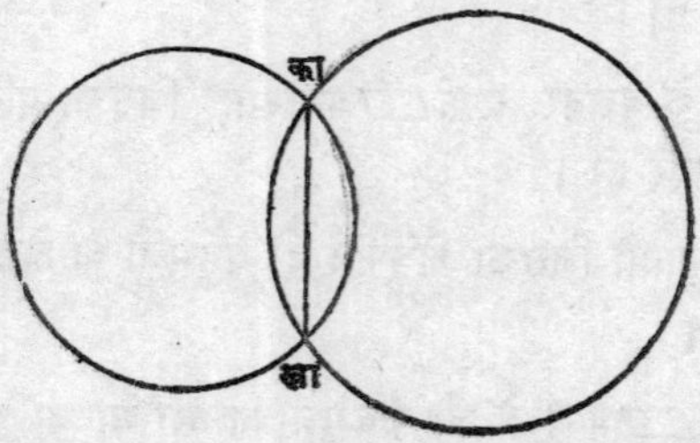

व्यास के अतिरिक्त कोई भी जीवा वृत्त की परिधि को दो असमान भागों में विभक्त करती है। इनमें से बड़े भाग को दीर्घ चाप (Major Arc) और छोटे भाग को ह्रस्व चाप (Minor Arc) कहते हैं।

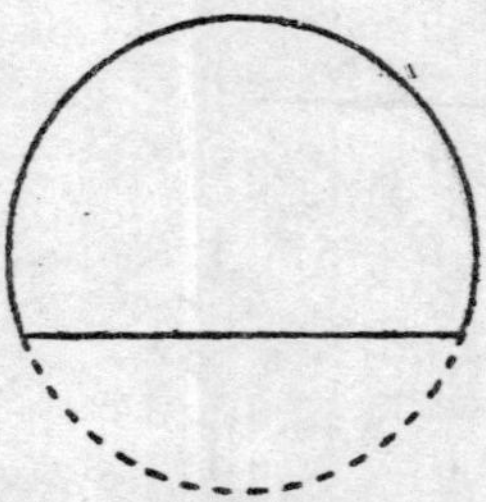

स्पष्ट है कि दीर्घ चाप अर्धवृत्त की परिधि से बड़ा होता है और ह्रस्व चाप छोटा

दीर्घ चाप तथा ह्रस्व चाप एक-दूसरे के **अनुबद्ध चाप** (Conjugate Arcs) कहलाते हैं।

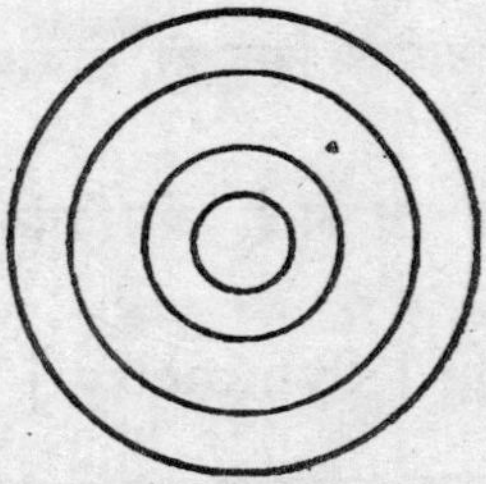

जिन वृत्तों का केन्द्र एक ही होता है, **संकेन्द्र वृत्त** (Concentric Circles) कहलाते हैं।

आसन्न चित्र में सब वृत्त संकेन्द्र हैं।

उपर्युक्त परिभाषाओं से स्पष्ट है कि—

(१) वृत्त एक बन्द वक्र (Closed Curve) है, अतः परिधि के किसी बिन्दु से केन्द्र को मिलाने वाली रेखा बढ़ाई जाने पर परिधि से एक और बिन्दु पर मिलेगी।

(२) व्यास केन्द्र पर अर्धित होता है और किसी वृत्त के सब व्यास समान होते हैं।

(३) जो बिन्दु किसी वृत्त के अन्दर होता है, केन्द्र से उसकी दूरी त्रिज्या से कम होती है। जो बिन्दु वृत्त के बाहर होता है, केन्द्र से उसकी दूरी त्रिज्या से बड़ी होती है।

(४) जिस बिन्दु की केन्द्र से दूरी त्रिज्या से छोटी या बड़ी होती है, वह बिन्दु क्रमशः वृत्त के अन्दर या बाहर होता है।

(५) बराबर त्रिज्या वाले वृत्त सर्वाङ्गसम होते हैं। अध्यारोपण क्रिया द्वारा उपपत्ति स्पष्ट है।

(६) सर्वाङ्गसम वृत्तों की त्रिज्यायें समान होती हैं।

(७) असमान त्रिज्या वाले संकेन्द्र वृत्त एक-दूसरे को नहीं काट सकते।

[∵ बड़े वृत्त की परिधि के किसी भी बिन्दु की केन्द्र से दूरी छोटे वृत्त की त्रिज्या से सदा बड़ी रहेगी।]

(८) यदि दो संकेन्द्र वृत्तों की परिधियों में एक सामान्य बिन्दु हो, तो वे दोनों एक दूसरे को पूर्णतया अध्यारोपित कर लेंगे ।

(९) यदि दो वृत्तों में एक सामान्य बिन्दु हो, तो जब तक वे संपाती न हो जायँ, संकेन्द्र नहीं हो सकते ।

(१०) एक ऋजु रेखा एक वृत्त को दो और केवल दो ही बिन्दुओं में काटती है ।

सम्मिति [Symmetry]

सम्मिति की परिभाषा हम एक पिछले अध्याय में दे चुके हैं ।

एक आकृति एक बिन्दु पर सम्मित तब कहलाती है, जब उस बिन्दु में से होकर जाने वाली सब रेखायें, जो आकृति के घेरे से दोनों ओर सीमित हों, उस बिन्दु पर अर्धित होती हों ।

ऐसे बिन्दु को सम्मिति केन्द्र (Centre of Symmetry) कहते हैं ।

यदि एक आकृति एक ऋजु रेखा के प्रति सम्मित हो तो वह ऋजु रेखा आकृति को जिन दो भागों में विभाजित करती है, वे उस रेखा में एक दूसरे का प्रतिबिम्ब (Image) कहलाते हैं ।

मान लो कि का खा एक ऋजु रेखा है और गा उसके बाहर एक बिन्दु ।

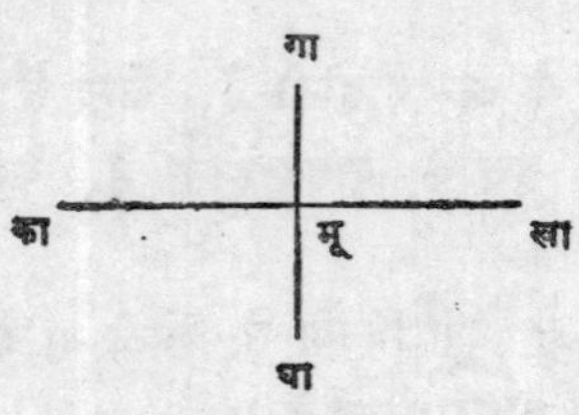

गा से गा मू ⊥ का खा खींचकर उसे घा तक इतना बढ़ाओ कि गा मू = मू घा ।

यदि आकृति को का खा पर मोड़ा जाय तो गा, घा पर पड़ेगा ; क्योंकि ∠ का मू गा = ∠ का मू घा और मू गा = मू घा ।

तो गा और घा एक दूसरे के, का खा में, प्रतिबिम्ब कहलायेंगे ।

गा और घा, सम्मित्यक्ष का खा के अनुसार सम्मिति सम्मुख (Symmetrically opposite) कहलाते हैं ।

दो वृत्तों के केन्द्रों की योजक रेखा केन्द्र-रेखा (Line of Centres) कहलाती है।

(१) वृत्त अपने किसी व्यास के प्रति सम्मित होता है।

(२) यदि एक वृत्त बिन्दु घा के मध्यात् जाता है, तो वह वृत्त व्यास का खा के अनुसार घा के सम्मिति सम्मुख बिन्दु के मध्यात् भी जायगा।

(३) एक व्यास के अनुसार दो सम्मिति सम्मुख बिन्दुओं को मिलाने वाली जीवा का वही व्यास लम्बार्धक होता है।

(४) दो वृत्तों की केन्द्र-रेखा उनका विभाजन दो सम्मित भागों में करती है।

(५) यदि दो वृत्त एक-दूसरे को एक बिन्दु पर काटते हैं, तो वे एक दूसरे बिन्दु पर भी काटेंगे और केन्द्र रेखा सामान्य जीवा की लम्बार्धक होगी।

प्रमेय ३७

किसी ⊙ के केन्द्र से उसकी किसी जीवा के मध्यबिन्दु को मिलाने वाली रेखा उस जीवा पर लम्ब होगी।

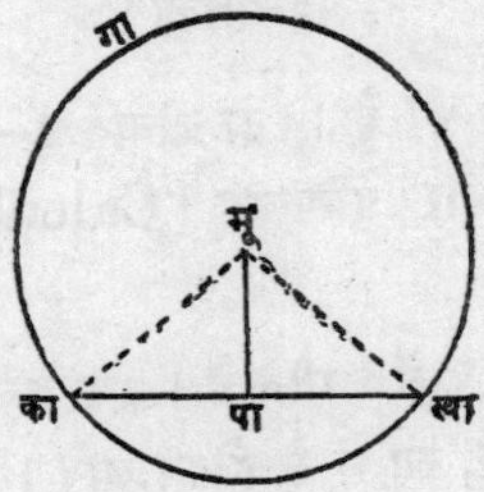

मान लो कि का खा गा एक वृत्त है जिसका केन्द्र मू है। का खा उसकी एक जीवा है। पा जीवा का खा का मध्य बिन्दु है।

तो सिद्ध करना है कि—

मू पा ⊥ का खा।

रचना : मू का, मू खा, मू पा को मिला दो।

उपपत्ति : △ का पा मू, △ खा पा मू में—

∵ { का पा = पा खा (परिकल्पना से),
मू पा सामान्य है
और मू का = मू खा (एक ही ⊙ की त्रिज्यायें हैं)

$\therefore$ $\triangle$ का पा मू $\equiv$ $\triangle$ खा पा मू

$\therefore$ $\angle$ का पा मू $=$ $\angle$ खा पा मू

परन्तु ये संलग्न कोण हैं,

अतः इनमें से प्रत्येक लम्ब कोण है।

$\therefore$ मू पा $\perp$ का खा।

प्रमेय ३७ का विलोम

किसी ⊙ के केन्द्र से किसी जीवा पर डाला गया लंब जीवा का अर्धन करता है।

उपप्रमेय :

१—किसी वृत्त की किसी जीवा का लंबार्धक उसके केन्द्र में से होकर जाता है।

२—किसी वृत्त की कोई भी जीवा पूर्णरूपेण उसके अन्दर ही रहती है।

३—एक ऋजु रेखा एक वृत्त को अधिक से अधिक दो बिन्दुओं पर काटती है।

प्रश्नावली ४७

१—एक ⊙ की त्रिज्या ४" है। दो जीवायें ६–६ इंच लम्बी हैं। केन्द्र से उनकी दूरी नापो और परिकलन (Calculation) द्वारा अपने फल की जाँच करो।

२—का से खा की दूरी ६ सें० मी० है। एक वृत्त २·४ सें० मी० की त्रिज्या लेकर खींचो जो का, खा में से होकर जाये। का खा से उसके केन्द्र की दूरी बताओ।

३—किसी जीवा पर दो संकेन्द्र वृत्तों के बीच के अन्तःखंड बराबर होते हैं।

४—किसी वृत्त के दो केन्द्र नहीं हो सकते।

५—दो संकेन्द्र वृत्तों पर कोई सामान्य बिन्दु नहीं हो सकता।

६—दो वृत्तों के केन्द्र क्रमशः मू, गा हैं। दोनों वृत्त एक दूसरे को पा, फा पर काटते हैं। यदि पा फा का मध्यबिन्दु बा हो, तो सिद्ध करो कि मू बा गा एक ऋजु रेखा है।

७—दो वृत्तों की केन्द्र रेखा उनकी सामान्य जीवा की लम्बार्धक होती है।

८—किसी ⊙ की समान्तर जीवाओं के मध्य बिन्दुओं का बिन्दुपथ उस वृत्त का एक व्यास होता है।

९—पा फा, फा बा एक वृत्त की दो समान जीवायें हैं। वृत्त का केन्द्र मू है। सिद्ध करो कि मू फा ∠पा फा बा का अर्धक है।

[इस साध्य के अन्तिम भाग को हम इस प्रकार भी लिख सकते हैं: "∠पा फा बा का अर्धक केन्द्र में से होकर जायगा।"]

१०—यदि वृत्त के अन्दर के किसी बिन्दु से परिधि तक दो से अधिक समान रेखायें खींची जा सकें, तो वह बिन्दु ⊙ का केन्द्र होगा।

११—उन वृत्तों के केन्द्रों का बिन्दुपथ ज्ञात करो, जो दो बिन्दुओं में से होकर जाते हैं।

प्रमेय ३८

तीन बिन्दुओं के मध्यात् (जो संरेख नहीं हैं) एक और केवल एक ही वृत्त खींचा जा सकता है।

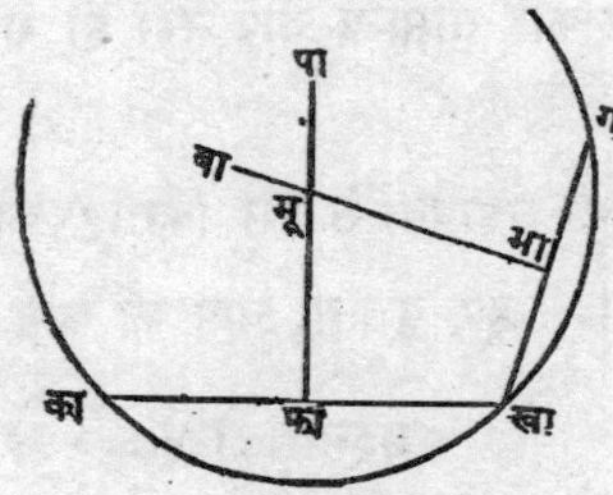

मान लो कि का, खा, गा तीन बिन्दु हैं जो संरेख नहीं हैं।

तो यह सिद्ध करना है कि एक और केवल एक ही वृत्त का, खा, और गा के मध्यात् खींचा जा सकता है।

रचना : का खा, खा गा को मिला दो।

का खा, खा गा के लंबार्धक फा पा और भा बा खींचो

अब, ∵ का खा और खा गा एक रेखा में नहीं हैं,

∴ फा पा और भा बा समान्तर नहीं हैं।

अतः पा फा और बा भा किसी बिन्दु मू पर मिलेंगे।

उपपत्ति : ∵ फा पा, का खा की लम्बार्धक हैं,

∴ फा पा का प्रत्येक बिन्दु का, खा से समान दूरी पर है।

इसी प्रकार भा बा का प्रत्येक बिन्दु खा, गा से समान दूरी पर है।

∴ फा पा और भा बा का एक मात्र सामान्य बिन्दु मू का, खा और गा से समान दूरी पर है।

और का, खा, गा से समान दूरी पर कोई और बिन्दु नहीं है।

अतः केन्द्र मू और त्रिज्या मू का लेकर जो वृत्त खींचा जायगा वह खा और गा में भी होकर जायगा।

उपप्रमेय :

१—यदि किसी वृत्त की परिधि पर तीन बिन्दु ज्ञात हों, तो वृत्त की स्थिति नियत हो जाती है।

२—दो वृत्त एक-दूसरे को दो से अधिक बिन्दुओं पर नहीं काट सकते।

३—दो वृत्तों का कोई सामान्य चाप नहीं हो सकता।

टिप्पणी :

१—इस प्रमेय की सहायता से हम किसी △ का परिवृत्त खींच सकते हैं।

२—हम किसी दिये हुए वृत्त या चाप का केन्द्र ज्ञात कर सकते हैं।

प्रश्नावली ४८

१—एक △ बनाओ जिसकी भुजायें २.५", २.७", ३.१" हों। उसका परिवृत्त खींचो।

२—क्या समद्विबाहु समलंब या आयत का परिवृत्त खींचा जा सकता है?

३—एक ⊙ की रचना करो जो दो दिये हुए बिन्दुओं में से होकर जाये और जिसका केन्द्र एक दी हुई रेखा पर हो। यह कब असम्भव है?

४—एक ⊙ खींचो जिसकी त्रिज्या दी हो तथा जो दो दिए हुए बिन्दुओं में से होकर जाय। यह कब असम्भव है?

प्रमेय ३९

यदि एक वृत्त के अन्दर के किसी बिन्दु से वृत्त की परिधि तक दो से अधिक समान रेखायें खींची जा सकती हों, तो वह बिन्दु वृत्त का केन्द्र होगा।

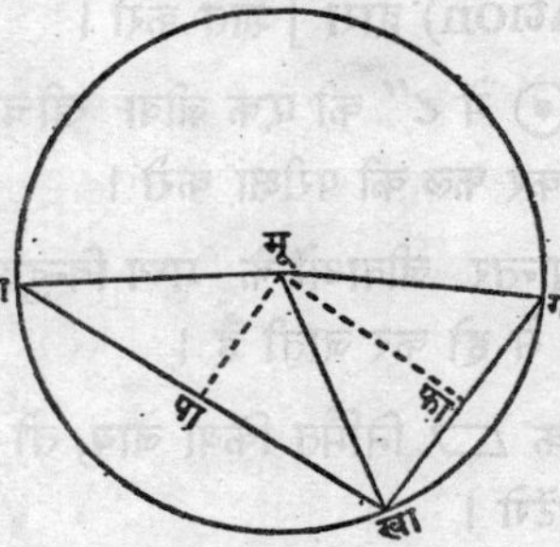

मान लो कि का खा गा एक वृत्त है और उसके अन्दर मू ऐसा बिन्दु है, जिससे परिधि तक दो से अधिक समान रेखायें (मू का, मू खा, मू गा) खींची गई हैं।

तो सिद्ध करना है कि मू वृत्त का केन्द्र है।

रचना : का खा, खा गा को मिला दो।

मान लो कि जीवाओं का खा, खा गा के मध्य बिन्दु पा, फा है।

मू पा, मू फा को भी मिला दो।

उपपत्ति : △ मू फा खा, △ मू फा गा में—

∵ { खा फा = फा गा (रचना से)
मू फा सामान्य है,
और मू खा = मू गा (परिकल्पना से) }

∴ △ मू फा खा ≡ △ मू फा गा

∴ ∠ मू फा खा = ∠ मू फा गा

परन्तु ये संलग्न कोण हैं,

∴ ∠ मू फा खा = ∠ मू फा गा = ९०°

अतः फा मू, जीवा खा गा की लम्बार्धक है।

∴ फा मू केन्द्र में से होकर जाती है।

इसी प्रकार हम सिद्ध कर सकते हैं कि पा मू भी केन्द्र में से होकर जाती है।

∴ पा मू और फा मू का एकमात्र सामान्य बिन्दु मू वृत्त का केन्द्र होगा।

प्रश्नावली ४९

१—एक वृत्त की दो समान्तर जीवायें क्रमशः ४ सें॰ मी॰ और ६ सें॰ मी॰ हैं। उनके बीच की दूरी १·५ सें॰ मी॰ है। त्रिज्या [नाप और परिकलन (Calculation) द्वारा] ज्ञात करो।

२—६″ की त्रिज्या वाले ⊙ में ८″ की एक जीवा खींचकर केन्द्र से उसकी दूरी निकालो। नाप कर फल की परीक्षा करो।

३—किसी वृत्त की दो समान्तर जीवाओं के मध्य बिन्दुओं को मिलाने वाली रेखा वृत्त के केन्द्र में से हो कर जाती है।

४—यदि किसी वृत्त में एक ▱ निर्मित किया जाय, तो उसके विकर्ण एक दूसरे को केन्द्र पर काटेंगे।

५—एक वृत्त की दो छेदक जीवायें एक-दूसरे की अर्धक तभी हो सकती हैं, जब वे उस वृत्त के व्यास हों।

६—⊙के अन्दर निर्मित कोई समान्तर चतुर्भुज एक आयत होता है।

प्रमेय ४०

किसी वृत्त के केन्द्र से समान जीवाओं की दूरी समान होती है।

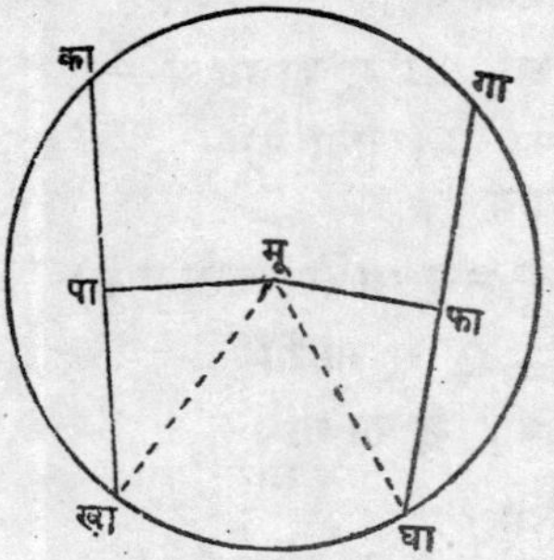

मान लो कि **का खा** और **गा घा** एक वृत्त की (जिसका केन्द्र **मू** है) समान जीवायें हैं और **मू पा**, **मू फा**, उनपर केन्द्र से लम्ब डाले गए हैं,

तो सिद्ध करना है कि **मू पा** = **मू फा**।

रचना : **मू खा**, **मू घा** को मिलाओ।

उपपत्तिः ∵ मू पा ⊥ का खा,

∴ पा, का खा का मध्य बिन्दु है ।

अर्थात् खा पा = $\frac{1}{2}$ का खा

इसी प्रकार घा फा = $\frac{1}{2}$ गा घा

परन्तु का खा = गा घा (परिकल्पना से)

∴ खा पा = घा फा

अब △ मू खा पा, △ मू घा फा में—

∵ { ∠ मू पा खा = ∠ मू फा घा = ९०°,
कर्ण मू खा = कर्ण मू घा,
और खा पा = घा फा }

∴ △ मू खा पा ≡ △ मू घा फा

∴ मू पा = मू फा

प्रमेय ४० का विलोम

किसी वृत्त में केन्द्र से समान दूरी वाली जीवायें समान होती हैं ।

उपप्रमेय :

१—समान वृत्तों में केन्द्रों से समान जीवाओं की दूरियाँ समान होती हैं ।

२—उपप्रमेय १ का विलोम ।

३—किसी वृत्त की समान जीवाओं के मध्य बिन्दुओं का बिन्दुपथ एक संकेन्द्र वृत्त होता है ।

प्रश्नावली ५०

१—यदि दो प्रतिछेदक जीवाय अपने कटान बिन्दु में से होकर जाने वाले व्यास के साथ समान कोण बनायें, तो वे समान होंगी ।

२—यदि किसी ⊙ में दो समान जीवायें एक दूसरे को काटें, तो एक के दोनों भाग दूसरी के संगत भागों के समान होंगे ।

३—दो संकेन्द्र वृत्तों में से बड़े वृत्त की वे जीवायें जो छोटे वृत्त को स्पर्श करें, समान होंगी ।

४—किसी वृत्त का एक व्यास पा फा है और का खा उसमें एक स्थिर जीवा है । पा और फा से का खा पर डाले गए लम्बों का योग (या अन्तर) सदा एक-सा रहेगा, चाहे पा फा किसी भी स्थिति में हो ।

५—प्रश्न १ का विलोम सिद्ध करो ।

६—एक वृत्त में एक जीवा खींचो जो एक दी हुई रेखा पा फा (व्यास से छोटी) के बराबर हो और एक अन्य रेखा बा भा के समान्तर हो।

प्रमेय ४१

किसी वृत्त में जो जीवा केन्द्र के समीपतर होगी वह अधिक दूरवाली जीवा से बड़ी होगी।

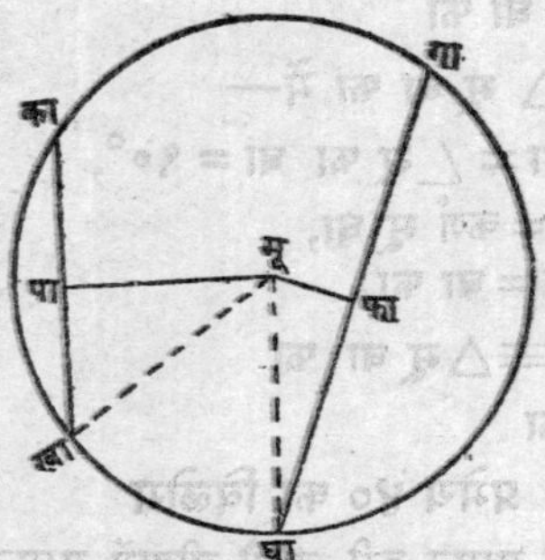

मान लो कि का खा और गा घा एक वृत्त की (जिसका केन्द्र मू है) दो जीवायें हैं और मू पा, मू फा उन पर केन्द्र से गिराये गए लम्ब हैं। का खा की अपेक्षा गा घा केन्द्र के अधिक समीप है अर्थात् मू फा $<$ मू पा।

तो यह सिद्ध करना है कि गा घा $>$ का खा।

रचना : मू खा, मू घा को मिला दो।

उपपत्तिः $\because$ मू पा $\perp$ का खा

$\therefore$ पा, का खा का मध्य बिन्दु है

अर्थात् खा पा $= \frac{1}{2}$ का खा

इसी प्रकार घा फा $= \frac{1}{2}$ गा घा

अब मू खा $=$ मू घा

$\therefore$ मू खा^{2} $=$ मू घा^{2}।

अर्थात् मू पा^{2} $+$ खा पा^{2} $=$ मू फा^{2} $+$ घा फा^{2}

परन्तु मू फा^{2} $<$ मू पा^{2}

अतः घा फा^{2} $>$ खा पा^{2}

$\therefore$ घा फा $>$ खा पा

$\therefore$ गा घा $>$ का खा।

प्रमेय ४१ का विलोम

किसी वृत्त में बड़ी जीवा, छोटी की अपेक्षा केन्द्र के अधिक समीप होती है। [उपपत्ति प्रमेय ४१ की ही भाँति है।]

उपप्रमेय : वृत्त की सबसे बड़ी जीवा उसका व्यास होती है। [यह सिद्ध करो कि व्यास किसी भी अन्य जीवा से बड़ा होता है।]

प्रश्नावली ५१

१—किसी वृत्त में एक जीवा के मध्य बिन्दु के मध्यात् खींची गई कोई भी जीवा उस जीवा से सदा बड़ी ही होगी।

२—किसी वृत्त में का खा एक स्थिर जीवा है। पा फा एक और जीवा है जिसका मध्यबिन्दु बा, का खा पर स्थित है। पा फा की अधिक से अधिक और कम से कम लंबाई क्या हो सकती है ?

सिद्ध करो कि ज्यों ज्यों बा, का खा के मध्यबिन्दु की ओर अग्रसर होता है पा फा की लम्बाई बढ़ती जाती है।

३—किसी वृत्त में एक निर्दिष्ट बिन्दु (केन्द्र के अतिरिक्त) के मध्यात् छोटी से छोटी जीवा खींचो।

४—एक वृत्त की त्रिज्या २·५" है। का खा, गा बा दो समान्तर जीवायें हैं। इनके बीच की दूरी ३·९" है। यदि का खा = १·४" तो गा बा की लम्बाई बताओ।

५—यदि किसी ⊙ में केन्द्र के अतिरिक्त किसी भीतरी बिन्दु से परिधि तक ऋजु रेखायें खींची जायँ; तो उनमें सबसे बड़ी वह होगी जो केन्द्र के मध्यात् जायगी और सबसे छोटी वह होगी जो उसी व्यास का शेष भाग होगी।

अन्य दो ऐसी रेखाओं में से उक्त व्यासके साथ बड़ा कोण बनाने वाली रेखा छोटी होगी।

६—यदि किसी बाह्य बिन्दु से किसी वृत्तकी परिधि तक ऋजु रेखायें खींची जायँ, तो उनमें सबसे बड़ी वह होगी जो केन्द्र के मध्यात् जाये और सबसे छोटी वह होगी जो बढ़ाई जाने पर केन्द्र में से हो कर जाये।

अन्य दो ऐसी रेखाओं में से उक्त व्यास के साथ बड़ा कोण बनाने वाली रेखा छोटी होगी।

७—किसी वृत्त की परिधि के किसी बिन्दु से खींची गई जीवाओं में सबसे बड़ी वह होगी जो केन्द्र में से होकर जाय।

किन्हीं भी अन्य ऐसी दो रेखाओं में से छोटी वह होगी जो उक्त व्यास के साथ बड़ा कोण बनाये।

८—वे वृत्त जो एक स्थिर बिन्दु में से होकर जाते हैं और जिनके केन्द्र संरेख होते हैं, एक दूसरे स्थिर बिन्दु में से भी होकर जाते हैं।

९—दो प्रतिच्छेदक वृत्तों के कटान बिन्दुओं के मध्यात् वृत्तों की परिधि तक खींची गई समान्तर रेखायें समान होती हैं।

१०—ऐसी सबसे बड़ी और सबसे छोटी रेखायें ज्ञात करो, जिनका एक-एक सिरा ऐसे दो वृत्तों की परिधियों पर हो जो एक दूसरे को नहीं काटते।

११—दो प्रतिच्छेदक वृत्तों के एक कटान बिन्दु से खींची गई रेखाओं में सबसे बड़ी वह होती है जो केन्द्र रेखा के समान्तर हो।

१२—यदि दो प्रतिच्छेदक वृत्तों को सामान्य जीवा के समान्तर खींची गई कोई रेखा काटती है, तो उसके वे भाग जो परिधियों के बीच में पड़ते हैं समान होते हैं।

१३—दो प्रतिच्छेदक वृत्तों के किसी कटान बिन्दु के मध्यात् खींची गई कोई भी दो रेखायें, जो सामान्य जीवा के साथ समान कोण बनाती हैं और परिधियों पर समाप्त होती हैं, परस्पर समान होती हैं।

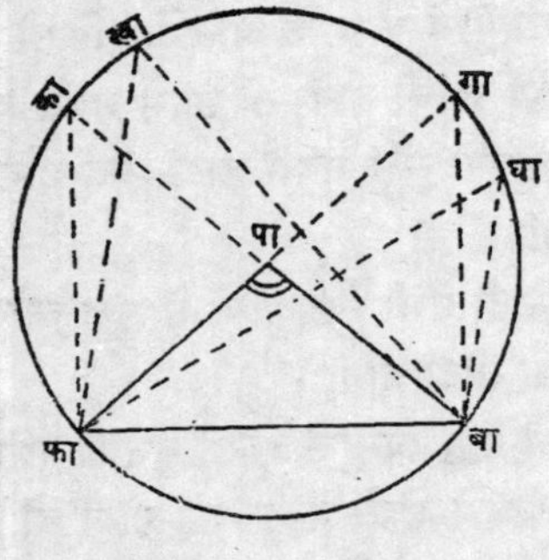

१४—एक समद्विबाहु △ पा फा बा बनाओ जिसका शीर्ष कोण पा १००° का हो। केन्द्र पा तथा त्रिज्या पा फा लेकर एक वृत्त खींचो। इस वृत्त की परिधि पर का, खा, गा, घा,... कई बिन्दु फा बा के उसी ओर

लो जिस ओर पा है। फा बा द्वारा का, खा, गा, घा,...पर छेके हुए कोण नापकर दिखाओ कि वे सब ५०° के हैं।

इससे तुम क्या फल निकाल सकते हो ?

प्रमेय ४२

किसी वृत्त का कोई चाप परिधि के किसी बिन्दु पर, जो कोण छेकता है, वह केन्द्र पर बने संगत कोण का आधा होता है।

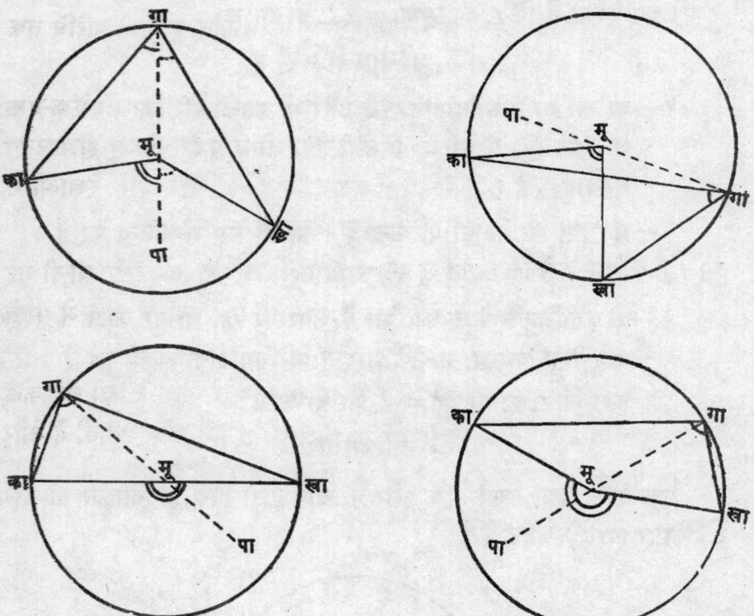

मान लो कि का खा गा कोई वृत्त है जिसका केन्द्र मू है। ∠का मू खा केन्द्र पर बना कोण है और ∠का गा खा परिधि पर बना कोण। दोनों कोण चाप का खा पर खड़े हैं।

तो सिद्ध करना है कि ∠का मू खा = २∠का गा खा।

रचना : गा मू को मिलाकर किसी बिन्दु पा तक बढ़ाओ।

उपपत्ति : △का मू गा में—

मू गा = मू का

∴ ∠मू का गा = ∠मू गा का

∴ ∠मू गा का + ∠मू का गा = २∠मू गा का।

परन्तु बाह्यकोण का मू पा = ∠मू गा का + ∠मू का गा = २∠मू गा का......(१)

इसी प्रकार, ∠खा मू पा = २∠मू गा खा........................(२)

अब, इन फलों को जोड़ने से (आकृति १, ३, ४ में) या घटाने से (आकृति २ में) हम देखते हैं कि ∠का मू खा = २∠का गा खा।

प्रश्नावली ५२

१—का खा गा एक समबाहु △ है और मू उसका परिकेन्द्र। का मू बढ़ाई जाने पर ⊙ से घा में मिलती है। सिद्ध करो कि मू खा घा एक समबाहु △ है।

२—मू △ पा फा बा का परिकेन्द्र है। फा बा का मध्यबिन्दु का है। सिद्ध करो कि ∠फा मू का = ∠पा।

३—दो वृत्त जिनके केन्द्र का, खा हैं; परस्पर गा, घा पर काटते हैं। एक ऋजु रेखा चा छा, गा के मध्यात् परिधियों तक खींची गई है। सिद्ध करो कि ∠का गा खा = ∠चा घा छा।

परिभाषायें

एक जीवा तथा उसके एक ओर के चाप द्वारा घिरी हुई आकृति को खण्ड (Segment) कहते हैं।

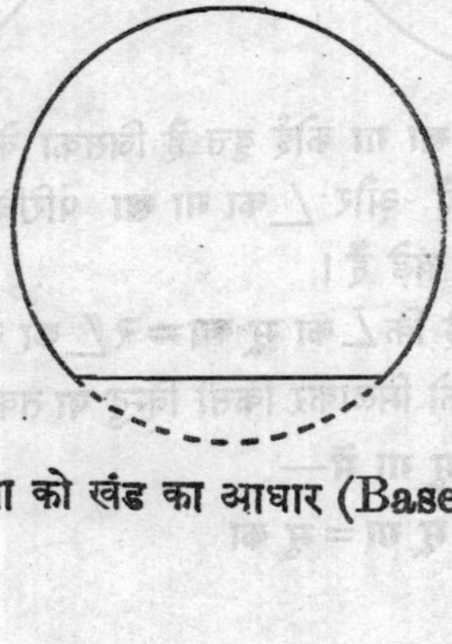

कभी-कभी इस जीवा को खंड का आधार (Base) भी कहते हैं।

दीर्घ तथा ह्रस्व चाप के अनुसार खण्ड भी दीर्घ तथा ह्रस्व कहलाते हैं।

खण्ड का कोण (Angle in a Segment) उस कोण को कहते हैं, जो चाप के सिरों को वृत्त खण्ड की परिधि के किसी भी बिन्दु से मिलाने से बनता है।

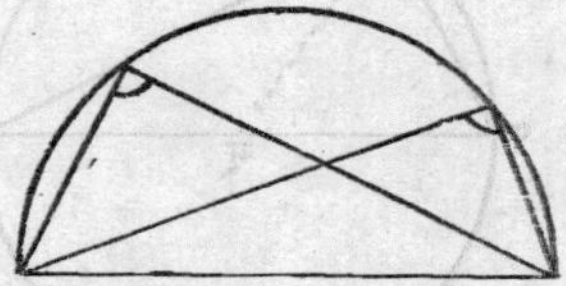

वृत्त की दो त्रिज्याओं तथा उनके बीच के चाप से घिरी आकृति को **द्वैत्रिज्य** (Sector) कहते हैं।

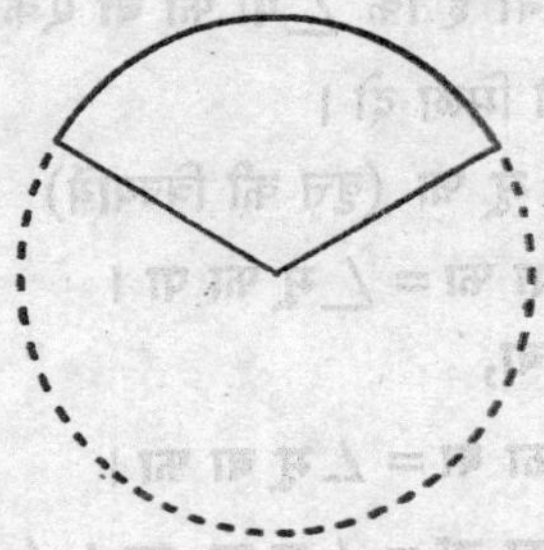

साधारणतः किन्हीं भी तीन बिन्दुओं के मध्यात् एक वृत्त खींचा जा सकता है। परन्तु कभी-कभी एक वृत्त तीन से अधिक बिन्दुओं के मध्यात् भी खींचा जा सकता है। यदि चार या अधिक बिन्दु इस प्रकार स्थित हों कि उनके मध्यात् एक वृत्त खींचा जा सके, तो वे बिन्दु **एकवृत्तीय** (Concyclic) कहलाते हैं।

जब कोई चतुर्भुज ऐसा हो कि उसके चारों शीर्षों के मध्यात् एक वृत्त खींचा जा सके, तो वह **एक वृत्तीय चतुर्भुज** (Cyclic Quadrilateral) कहलाता है।

प्रमेय ४३

अर्धवृत्त का कोण एक लम्बकोण होता है।

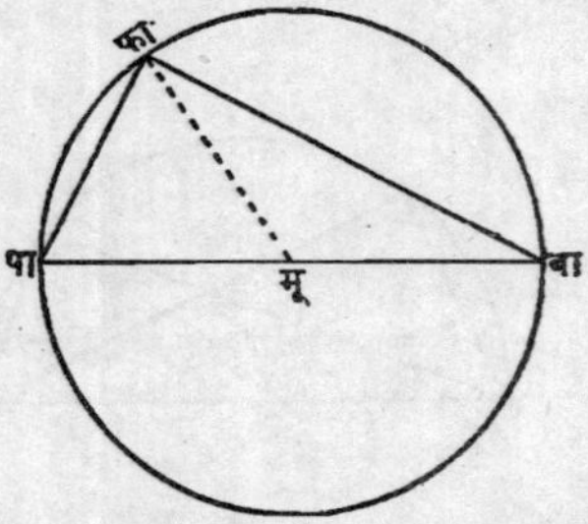

मान लो कि पा फा बा एक ⊙ का केन्द्र मू है और पा बा एक व्यास। अर्धपरिधि पा फा बा पर फा कोई बिन्दु है।

तो यह सिद्ध करना है कि ∠पा फा बा एक लम्बकोण है।

रचना : मू फा को मिला दो।

उपपत्तिः मू पा = मू फा (वृत्त की त्रिज्यायें)

∴ ∠मू पा फा = ∠मू फा पा।

और मू फा = मू बा,

∴ ∠मू फा बा = ∠मू बा फा।

∴ ∠पा फा बा = ∠मू पा फा + ∠मू बा फा।

परन्तु एक △ के तीनों कोणों का योग दो लम्ब कोण होता है,

∴ ∠पा फा बा = $\frac{1}{2}$ (२ लम्ब कोण)

= १ लम्ब कोण।

उपप्रमेय :

१—अर्धवृत्त से बड़े वृत्तखण्ड का कोण एक लम्बकोण से छोटा होता है।

२—अर्धवृत्त से छोटे वृत्तखण्ड का कोण एक लम्ब कोण से बड़ा होता है।

३—लम्ब कोण के कर्ण को व्यास मानकर खींचा गया वृत्त लम्ब कोण वाले शीर्ष में से होकर जायगा।

प्रश्नावली ५३

२—एक वृत्त का व्यास का खा है। दूसरा वृत्त जिसका केन्द्र का है पहले को गा, घा पर काटता है। सिद्ध करो कि खा गा, खा घा क्रमशः का गा, का घा पर लम्ब हैं।

[खा गा, खा घा दूसरे वृत्त के स्पर्शी (Tangents) कहलायेंगे।]

२—एक समद्विबाहु △ की एक भुजा को व्यास मानकर एक वृत्त खींचा गया है। सिद्ध करो कि आधार का मध्य बिन्दु उस वृत्त की परिधि पर स्थित होगा।

३—सिद्ध करो कि समचतुर्भुज की चारों भुजाओं का व्यास मानकर खींचे गये वृत्त एक स्थिर बिन्दु में से होकर जाते हैं।

४—एक △ की दो भुजाओं को व्यास मानकर वृत्त खींचे गये हैं। सिद्ध करो कि वे तीसरी भुजा पर एक ही बिन्दु में एक दूसरे को काटेंगे।

[आवश्यकतानुसार तीसरी भुजा बढ़ाई भी जा सकती है।]

५—दो वृत्त पा, फा पर काटते हैं। पा से प्रत्येक वृत्त का एक-एक व्यास पा बा, पा भा खींचा गया है। सिद्ध करो कि बा फा भा एक ऋजु रेखा है।

६—का खा, का गा दो प्रतिच्छेद रेखायें हैं। का खा ⊥ का गा। का खा, का गा के बीच में एक छड़ पा फा सरकाई जाती है। पा फा के मध्यबिन्दु का बिन्दुपथ बताओ।

७—एक चर रेखा (Variable line) एक स्थिर बिन्दु में से होकर जाती है। एक दूसरे स्थिर बिन्दु से इस रेखा पर लम्ब डाले गये हैं। इन लम्बों के मूलों (Feet) का बिन्दुपथ बताओ।

८—एक ⊙ के अन्दर एक स्थिर बिन्दु था है। था के मध्यात् जाने वाली जीवाओं के मध्य बिन्दुओं का बिन्दु पथ ज्ञात करो।

उन दशाओं पर भी विचार करो जब था परिधि पर या उसके बाहर स्थित हो।

९—प्रमेय ४२ की सहायता से प्रमेय ४३ की दूसरी उपपत्ति दो।

प्रमेय ४४

वृत्त के किसी खण्ड के समस्त कोण समान होते हैं ।

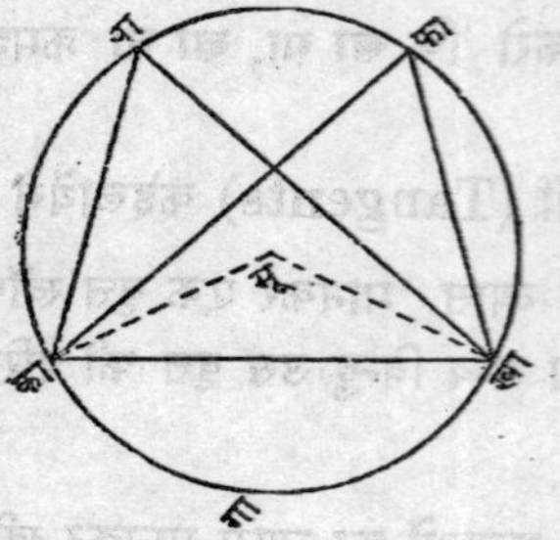

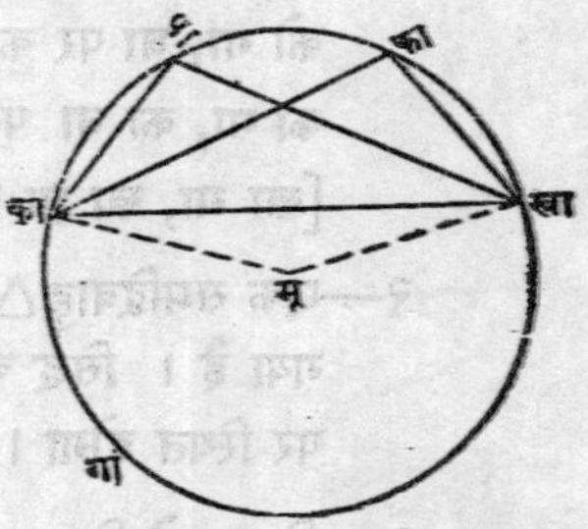

मान लो कि का पा खा और का फा खा एक ही वृत्तखण्ड का पा फा खा के कोण हैं । वृत्त का पा फा खा का केन्द्र मू है ।

तो सिद्ध करना है कि ∠का पा खा = ∠का फा खा ।

रचना : का मू, खा मू को मिला दो ।

उपपत्ति : केन्द्र पर का कोण का मू खा = २ (परिधि पर का कोण का पा खा) ।
(क्योंकि दोनों एक ही चाप का गा खा पर खड़े हैं ।)

इसी प्रकार, ∠का मू खा = २∠का फा खा ।

∴ ∠का पा खा = ∠का फा खा ।

टिप्पणी : स्पष्ट है कि वृत्त खण्ड के अर्धवृत्त से बड़े या छोटे होने से उपपत्ति में कोई अन्तर नहीं पड़ता ।

उपप्रमेय :

१. अर्धवृत्त के सब कोण लम्ब कोण होते हैं ।

२. एक आधार के एक ही ओर बने और समान शीर्ष कोणों वाले त्रिभुज के शीर्षों का बिन्दुपथ एक ऐसे वृत्त का चाप होता है, जो उस आधार पर खड़ा हो ।

प्रमेय ४४ का विलोम

यदि दो बिन्दुओं की योजक रेखा के एक ही ओर दो समान कोण बनाये जायें, तो वे चारों बिन्दु (दो शीर्ष बिन्दु तथा दो निर्दिष्ट बिन्दु) एक ऐसे वृत्त पर स्थित होंगे, जिसका आधार एक जीवा होगी ।

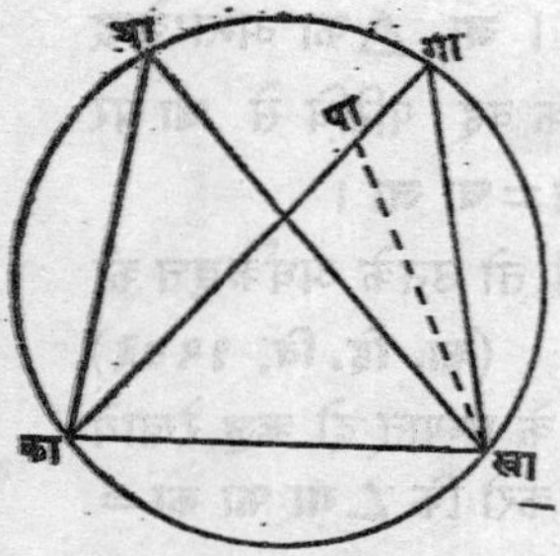

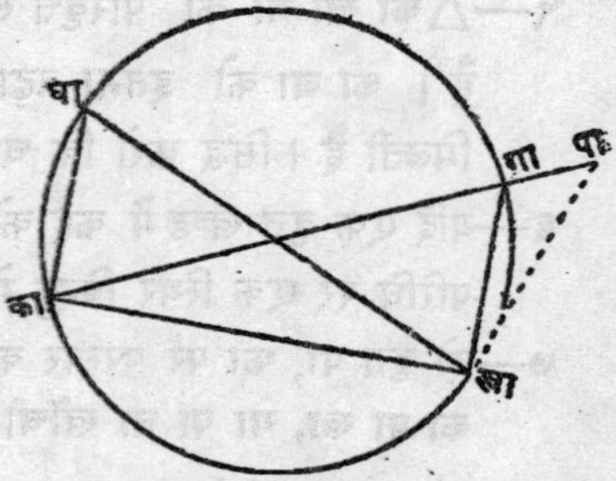

मान लो कि का घा खा और का गा खा दो समान कोण एक ही आधार का खा के एक ही ओर खड़े हैं।

तो यह सिद्ध करना है कि घा और गा एक ऐसे वृत्त पर स्थित हैं जिसकी का खा एक जीवा है।

कल्पना करो कि घा का खा एक ⊙ है जो का, खा, घा में से होकर जाता है और का गा (या बढ़ी हुई का गा) को पा पर काटता है।

रचना : पा खा को मिला दो।

उपपत्ति : ∠का घा खा = ∠का पा खा (एक ही वृत्त खण्ड के कोण हैं)

परन्तु ∠का घा खा = ∠का गा घा (परिकल्पना से)

∴ ∠का पा खा = ∠का गा खा।

और यह तब तक असंभव है, जब तक पा और गा संपाती नहीं हो जाते।

∴ हमारी कल्पना असंगत है।

∴ का, खा, घा के मध्यात् जाने वाला ⊙ गा में से भी होकर जाता है।

प्रश्नावली ५४

१—(अ) प्रमेय ४४ के चित्र (२) में यदि का फा और खा पा का कटान-बिन्दु बा हो और ∠फा बा खा = य° तथा ∠फा खा बा = र° दिया हो, तो ∠का पा खा और पुनर्युक्त ∠का मू खा के मान बताओ।

(आ) चित्र (१) में ∠का पा खा = ल°। ∠का फा खा, ∠का मू खा, ∠मू का खा के मान क्या हैं।

२—ज्ञात आधार तथा ज्ञात शीर्ष कोण वाले △ के शीर्ष का बिन्दुपथ ज्ञात करो।

३—चित्र (१) में सिद्ध करो कि ∠मू का खा = ९०° − ∠का फा खा।

४—आधार पा फा पर खड़े वृत्त खण्ड पर बा कोई बिन्दु है। दर्शाओ कि ∠बा पा फा + ∠बा फा पा = क, जिसमें क अचर है।

५—△का खा गा का परिवृत्त खींचा गया है। जा, △का अन्तःकेन्द्र है। का जा को इतना बढ़ाया गया है कि वह परिधि से चा पर मिलती है। सिद्ध करो कि चा खा = चा गा = चा जा।

६—यदि एक वृत्त खण्ड में कई कोण बनाये जायें, तो उनके अर्धक वृत्त की परिधि पर एक स्थिर बिन्दु में मिलेंगे। (का. हि. वि. १९४३)

७—दो वृत्त पा, फा पर परस्पर काटते हैं। पा के मध्यात् दो ऋजु रेखायें का पा खा, गा पा घा खींची गई हैं। सिद्ध करो कि ∠गा फा का = ∠घा फा खा।

८—पा फा, बा भा ⊙ की दो समान प्रतिच्छेदक जीवायें हैं। उनका कटान-बिन्दु मा है। सिद्ध करो कि △पा मा बा ≡ △भा मा फा।

९—△या रा ला के कोणों के अर्धक उसके परिवृत्त की परिधि से पा, फा, बा में मिलते हैं। सिद्ध करो कि:—

$$\angle \text{पा} = 90^\circ - \frac{\text{या}}{2}, \angle \text{फा} = 90^\circ - \frac{\text{रा}}{2} \text{ और } \angle \text{बा} = 90^\circ - \frac{\text{ला}}{2}$$

१०—का खा एक वृत्त की स्थिर जीवा है और पा परिधि पर कोई बिन्दु। सिद्ध करो कि ∠का पा खा का अर्धक दो स्थिर बिन्दुओं में से एक में होकर अवश्य जायगा।

११—दो वृत्त या, रा पर परस्पर काटते हैं। या के मध्यात् का या पा एक ऋजु रेखा खींची गई है। सिद्ध करो कि ∠का रा पा का मान अचर है।

प्रमेय ४५

वृत्तीय चतुर्भुज के सम्मुख कोण ऋजुपूरक होते हैं।

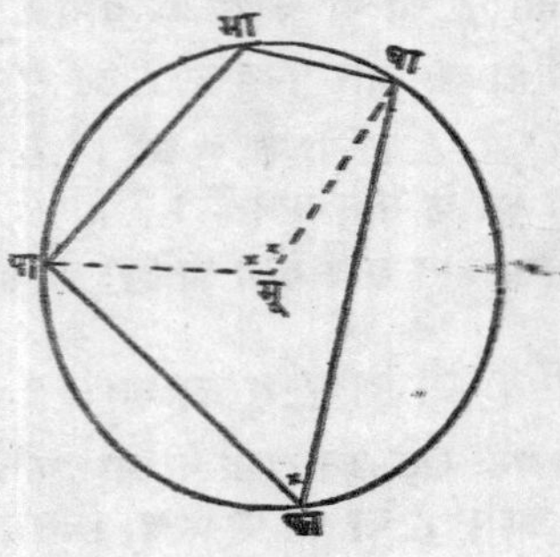

मान लो कि चतुर्भुज पा फा बा भा का परिगत ⊙ पा फा बा भा है, जिसका केन्द्र मू है ।

तो सिद्ध करना है कि ∠फा + ∠भा = १८०° और ∠पा + ∠बा = १८०° ।

रचना : मू पा, मू बा को मिला दो ।

उपपत्ति : परिधि का ∠भा = ½ (केन्द्र का पुनर्युक्त ∠पा मू बा)

[दोनों एक ही चाप पा फा बा पर खड़े हैं ।]

इसी प्रकार, ∠फा = ½ ∠पा मू बा ।

∴ फा + भा = ½ (∠पा मू बा + उपर्युक्त ∠पा मू बा)

= ½ × ३६०°,

= १८०° ।

इसी प्रकार, ∠पा + ∠बा = १८०° ।

प्रमेय ४५ का विलोम

यदि किसी चतुर्भुज के सम्मुख कोण ऋजुपूरक हों, तो चतुर्भुज वृत्तीय होगा ।

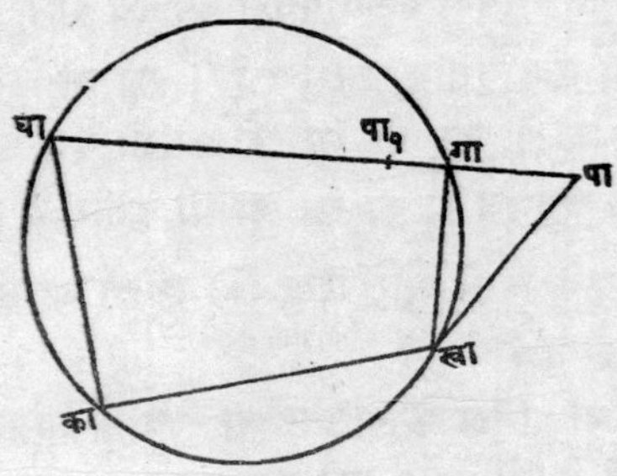

मान लो कि का खा गा घा एक चतुर्भुज है जिसके सम्मुख कोण ऋजु-पूरक हैं । तो यह सिद्ध करना है कि चतुर्भुज वृत्तीय है ।

मान लो कि ⊙ घा का खा, घा गा (या बढ़ी हुई घा गा) को पा पर काटता है ।

रचना : खा पा को मिला दो ।

उपपत्ति : का खा पा घा एक वृत्तीय चतुर्भुज है

∴ ∠का खा पा = ∠का घा पा का ऋजुपूरक

परन्तु ∠ का खा गा = ∠ का घा पा का ऋजुपूरक (परिकल्पना से)

∴ ∠ का खा गा = ∠ का खा पा ।

यह तभी संभव है जब गा और पा संपाती हो जावें ।

∴ वृत्त घा का खा, गा में से होकर जाता है ।

अर्थात् बिन्दु का, खा, गा, घा एकवृत्तीय हैं ।

उपप्रमेय :

१—यदि किसी वृत्तीय चतुर्भुज की एक भुजा बढ़ाई जाय तो इस प्रकार बना बाह्य कोण सम्मुख अन्तःकोण के समान होगा ।

२—उपप्रमेय १ का विलोम ।

प्रश्नावली ५५

१—प्रमेय ४५ के चित्र में पा बा, फा भा को मिला दो और प्रमेय ४४ की सहायता से प्रमेय ४५ की दूसरी उपपत्ति दो ।

२—पा फा बा भा एक वृत्तीय चतुर्भुज है । फा बा के समान्तर का खा खींची गई है जो पा फा, बा भा को क्रमशः का, खा में काटती है । सिद्ध करो कि चतुर्भुज पा का खा भा भी वृत्तीय है ।

३—यदि एक ▱ के चारों ओर एक ⊙ खींचा जा सके, तो वह ▱ एक आयत होगा ।

४—समद्विबाहु △ था रा ला के आधार रा ला के समान्तर एक रेखा पा फा खींची गई है जो ल, र को क्रमशः पा, फा में काटती है । सिद्ध करो कि चतुर्भुज पा फा ला रा वृत्तीय है ।

५—किसी वृत्तीय चतुर्भुज के एक अन्तःकोण तथा उसके सम्मुख बाह्य कोण के अर्धक परिधि पर मिलते हैं ।

६—का खा, का गा एक वृत्त की दो समान जीवायें हैं । का पा, का फा दो अन्य जीवायें हैं जो खा गा को क्रमशः बा, भा पर काटती है । सिद्ध करो कि बिन्दु पा, फा, बा, भा एकवृत्तीय है ।

प्रमेय ४६

समान वृत्तों में (या एक ही वृत्त में) जो चाप केन्द्र पर समान कोण बनाते हैं, समान होते हैं।

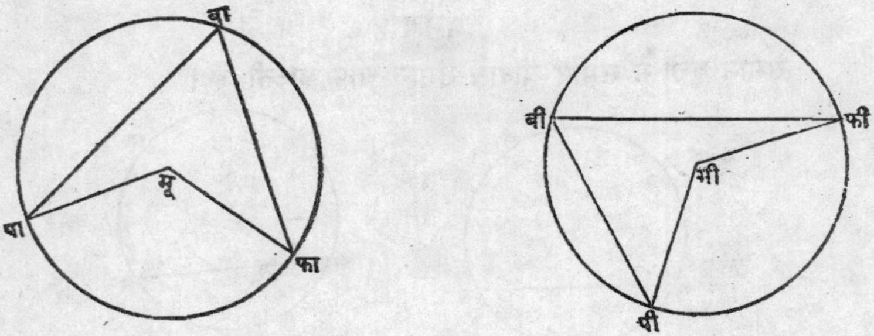

मान लो कि पा फा बा और पी फी बी दो समान ⊙ हैं जिनके केन्द्र क्रमशः मू और मी हैं और ∠पा मू फा = ∠पी मी फी।

तो सिद्ध करना है कि चाप पा फा = चाप पी फी।

उपपत्ति : ⊙ पा फा बा को ⊙ पी फी बी पर इस प्रकार रक्खो कि केन्द्र मू, केन्द्र मी पर पड़े और मू फा पड़े मी फी पर।

अब ∵ मू फा = मी फी,

∴ फा, फी पर पड़ेगा।

और ∵ ∠ पा मू फा = ∠पी मी फी

∴ मू पा, मी पी पर पड़ेगी।

फिर, ∵ मू पा = मी पी

∴ पा, पी पर पड़ेगा।

अतः चाप पा फा, चाप पी फी को अध्यारोपित कर लेगा

अर्थात् चाप पा फा = चाप पी फी।

प्रमेय ४६ का विलोम

समान वृत्तों में (या एक ही वृत्त में) समान चाप केन्द्र पर समान कोण छेकते हैं।

टिप्पणी : जो प्रमेय समान वृत्तों के विषय में सत्य है, वह एक ही वृत्त के विषय में भी सत्य होगा यह स्पष्ट

उपप्रमेय :

१. समान वृत्तों में जो चाप परिधि पर समान कोण बनाते हैं समान होते हैं।

२. उपप्रमेय १ का विलोम।

३. समान वृत्तों में समान खण्डों के कोण समान होते हैं।

प्रमेय ४७

समान वृत्तों में समान जीवायें समान चाप काटती हैं।

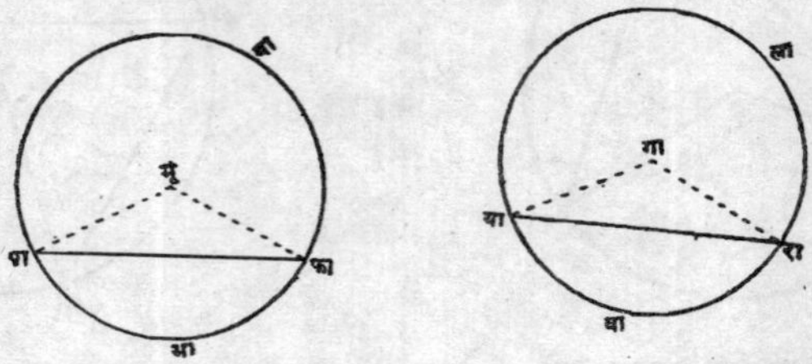

मान लो कि दो समान वृत्त पा भा फा बा, या वा रा ला दिए हैं जिसमें जीवा पा फा = जीवा या रा।

तो सिद्ध करना है कि चाप पा भा फा = चाप या वा रा, और चाप पा बा फा = चाप या ला रा।

मान लो कि वृत्तों के केन्द्र क्रमशः मू, गा है।

रचना : मू पा, मू फा, गा या, गा रा को मिला दो।

उपपत्ति : △ मू पा फा, △ गा या रा में :—

मू पा = गा या = मू फा = गा रा और पा फा = या रा

∴ △ सर्वांगसम हैं।

∴ ∠ पा मू फा = ∠ या गा रा

∴ चाप पा भा फा = चाप या वा रा ....(१)

परन्तु परिधि पा भा फा बा = परिधि या वा रा ला (∵ वृत्त समान हैं)

∴ चाप पा बा फा = चाप या ला रा ....(२)

प्रमेय ४७ का विलोम

समान वृत्तों में समान चापों को मिलाने वाली जीवायें समान होती हैं।

टिप्पणी : उपर्युक्त प्रमेय तथा उसका विलोम हम अध्यारोपण क्रिया द्वारा भी सिद्ध कर सकते हैं।

उपप्रमेय :

१—समान वृत्तों में समान जीवायें केन्द्रों पर समान कोण छेंकती है।

२—समान वृत्तों में समान जीवाओं पर खड़े खण्ड समान होते हैं।

प्रश्नावली ५६

१—बिन्दु का, पा, दा, धा, फा एक वृत्त की परिधि पर स्थित हैं। चाप का पा = चाप पा दा और चाप का फा = चाप फा धा। सिद्ध करो कि ऋजु रेखा पा फा, का दा और का धा के साथ समान कोण बनाती है।

२—पा फा एक वृत्त का चाप है। मू, पा फा का मध्य बिन्दु है। यदि चाप पा फा पर बा कोई बिन्दु हो तो मू बा, ∠पा बा फा की बाह्यार्धक होगी।

३—यदि दो वृत्तों में दो समान चाप केन्द्रों पर समान कोण बनावें, तो वृत्त समान हागे।

४—एक वृत्त की दो जीवायें परिधि पर परस्पर लम्बकोण पर काटती हैं। उनके द्वारा काटे हुए चापों का योग अर्धपरिधि के समान होगा।

५—दो वृत्त पा, फा पर परस्पर काटते हैं। यदि एक वृत्त की परिधि के किसी बिन्दु बा से पा, फा को मिलाया जायं तो बढ़ाये जाने पर बा पा, बा फा दूसरे वृत्त से एक स्थिर जीवा काटेंगी जिसका बा की स्थिति से कोई सम्बन्ध नहीं होगा।

६—एक वृत्त की दो जीवायें परस्पर काटती हैं। यदि वे कटान बिन्दु में से होकर जाने वाले व्यास के साथ समान कोण बनावें, तो वे परस्पर समान होंगी।

७—पा फा, पा बा एक वृत्त की दो जीवायें हैं। उनके द्वारा काटे गए ह्रस्व चापों के मध्य बिन्दु का, खा हैं। का खा, पा फा को भा तथा पा बा को मा में काटती है। तो सिद्ध करो कि पा भा = पा मा।

८—वृत्त के अन्दर के किसी बिन्दु में से होकर जाने वाली सबसे छोटी जीवा कौन-सी होती है?

९—दो जीवाएँ एक वृत्त के अन्दर परस्पर काटती हैं। उनके द्वारा कटे

चापों के योग के आधे द्वारा केन्द्र पर बना कोण उनके मध्यस्थ कोण के समान होगा ।

१०—दो जीवायें ⊙ के बाहर परस्पर काटती हैं। उनके द्वारा कटे चापों के अन्तर के आधे द्वारा केन्द्र पर बना कोण उनके मध्यस्थ कोण के बराबर होगा ।

११—दो एककेन्द्र (Concentric) वृत्तों में से बड़े की वे जीवायें जो छोटे को स्पर्श करती हैं, समान होती हैं ।

१२—पा फा एक वृत्त की जीवा है। उसके द्वारा काटे गए चापों में से एक पर कोई बिन्दु या है। ∠पा या फा का अर्धक अनुबद्ध चापों को सदा एक ही बिन्दु पर काटेगा ।

१३—दो समान प्रतिच्छेदक वृत्तों के एक कटान बिन्दु पा के मध्यात् दो रेखायें या पा रा और का पा खा खींची गई हैं। सिद्ध करो कि जीवा या का = जीवा या खा ।

१४—दो समान जीवायें एक ⊙ के अन्दर परस्पर काटती हैं। उनके अन्तःखण्ड समान होंगे ।

१५—एक वृत्त के अन्दर एक समद्विबाहु △ पा फा बा बना हुआ है। आधार कोणों फा, बा के अर्धक परिधि से का, खा में मिलते हैं। सिद्ध करो कि आकृति फा खा पा का बा की चार भुजायें समान होंगी ।

१६—उपर्युक्त प्रश्न में यदि आकृति फा खा पा का बा समभुजीय हो जाय, तो △ पा फा बा के कोणों में परस्पर क्या सम्बन्ध होगा ?

१७—एक ⊙ में △ या रा ला बना है। चाप रा ला का मध्यबिन्दु पा है। पा के मध्यात् एक व्यास पा फा खींचा गया है। सिद्ध करो कि ∠या पा फा = $\frac{1}{2}$ (∠रा ~ ∠ला) ।

१८—दो प्रतिच्छेदक वृत्तों के कटान बिन्दुओं के मध्यात् परिधि से परिधि तक दो समान्तर रेखायें खींची गई हैं। सिद्ध करो कि इनके एक ही ओर के सिरों को मिलाने वाली रेखायें बराबर होंगी ।

१९—△ बा रा ला की भुजाओं के मध्य बिन्दु का, खा, गा हैं। या से रा ला पर बा पा लम्ब डाला गया है। सिद्ध करो कि एक वृत्त का, खा, गा और पा में से होकर जायगा।

२०—उपर्युक्त साध्य की सहायता लेकर सिद्ध करो कि किसी △ की भुजाओं के मध्य बिन्दुओं तथा शीर्षों से सम्मुख भुजाओं पर डाले गए लम्बों के मूल एकवृत्तीय होते हैं।

अध्याय १७

स्पर्श (Touch)

परिभाषाएँ :—

वह अपरिमित ऋजु रेखा जो किसी वृत्त को दो बिन्दुओं में काटती है, **छेदिका (Secant)** कहलाती हैं।

स्पर्शी (Tangent) उस अपरिमित ऋजु रेखा को कहते हैं, जो एक वृत्त के केवल एक ही बिन्दु पर मिलती है। इस बात को इस प्रकार भी कहते हैं कि स्पर्शी वृत्त को **स्पर्श (Touch)** करता है। मिलन बिन्दु को **स्पर्श बिन्दु (Point of Contact)** कहते हैं।

यदि छेदिका को इस प्रकार सरकाया जाय कि दोनों कटान बिन्दु एक दूसरे के समीप आते जायें (अर्थात् रेखा वृत्त के केन्द्र से दूरतर होती जाय) तो **सीमा स्थिति (Limiting position)** में दोनों बिन्दु संपाती हो जायेंगे और वह छेदिका वृत्त का स्पर्शी हो जायगी। यह स्पर्शी की दूसरी परिभाषा है।

स्पर्शी की दूसरी परिभाषा की दो विभिन्न व्याख्यायें हैं :—

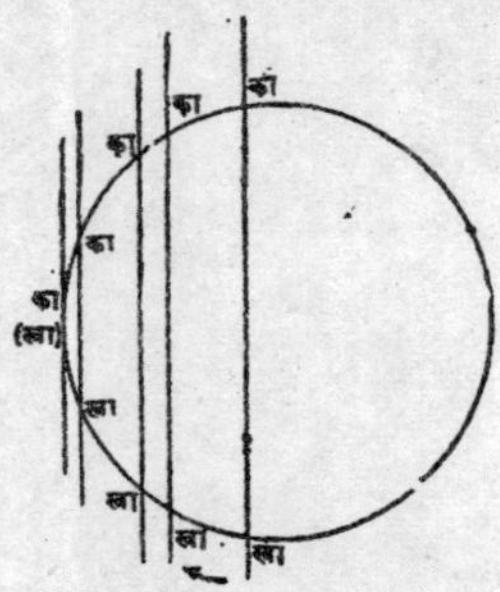

(१) मान लो कि छेदिका **का खा** वृत्त को **का, खा** पर काटती है। धीरे-धीरे वह केन्द्र से दूर हटती जाती है और अपनी विभिन्न स्थितियों में सदा अपनी मूल स्थिति के समान्तर रहती है। तब **का, खा** धीरे-धीरे एक दूसरे की ओर आते हैं और अन्त में एक दूसरे से मिल जाते हैं।

इस चरम स्थिति में ऋजु रेखा का खा एक स्पर्श रेखा हो जाती है।

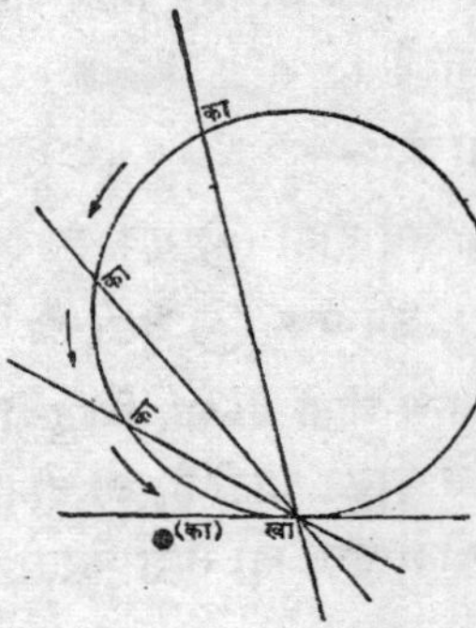

(२) छेदिका का खा, वृत्त को का, खा में काटती है। खा को स्थिर मानकर यदि खा का को खा के प्रति घुमाया जाय तो का खा की चरम स्थिति में का,खा एक हो जाते हैं और का खा एक स्पर्शी हो जाती है।

मान लो कि दो वृत्त एक दूसरे को पा,फा पर काटते हैं (१)। वृत्तों को पा के प्रति इस प्रकार घूमने दो कि फा,पा के समीपतर होता जाय। चरम स्थिति में फा, पा से मिल जायगा (२,३)। ऐसी स्थिति में कहा जाता है कि ⊙ एक दूसरे को पा पर स्पर्श करते हैं। पा दोनों वृत्तों का स्पर्श बिन्दु कहलाता है।

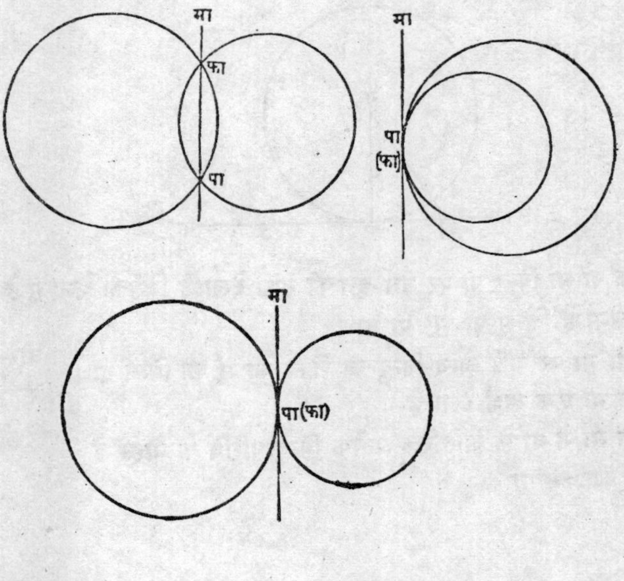

यतः दो वृत्त एक-दूसरे को दो से अधिक बिन्दुओं में नहीं काट सकते, अतएव दो स्पर्शी वृत्तों में एक से अधिक सामान्य बिन्दु नहीं हो सकता। वह बिन्दु उपर्युक्त स्पर्श बिन्दु ही होता है।

वृत्तों का स्पर्श दो प्रकार का होता है :—

(१) बहिस्पर्श (आकृति ३), जब दोनों ⊙ एक-दूसरे के बाहर हों।

(२) अन्तःस्पर्श (आकृति २), जब एक ⊙ दूसरे के अन्दर हों।

दो प्रतिच्छेदक वृत्तों की सामान्य जीवा पा फा, बिन्दुओं पा और फा के मिल जाने पर, दो संपाती बिन्दुओं में से होकर जाती है, जो दोनों वृत्तों पर स्थित हैं। अतः पा फा, सामान्य बिन्दु पर दोनों वृत्तों को स्पर्श करती है। इससे यह फल निकलता है कि—

"दो स्पर्शी वृत्तों की एक स्पर्श रेखा होती है, जो स्पर्श बिन्दु पर दोनों वृत्तों को स्पर्श करती है।"

प्रमेय ४८

किसी वृत्त का कोई स्पर्शी केन्द्र और स्पर्श बिन्दु की योजक रेखा पर लम्ब होता है।

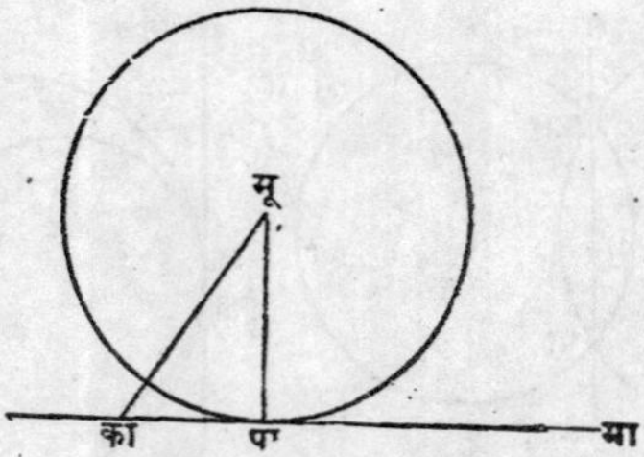

मान लो कि पा मा बिन्दु पा पर उस वृत्त की स्पर्श रेखा है जिसका केन्द्र मू है।
तो सिद्ध करना है कि **मू पा ⊥ पा मा**।

उपपत्ति : पा मा पर कोई अन्य बिन्दु का लेकर का मू को मिला दो।

अब ∵ पा मा एक स्पर्श रेखा है

∴ पा मा में पा के अतिरिक्त प्रत्येक बिन्दु परिधि के बाहर है

∴ मू का > मू पा

और का, पा मा में कोई भी बिन्दु है

∴ मू पा, मू से पा मा की सबसे छोटी दूरी है

अर्थात् मू पा ⊥ पा मा।

उपप्रमेय :

१. किसी वृत्त के किसी बिन्दु पर एक ही स्पर्शी खींचा जा सकता है।

२. स्पर्शी पर, स्पर्श बिन्दु से खींचा गया लम्ब केन्द्र में से होकर जाता है।

३. स्पर्शी केन्द्र से डाला गया ⊥ स्पर्श बिन्दु में से होकर जाता है।

४. एक वृत्त के किसी व्यास के दोनों सिरों पर खींचे गए स्पर्शी समान्तर होते हैं।

प्रश्नावली ५७

१—दो संकेन्द्र वृत्तों में बड़े ⊙ की वे जीवायें जो छोटे वृत्त को स्पर्श करती हैं, समान होता हैं और स्पर्श बिन्दु पर अर्धित होती हैं।

२—किसी वृत्त के किसी व्यास के किसी सिरे पर खींचे गए स्पर्शी के समान्तर खींची गई जीवायें उस व्यास पर अर्धित होती हैं।

३—एक वृत्त का एक स्पर्शी खींचो जो—

(अ) एक दी हुई ऋजु रेखा पर ⊥ हो।

(आ) एक दी हुई ऋजु रेखा के ॥ हो।

४—दो समान्तर रेखाओं को स्पर्श करने वाले वृत्तों के केन्द्रों का बिन्दु पथ निकालो।

५—किसी जीवा के दोनों सिरों पर खींचे गए स्पर्शी बराबर होते हैं।

६—एक दी हुई ऋजु रेखा को एक दिए हुए बिन्दु पर स्पर्श करने वाले वृत्तों के केन्द्रों का बिन्दु पथ बताओ।

७—एक वृत्त की त्रिज्या २·५ सें० मी० है। वृत्त के बिन्दु खा पर एक स्पर्शरेखा का खा खींची गई हैं। का खा की लम्बाई १·५ सें० मी० है। यदि का घा चा, का खा पर ⊥ खींची जाय और परिधि को घा चा में काटे तो का घा तथा घा चा की लम्बाइयाँ परिकलन द्वारा निकालो। नापकर फल की सत्यता प्रमाणित करो।

प्रमेय ४९

किसी बाह्य बिन्दु से खींचे गए किसी वृत्त के दोनों स्पर्शी बराबर होते हैं

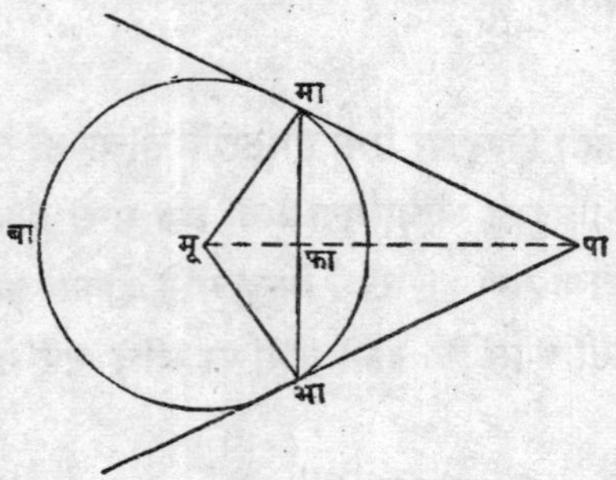

मान लो कि बा भा मा एक वृत्त है जिसका केन्द्र मू है। पा एक बाह्य बिन्दु है। पा से पा मा तथा पा भा दो स्पर्शी खींचे गए हैं, जो वृत्त को मा, भा पर स्पर्श करते हैं।

तो सिद्ध करना है कि पा मा = पा भा

रचना : मू भा, मू मा को मिला दो।

उपपत्ति : △ मू भा पा, △ मू पा मा में :—

∵ { मू मा = मू भा,
मू पा सामान्य है
और ∠ मू मा पा = ∠ मू भा पा = ९०°

∴ △ सर्वांगसम हैं।

∴ पा मा = पा भा।

परिभाषा : प्रमेय ४९ के चित्र में, भा मा को पा की स्पर्श जीवा (Chord of contact) कहते हैं।

उपप्रमेय :

१. किसी बक्कुसु बिन्दु से खींचे गये किसी ⊙ के दोनों स्पर्शी वृत्त के केन्द्र पर समान कोण छेकते हैं।

२. एक बाह्य बिन्दु से खींचे गए किसी वृत्त के दो स्पर्शियों के बीच का कोण उस बिन्दु से केन्द्र की योजक रेखा द्वारा अर्धित होता है।

३. दिए हुए बिन्दु को केन्द्र से मिलाने वाली रेखा स्पर्श जीवा की लम्बार्धक होती है।

प्रश्नावली ५८

१—प्रमेय ४९ के चित्र में सिद्ध करो कि ∠पा मा फा = ½∠भा मू मा।

२—पा था, पा रा दो प्रतिच्छेदक रेखायें हैं। वे एक वृत्त को था, रा पर स्पर्श करती हैं और दूसरे को का, खा पर। सिद्ध करो कि का था = रा खा। [इस प्रश्न की दोनों दशाओं पर विचार करो।]

३—उन वृत्तों के केन्द्रों का बिन्दुपथ बताओ, जो दो प्रतिच्छेदक रेखाओं को स्पर्श करते हैं।

४—मू का, मू खा एक वृत्त के दो स्थिर समान स्पर्शी हैं। पा फा एक अन्य स्पर्शी है, जो मू का, मू खा को पा, फा पर काटता है। सिद्ध करो कि पा फा केन्द्र पर एक स्थिर कोण छेकता है।

५—का खा, गा घा एक वृत्त के दो समान्तर स्पर्शी हैं। था रा एक अन्य स्पर्शी है जो का खा, गा घा को था, रा पर काटता है। यदि मू वृत्त का केन्द्र हो, तो सिद्ध करो कि ∠था मू रा = ९०°।

६—एक वृत्त की दो त्रिज्यायें एक-दूसरे पर ⊥ है। बढ़ाये जाने पर वे एक स्पर्शी से मिलती हैं। कटान बिन्दुओं से स्पर्श रेखायें खींची गई हैं। सिद्ध करो कि वे समान्तर हैं।

७—वृत्त के किसी परिगत चतुर्भुज की सम्मुख भुजाओं के योग समान होते हैं।

८—प्रश्न ७ का विलोम लिखो और सिद्ध करो।

९—किसी ⊙ के किसी परिगत चतुर्भुज की सम्मुख भुजाओं द्वारा केन्द्र पर छेके गये कोणों का योग दो लम्ब कोण होता है।

१०—एक ऐसा बिन्दु ज्ञात करो, जिससे एक दिए हुए ⊙ की एक दी हुई लम्बाई की स्पर्श रेखा खींची जा सके। उस बिन्दु का बिन्दुपथ निकालो।

प्रमेय ५०

यदि दो वृत्त परस्पर स्पर्श करें तो उनकी केन्द्र रेखा स्पर्श-बिन्दु के मध्यात् जायगी ।

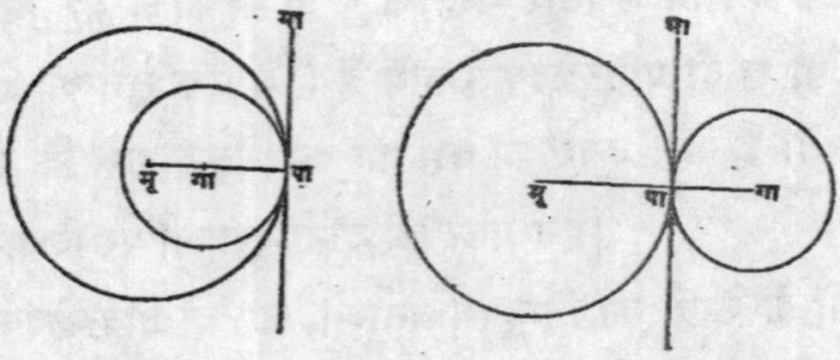

मान लो कि वृत्त (मू) और वृत्त (गा) एक दूसरे को पा पर स्पर्श करते हैं ।

तो सिद्ध करना है कि मू गा, पा में होकर जाती है, अर्थात् बिन्दु मू, गा, पा संरेख हैं ।

रचना : मू पा, गा पा को मिला दो ।

उपपत्ति : पा पर ⊙ परस्पर स्पर्श करते हैं, अतः पा पर वृत्तों का एक सामान्य स्पर्शी होगा । मान लो कि वह स्पर्शी पा मा है ।

अब मू पा, गा पा केन्द्र को स्पर्श बिन्दु से मिलाने वाली रेखायें हैं ।

∴ मू पा ⊥ पा मा और गा पा ⊥ पा मा ।

∴ मू पा, गा पा एक ही ऋजु रेखा के दो भाग हैं । अर्थात् मू, गा, पा संरेख हैं ।

उपप्रमेय :

१. दो बाह्य स्पर्शी वृत्तों के केन्द्रों के बीच की दूरी उनकी त्रिज्याओं का योग होती है; दो अन्तःस्पर्शी वृत्तों के केन्द्रों के बीच की दूरी उनकी त्रिज्याओं का अन्तर होती है ।

२. यदि दो वृत्तों के केन्द्रों के बीच की दूरी उनकी त्रिज्याओं का योग अथवा अन्तर हो, तो वे वृत्त स्पर्श करेंगे ।

प्रश्नावली ५९

१—२", २·५", २·७" की त्रिज्या वाले तीन वृत्त खींचों, जिनमें से प्रत्येक शेष दोनों को स्पर्श करे।

[पहले एक △ बना लो जिसकी भुजायें क्रमशः ४", ५" और ५·४" की हों।]

२—एक वृत्त की त्रिज्या प है। एक और वृत्त इस ⊙ को स्पर्श करता हुआ खींचो जिसकी त्रिज्या फ हो। ऐसे कितने वृत्त संभव हैं? [प > अथवा < फ]

३—१", ३" की त्रिज्या वाले दो वृत्त स्पर्शी हैं। ४" की त्रिज्या वाला एक ऐसा वृत्त खींचो जिससे इन दोनों का अन्तःस्पर्श हो।

४—दो बाह्यस्पर्शी वृत्तों के तीन सामान्य स्पर्शियों में से वह स्पर्शी जो स्पर्श-बिन्दु में से होकर जाता है, शेष दोनों का अर्धन करता है।

५—दो वृत्त (मू) और (गा) परस्पर स्पर्श करते हैं। स्पर्श बिन्दु के मध्यात् एक ऋजु रेखा परिधियों को या, रा पर काटती हुई खींची गई हैं। सिद्ध करो कि मू या ‖ गा रा।

६—एक दिए हुए वृत्त को एक स्थिर बिन्दु पर स्पर्श करने वाले वृत्त के केन्द्र का बिन्दुपथ ज्ञात करो।

७—दी हुई त्रिज्या के, एक ⊙ को स्पर्श करने वाले वृत्त के केन्द्र का बिन्दुपथ ज्ञात करो।

८—दो वृत्तों में, जो परस्पर स्पर्श करते हैं, समान्तर व्यास खींचे गए हैं। सिद्ध करो कि प्रत्येक व्यास का एक सिरा और स्पर्श-बिन्दु संरेख हैं।
[दोनों दशाओं में सिद्ध करो।]

९—एक बिन्दु का को केन्द्र मानकर कितने ऐसे वृत्त खींच सकते हो, जो एक दिए हुए वृत्त पा फा बा को स्पर्श करें।

१०—दो वृत्तों का बाह्यस्पर्शी बिन्दु गा है। का, खा उनके एक सामान्य स्पर्शी के स्पर्श-बिन्दु हैं। सिद्ध करो कि उनकी केन्द्र-रेखा को व्यास मानकर जो वृत्त खींचा जायगा, का खा उसका एक स्पर्शी होगा।

प्रमेय ५१

स्पर्श-बिन्दु के मध्यात् जाने वाली जीवा के साथ स्पर्शी जो कोण बनाता है, वे वृत्त के संगत एकान्तर-खण्ड के कोणों के समान होते हैं।

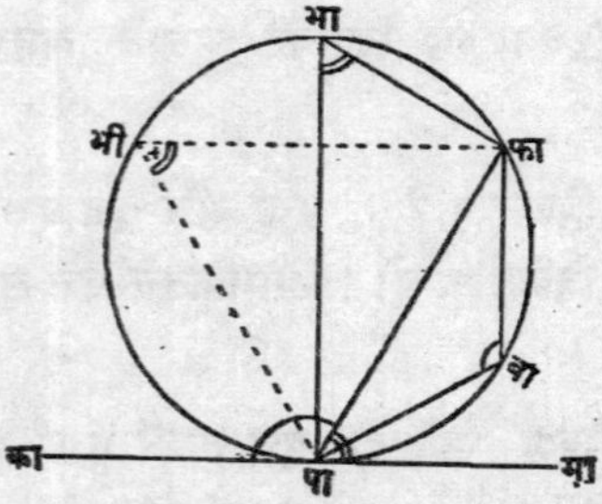

मान लो कि स्पर्शी का पा मा वृत्त भी भा फा बा पा को पा पर स्पर्श करता है; और पा फा वृत्त की एक जीवा है जो स्पर्श-बिन्दु के मध्यात् जाती है।

तो सिद्ध करना है कि ∠फा पा मा = एकान्तर खण्ड का ∠फा भा पा (या∠फा भी पा), और ∠फा पा का = एकान्तर खण्ड का ∠फा बा पा।

रचना : पा के मध्यात् व्यास पा भा खींचो। ह्रस्व चाप पा फा में कोई बिन्दु बा लेकर बा फा, बा पा को मिला दो; भा फा को भी मिला दो।

उपपत्ति : △ पा फा भा में—

∵ ∠फा = ९०° (अर्धवृत्त का कोण है)।

∴ ∠फा भा पा + ∠फा पा भा = ९०°..............(अ)

अब पा मा एक स्पर्शी है और पा भा एक व्यास

∴ ∠भा पा मा = ९०°

अर्थात् ∠फा पा भा + ∠फा पा मा = ९०°..................(आ)

अतः (अ) तथा (आ) से—

∠फा पा मा = ∠फा भा पा।..................(१)

अब फिर, भा फा बा पा एक वृत्तीय चतुर्भुज है

∴ ∠पा बा फा = ∠फा भा बा का ऋजुपूरक

= ∠फा पा मा ,, ,,

= ∠फा पा का

अर्थात् ∠फा पा का = ∠पा बा का......................(२)

प्रमेय ५१ का विलोम

यदि किसी ⨀ की एक जीवा के एक सिरे पर एक ऋजु रेखा इस प्रकार खींची जाय कि उसके द्वारा जीवा के साथ बनाया गया कोण एकान्तर खण्ड के कोण के समान हो, तो वह रेखा वृत्त का स्पर्शी होगी। [अनिष्ट प्रदर्शन द्वारा]

प्रश्नावली ६०

१—प्रमेय ५१ द्वारा प्रमेय ४९ की एक उपपत्ति और दो।

२—पा फा एक ⨀ का चाप है, बा उसका मध्य बिन्दु है। बा पर एक स्पर्शी बा मा खींचा गया है। सिद्ध करो कि जीवा पा फा ॥ बा मा।

३—दो प्रतिच्छेदक वृत्तों के एक सामान्य स्पर्शी द्वारा कटान-बिन्दुओं पर बनाये गए कोण ऋजुपूरक होते हैं।

४—दो वृत्तों के अन्तर्स्पर्श बिन्दु पा के मध्यात् जीवायें पा का गा, पा खा घा खींची गई हैं। सिद्ध करो कि ∠पा का खा = ∠पा गा घा।

५—दो अन्तर्स्पर्शी वृत्तों को काटती हुई एक रेखा खींची गई है। सिद्ध करो कि दोनों वृत्तों के बीच के अन्तःखण्ड स्पर्श बिन्दु पर समान कोण बनाते हैं।

६—दो अन्तर्स्पर्शी वृत्त बिन्दु मू पर स्पर्श करते हैं। का खा गा घा एक जीवा है जो बड़े वृत्त को का, घा में और छोटे को खा, गा में काटती है। मू का, मू घा छोटे वृत्त को की, घी में काटती है और मू खा, मू गा बड़े वृत्त को खी, गी में। सिद्ध करो कि खी गी ॥ की घी

७—पा फा दो वृत्तों की सामान्य जीवा है। पा, फा के मध्यात् रेखायें या पा ला, रा फा वा खींची गई हैं। सिद्ध करो कि या रा ॥ ला वा।

८—दो वृत्तों का बाह्यस्पर्श मू पर होता है; का मू खा, की मू खी दो रेखायें हैं जो एक वृत्त को का, की में तथा दूसरे को खा, खी में काटती हैं। सिद्ध करो कि का की ॥ खा खी।

९—दो बाह्यस्पर्शी वृत्तों में से एक को एक रेखा का, घा में और दूसरे को खा, गा में काटती है। सिद्ध करो कि का खा और गा घा द्वारा स्पर्शबिन्दु पर बनाये गए कोण ऋजुपूरक हैं।

१०—पा फा, बा भा एक वृत्त की दो समान्तर जीवायें हैं। सिद्ध करो कि चाप पा बा = चाप भा फा।

११—दो समान वृत्त परस्पर का, खा पर काटते हैं और उनमें से एक की जीवा का गा सामान्य जीवा का खा के समान हैं। सिद्ध करो कि खा गा दूसरे वृत्त की एक स्पर्श रेखा है।

१२—का दो छेदक वृत्तों का कटान बिन्दु है। का के मध्यात् कोई दो रेखायें खा का गा, घा का चा खींची गई हैं, जो परिधियों पर समाप्त होती हैं। सिद्ध करो कि जीवाओं खा घा, गा चा के बीच का कोण, का पर के स्पर्शियों के मध्यस्थ कोण के बराबर है।

१३—दो वृत्तों के कटान बिन्दु या, रा हैं। एक वृत्त की परिधि पर कोई बिन्दु का लेकर दो रेखायें का या खा, का रा गा खींची गई हैं, जो दूसरे वृत्त को खा, गा पर काटती है। का मा, का पर पहले वृत्त का स्पर्शी है। सिद्ध करो कि का मा ‖ खा गा।

१४—एक वृत्त का केन्द्र मू है। एक अन्य वृत्त मू के मध्यात् जाता है। दोनों परस्पर पा, फा पर काटते हैं। पा मा, पा पर दूसरे वृत्त को स्पर्श करती है। सिद्ध करो कि ∠ मा पा मू = २∠ मा पा फा।

१५—एक वृत्त की परिधि पर स्थित किसी बिन्दु का के मध्यात् खींची गई जीवाओं के मध्य बिन्दुओं का बिन्दुपथ बताओ। [बिन्दुपथ एक ऐसा वृत्त होगा, जो का पर दिए हुए वृत्त को अन्तर्स्पर्श करेगा।]

१६—का पा, का फा एक वृत्त के दो स्पर्शी हैं। का के अनुसार उत्तल चाप पा फा का मध्य बिन्दु खा है। सिद्ध करो कि पा खा, ∠का पा फा की अर्धक है।

१७—पा फा, पा बा एक वृत्त के स्पर्शी हैं। ▱पा फा भा बा पूर्ण कर लिया गया है। यदि भा वृत्त की परिधि पर स्थित हो, तो▱के कोणों के मान बताओ।

१८—का खा, का गा एक वृत्त के स्पर्शी हैं। वृत्त पर,△का खा गा के बाहर घा कोई बिन्दु हैं। सिद्ध करो कि—

∠का खा घा + ∠का गा घा = एक स्थिर मान।

१९—का खा किसी वृत्त की एक जीवा है। खा पर खींचे गए स्पर्शी पर का से डाला गया लम्ब, का खा पर खा से डाले गए लम्ब से गा में मिलता है।

सिद्ध करो कि का गा वृत्त के व्यास के बराबर है।

२०—एक वृत्त का केन्द्र गा है। का गा, गा खा दो त्रिजायें हैं। गा का ⊥ गा खा। खा के मध्यात् कोई जीवा खा पा, गा का को ना पर काटती हुई खींची गई है। सिद्ध करो कि खा, का△का ना पा के परिवृत्त को स्पर्श करती है।

२१—का, खा, गा पर△का खा गा के परिवृत्त के स्पर्शी खींचे गये हैं। ये△पा फा बा का सृजन करते हैं। सिद्ध करो कि इस△के कोण, △का खा गा के सम्मुख संगत कोणों के दुगुने के ऋजुपूरक हैं।

२२—का खा वृत्त (मू) का एक व्यास है, जिसके एक ही ओर का गा, खा बा दो जीवायें हैं जो चा पर परस्पर काटती हैं। सिद्ध करो कि मू गा△गा घा चा के परिवृत्त का एक स्पर्शी है।

२३—△का खा गा के∠गा का अर्धक गा चा है, जो का खा को चा पर काटता है। विस्तृत का खा में एक बिन्दु घा इस प्रकार दिया गया है कि ∠ चा गा घा = ∠ गा चा घा। सिद्ध करो कि गा घा △का खा गा के परिवृत्त का एक स्पर्शी है।

२४—पा फा बा भा एक आयत है, जिसके विकर्ण मू पर मिलते हैं। सिद्ध करो कि त्रिभुजों पा मू फा, बा मू भा के परिवृत्त एक दूसरे को स्पर्श करते हैं।

२५—चार वृत्त इस प्रकार स्थित हैं कि उनमें से प्रत्येक दो संलग्न वृत्तों को स्पर्श करता है। सिद्ध करो कि चारो स्पर्श-बिन्दु संवृत्तीय हैं।

२६—एक वृत्त के अन्दर दो जीवायें एक दूसरे को काटती हैं। सिद्ध करा कि उनके बीच का कोण उस कोण का आधा होगा, जो उनके बीच के सम्मुख चापों के योग के बराबर का चाप केन्द्र पर बनायेगा।

अध्याय १८

वृत्त संबंधी निर्मेय

निर्मेय २१

किसी दिये हुए बाह्य बिन्दु से एक वृत्त पर स्पर्शी डालना।

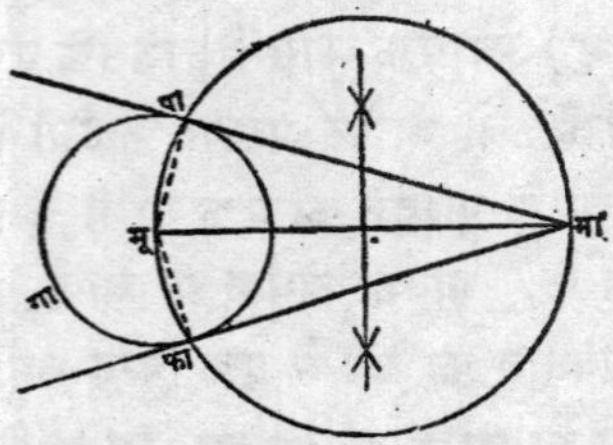

मान लो कि पा फा गा एक दिया हुआ वृत्त है जिसका केन्द्र मू है और मा एक दिया हुआ बाह्य बिन्दु है। तो मा से वृत्त पर स्पर्शी डालना है।

रचना : मा मू को मिला कर उसे व्यास मान कर एक अर्ध-वृत्त खींचो जो ⊙

पा फा गा को पा में काटे।

मा पा को मिला दो।

तब मा पा ही अभीष्ट स्पर्शी है।

उपपत्ति : मू पा को मिला दो।

तो ∠ मू पा मा = ९०° (अर्धवृत्त का कोण है)

अर्थात्, मा पा ⊥ त्रिज्या मू पा

मा पा ही वृत्त का अभीष्ट स्पर्शी है।

उपनिर्मेय : परिधि के एक निर्दिष्ट बिन्दु पर वृत्त का स्पर्शी खींचना।

टिप्पणी :

१. अर्धवृत्त को पूर्ण करने से हमें एक बिन्दु फा और मिलेगा, जिससे मा को मिलाने पर मा फा एक और अभीष्ट स्पर्शी प्राप्त होगा।

२. चित्र में ज्यों-ज्यों मा ⊙ के समीपतर आता जायगा, त्यों-त्यों ∠पा मा फा का मान बढ़ता जायगा। जब मा परिधि पर पहुँच जायगा तो

∠ पा मा फा एक ऋजु कोण हो जायगा और मा पा, मा फा संपाती हो जायेंगे। जब मा वृत्त के अन्दर चला जायगा, तो कोई स्पर्शी नहीं खींचा जा सकेगा।

परिभाषायें

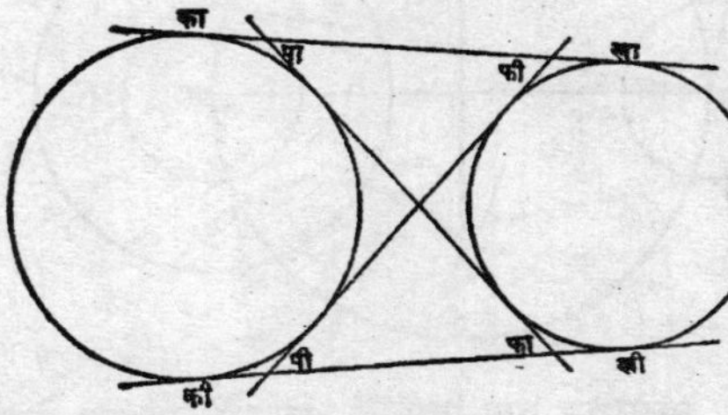

जो स्पर्शी दो वृत्तों को केन्द्र रेखा के एक ही ओर स्पर्श करता है, **सामान्य अनुस्पर्शी** (Direct Common Tangent) कहलाता है।

चित्र में का खा तथा की खी सामान्य अनुस्पर्शी हैं। निम्नलिखित चित्र में गा घा तथा गी घी सामान्य अनुस्पर्शी हैं।

जो स्पर्शी दो वृत्तों को इस प्रकार स्पर्श करते हैं जैसे उपरलिखित चित्र में पा फा और पी फी, **सामान्य तिर्यक् स्पर्शी** (Transverse Common Tangents) कहलाते हैं।

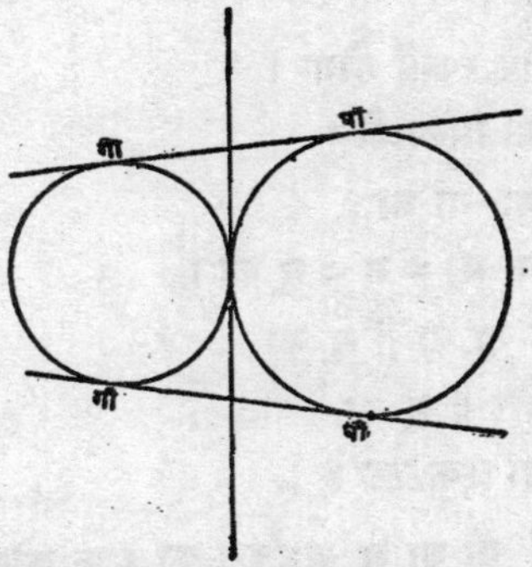

दोनों चित्रों से स्पष्ट है कि सामान्य तिर्यक् स्पर्शी तभी खींचे जा सकते हैं जब दोनों ⊙ एक दूसरे से अलग हों, अर्थात् उनके केन्द्रों की मध्यस्थ दूरी उनकी त्रिज्याओं के योग से कम न हो।

निर्मय २२

दो वृत्तों का एक सामान्य अनुस्पर्शी खींचना।

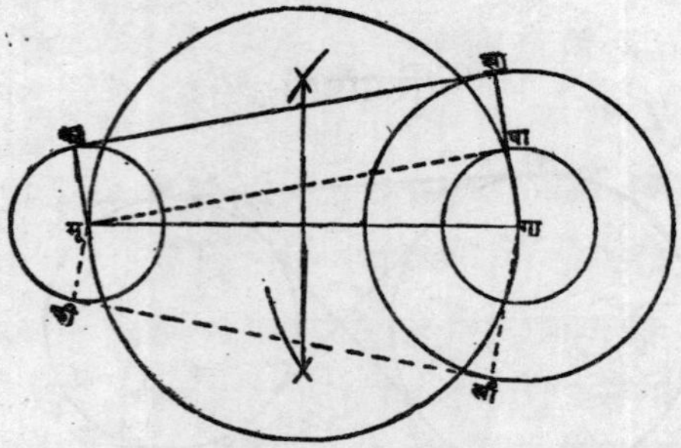

मान लो कि दो असमान वृत्त दिए हैं जिनमें बड़े का केन्द्र गा है और छोटे का मू; वृत्त (गा) की त्रिज्या ग है और वृत्त (मू) की त्रिज्या म।

तो इन वृत्तों का एक सामान्य अनुस्पर्शी खींचना है।

रचना : केन्द्र गा तथा त्रिज्या (ग–म) से एक वृत्त खींचो।

मू गा को व्यास मानकर एक अर्धवृत्त खींचो जो पिछले वृत्त को घा पर काटे।

गा घा को मिला कर आगे बढ़ा दो जिससे वह वृत्त (गा) को खा पर काटे।

अब, मू से गा घा की दिशा में त्रिज्या मू का ‖ गा घा खींचो।

खा का को मिला दो।

तो का खा ही अभीष्ट स्पर्शी होगा।

उपपत्ति : मू घा को मिलाओ।

अब खा घा = खा गा–गा घा

= ग–(ग–म) = म = मू का।

और रचनानुसार गा घा ‖ मू का

∴ खा घा = और ‖ मू का

∴ घा मू का खा एक ▱ है।

परन्तु रचनानुसार ∠गा घा मू अर्धवृत्त का एक कोण है।

∴ ∠गा घा मू = ९०°

∴ ∠खा घा मू = ९०°

∴ ▱ घा मू का खा एक आयत है।

∴ ∠गा खा का = ९०° = ∠मू का खा।

अर्थात् खा का, त्रिज्या गा खा तथा त्रिज्या मू का दोनों पर ⊥ है।

∴ खा का दोनों वृत्तों का सामान्य अनुस्पर्शी है।

उपनिर्मेय : दो बराबर वृत्तों का सामान्य अनुस्पर्शी खींचना।

[कैन्द्रों की मध्यस्थ दूरी को आधार मान कर एक ऐसा आयत बनाओ, जिसकी दूसरी भुजा वृत्तों की त्रिज्या हो।]

टिप्पणी : निर्मेय २२ में मू गा को व्यास मान कर खींचे गए अर्धवृत्त को पूर्ण करने पर एक सामान्य अनुस्पर्शी और मिलेगा।

निर्मेय २२ के चित्र में की खी ऐसा दूसरा स्पर्शी है।

निर्मेय २३

दो वृत्तों का एक सामान्य तिर्यक् स्पर्शी खींचना।

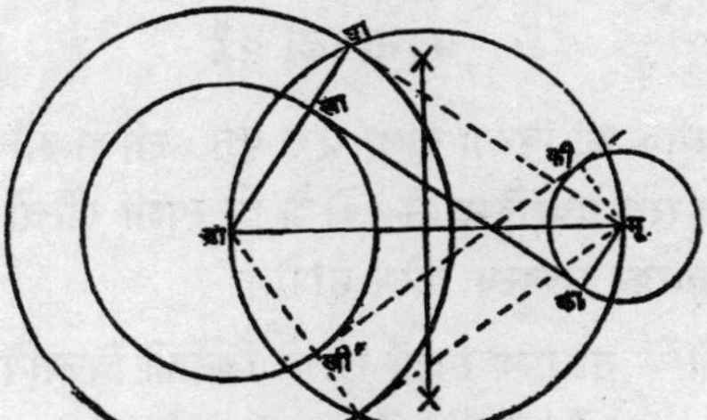

मान लो कि वृत्त मू और वृत्त गा दो निर्दिष्ट ⊙ हैं; और बड़े वृत्त (गा) की त्रिज्या ग है और छोटे वृत्त (मू) की त्रिज्या क।

तो दोनों वृत्तों का एक सामान्य तिर्यक् स्पर्शी खींचना है।

रचना : केन्द्र गा और त्रिज्या (क + ग) के एक संकेन्द्र वृत्त खींचो। गा मू को व्यास मान कर एक अर्धवृत्त खींचो, जो उस वृत्त को घा पर काटे।

गा घा को मिलाओ। मान लो कि वह ⊙ (गा) को खा पर काटती है।

गा खा के ∥ उसकी विपरीत दिशा में (अर्थात् दिशा खा गा में) मू से त्रिज्या मू का खींचो।

का खा को मिला दो।

तो का खा ही अभीष्ट स्पर्शी होगा।

उपपत्ति : मू घा को मिला दो।

खा घा = गा घा−गा खा = (क + ग)−ग = क = का मू ; और रचनानुसार खा घा || का मू

∴ खा का मू घा एक ▱ है।

परन्तु ∠गा घा मू एक लम्बकोण है। (अर्धवृत्त का कोण है)

∴ ▱ खा का मू घा एक आयत है

∴ ∠घा खा का = ९०°, अतः ∠मू का खा = ९०°

और ∠गा खा का = ९०°

∴ का खा त्रिज्याओं गा खा और मू का दोनों पर लम्ब है।

∴ का खा दोनों वृत्तों का सामान्य स्पर्शी है।

टिप्पणी : निर्मेय २३ में मू गा को व्यास मान कर खींचे गए अर्ध वृत्त को पूर्ण करने पर एक ऐसा ही सामान्य तिर्यक् स्पर्शी की खी और मिलेगा।

प्रश्नावली ६१

१—४ से० मी० की त्रिज्या वाला एक वृत्त खींचो और केन्द्र से ८·५ से० मी० दूरस्थ एक बिन्दु से ⊙ के दो स्पर्शी खींचो। उनकी लम्बाइयाँ और उनका मध्यस्थ कोण नापो।

२—उन वृत्तों के सामान्य स्पर्शी खींचो जिनकी त्रिज्यायें ३ से० मी०, और ४ से० मी० है और केन्द्रों की बीच की दूरी :—

(अ) १० से० मी०

(आ) ७ से० मी०

(इ) ५ से० मी० है

(आ) में यह भी सिद्ध करो कि एक सामान्य अनुस्पर्शी के स्पर्श बिन्दुओं को वृत्तों के स्पर्श-बिन्दु से मिलाने से एक लम्बकोण बनता है।

३—१" की त्रिज्या का एक ⊙ खींचो। केन्द्र के मध्यात् एक रेखा खींचो और उस पर केन्द्र से २·२" की दूरियों पर दो बिन्दु लो और इन बिन्दुओं से वृत्त के स्पर्शी खींचो।

४—३ से० मी० की त्रिज्या वाले वृत्त के केन्द्रों से ४·९ से० मी० दूर स्थित एक बिन्दु से, स्पर्शी खींच कर उनकी लम्बाइयाँ नापो।

५—१" की त्रिज्या लेकर एक ⊙ की रचना करो और केन्द्र से २" दूर स्थित एक बिन्दु से उसके स्पर्शी खींचो। उनका मध्यस्थ कोण नापो और उनमें से एक स्पर्शी को नापो।

६—एक रेखा **का खा** ३·३" की खींचो और उसे **गा** पर इस प्रकार विभाजित करो कि **का गा : गा खा** = ३ : ८। **गा खा** को व्यास मान कर एक वृत्त खींचो और **का** से उसके स्पर्शी खींचो।

७—प्रश्न २ (इ) के स्पर्शियों की लम्बाइयाँ नापो। सामान्य जीवा की लम्बाई भी नापो और उसे बढ़ा कर (नाप कर) यह दर्शाओ कि वह प्रत्येक सामान्य स्पर्शी का अर्धन करती है।

८—दो समान्तर रेखायें खींचो जिनका अन्तर २" हो और उनके साथ ४५° का कोण बनाती हुई एक तिर्यग्रेखा खींचो। एक वृत्त खींचो जो दोनों समान्तर रेखाओं और तिर्यग्रेखा को स्पर्श करे। स्पर्श बिन्दुओं को मिलाने से जो △ बनता है उसकी सबसे छोटी भुजा नापो।

९— ·९" लम्बी एक भुजा **का खा** पर एक वर्ग बनाओ। एक विकर्ण के सिरों को केन्द्र तथा **का खा** को त्रिज्या मानकर एक वृत्त खींचो। इनका एक सामान्य अनुस्पर्शी खींचो। उस कोण को नापो जो यह स्पर्शी केन्द्र रेखा से बनाता है।

१०—(अ) दो वृत्तों के सामान्य अनुस्पर्शी एक-दूसरे को केन्द्र रेखा पर काटते हैं।

(आ) दो वृत्तों के सामान्य तिर्यक् स्पर्शी एक-दूसरे को केन्द्र रेखा पर काटते हैं।

११—सिद्ध करो कि दो वृत्तों के (अ) सामान्य अनुस्पर्शी (आ) सामान्य तिर्यक् स्पर्शी बराबर होते हैं।

वृत्त-रचना

यदि हमें एक वृत्त के केन्द्र की स्थिति और उसकी त्रिज्या ज्ञात हो, तो हम उस वृत्त की ठीक-ठीक स्थिति बता सकते हैं। वृत्त की रचना के लिए ये दोनों बातें आवश्यक हैं।

केन्द्र की स्थिति ज्ञात करने के लिये हमें ऐसी दो शर्तों की आवश्यकता होती है जिनको पूरा करने वाले ऐसे ⊙ दो बिन्दुपथ ज्ञात हो जायँ जिन पर वह बिन्दु (केन्द्र) स्थित हो। इन बिन्दुपथों का कटान बिन्दु (बिन्दु एक से अधिक भी हो सकते हैं) वृत्त का केन्द्र होगा। इस प्रकार केन्द्र को निर्धारित करके यदि हमें परिधि पर कोई बिन्दु ज्ञात हो, तो हम ⊙ की त्रिज्या सुगमता से ज्ञात कर सकते हैं।

अतएव एक वृत्त की रचना के लिये हमें निम्नलिखित तीन विभिन्न अंगों की आवश्यकता होती है :—

(१) परिधि के कोई तीन बिन्दु

या (२) कोई तीन स्पर्शी

या (३) एक स्पर्शी, उसका स्पर्श-बिन्दु और परिधि का एक अन्य बिन्दु।

वृत्तों की रचना में निम्नलिखित बिन्दुपथ प्रायः काम में आते हैं :—

(१) दो दिये हुए बिन्दुओं के मध्यात् जानेवाले वृत्तों के केन्द्रों का बिन्दुपथ।

(२) किसी दी हुई रेखा को एक ज्ञात बिन्दु पर स्पर्श करने वाले वृत्तों के केन्द्रों का बिन्दुपथ।

[उस रेखा पर दिये हुए बिन्दु पर डाला गया लम्ब]

(३) किसी वृत्त को एक निर्दिष्ट बिन्दु पर स्पर्श करने वाले वृत्तों के केन्द्रों का बिन्दुपथ।

[केन्द्र से उस बिन्दु को मिलानेवाली अपरिमित ऋजु रेखा।]

(४) उस वृत्त के केन्द्र का बिन्दुपथ जिसकी त्रिज्या ज्ञात है तथा जो एक ऋजु रेखा को स्पर्श करता है।

[वे दो ऋजु रेखायें जो दी हुई ऋजु रेखा के दोनों ओर त्रिज्यासे बराबर दूरियों पर स्थित हैं और उस ऋजु रेखा के समान्तर हैं।]

(५) उस वृत्त के केन्द्र का बिन्दुपथ जिसकी त्रिज्या दी हुई है और जो एक दिये हुए वृत्त को स्पर्श करता है।

[वह संकेन्द्र वृत्त जिसकी त्रिज्या दी हुई त्रिज्या तथा दिये हुए वृत्त की त्रिज्या का योग अथवा अन्तर हो।]

(६) उस वृत्त के केन्द्र का बिन्दुपथ जो दो दी हुई ऋजु रेखाओं को स्पर्श करता है।

प्रश्नावली ६२

१—किन्हीं तीन बिन्दुओं के मध्यात् एक वृत्त खींचो।

२—एक वृत्त खींचो जिसकी त्रिज्या २" हो, जो बिन्दु का के मध्यात् जाये और एक दी हुई रेखा पा फा को स्पर्श करे।

३—उस वृत्त की रचना करो जिसकी त्रिज्या २" हो और जो ⊙ (गा) और रेखा या श को स्पर्श करे।

४—वह वृत्त खींचो जो का खा को बिन्दु पा पर तथा वृत्त मू को स्पर्श करता है।

५—वृत्त (पा) को फा पर स्पर्श करने वाला वृत्त खींचो जो बिन्दु बा के मध्यात् जाता है।

६—तीन ऋजु रेखायें दी हैं जिनमें से दो समान्तर नहीं है। एक वृत्त खींचो जो उन्हें स्पर्श करे।

७—का, खा के मध्यात् जाने वाला और ⊙ (गा) को स्पर्श करने वाला वृत्त किस प्रकार खींचोगे ?

८—दो दी हुई रेखाओं को स्पर्श करने वाला वह वृत्त खींचो जिसकी त्रिज्या ज्ञात है।

९—समान्तर रेखाओं का खा, गा घा और तिर्यग्रेखा या फा को स्पर्श करने वाला एक ⊙ खींचकर दिखाओ।

ऐसे दो वृत्त खींचे जा सकते हैं जो समान होंगे।

१०—क" त्रिज्या वाला एक वृत्त खींचो जो दो दिए हुए वृत्तों को स्पर्श करे।

११—एक वृत्त खींचो जो ⊙ (पा) और ⊙ (फा) को स्पर्श करे और ⊙ पा और ⊙ फा जिसके अन्दर स्थित हों। वृत्त की त्रिज्या ज्ञात है।

१२—दो रेखाओं को स्पर्श करने वाला एक वृत्त खींचो जिसकी परिधि पर एक बिन्दु ज्ञात है।

१३—दो रेखाओं तथा एक वृत्त को स्पर्श करनेवाले वृत्त की रचना करो।

१४—पा फा को स्पर्श करने वाला एक वृत्त खींचो जिसकी परिधि पर दो बिन्दु ज्ञात हैं।

निर्मेय २४

किसी △ का परिवृत्त खींचना ।

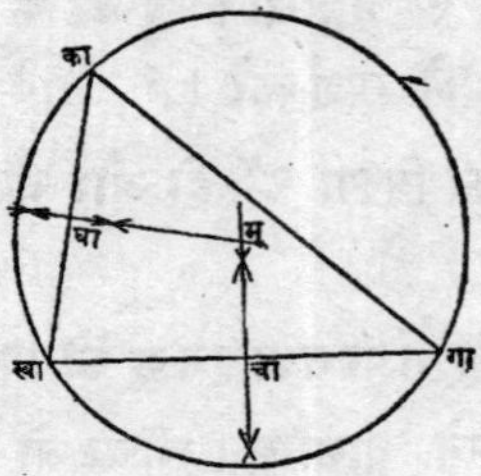

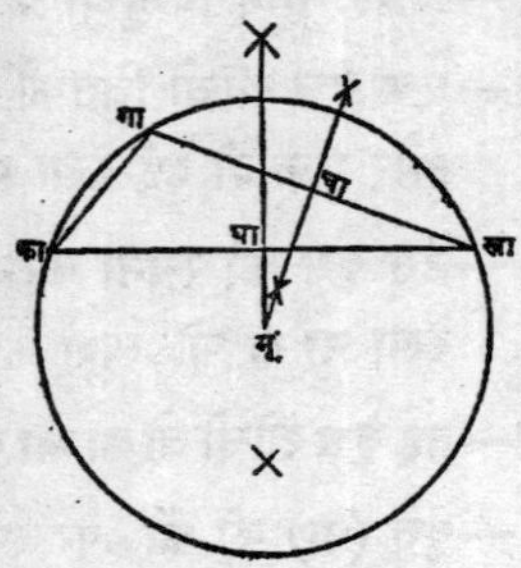

मान लो कि △ का खा गा का परिवृत्त खींचना है ।

रचना : का खा तथा खा गा के लम्बार्धक घा मू तथा चा मू खींचो जो परस्पर मू पर काटें ।

तो मू अभीष्ट परिवृत्त का केन्द्र है और का मू उसकी त्रिज्या है ।

उपपत्ति : घा मू का प्रत्येक बिन्दु का, खा से समान दूरी पर है ।

चा मू का प्रत्येक बिन्दु खा, गा से समान दूरी पर है ।

मू तीनों बिन्दुओं का, खा, गा से समान दूरी पर है ।

अर्थात् मू का = मू खा = मू गा ।

अतः मू केन्द्र और मू का त्रिज्या से खींचा गया वृत्त का, खा, गा तीनों बिन्दुओं में से होकर जायगा ।

टिप्पणी :

१—हमें ज्ञात है कि लम्ब कोण △ में शीर्ष से कर्ण के मध्य बिन्दु को मिलानेवाली रेखा कर्ण की आधी होती है । अतः यदि लम्बकोण △ का परिवृत्त खींचना हो, तो इतनी रचना की आवश्यकता नहीं है । कर्ण के मध्यबिन्दु को केन्द्र तथा कर्ण के आधे को त्रिज्या मानकर एक वृत्त खींचने से ही परिवृत्त प्राप्त हो जायगा ।

२—उपर्युक्त रचनाओं से स्पष्ट है कि न्यून कोण △ का परिकेन्द्र △ के अन्दर, लम्बकोण △ का परिकेन्द्र कर्ण पर तथा अधिक कोण △ का परिकेन्द्र △ के बाहर होता है ।

निर्मेय २५

किसी △ का अन्तर्वृत्त खींचना ।

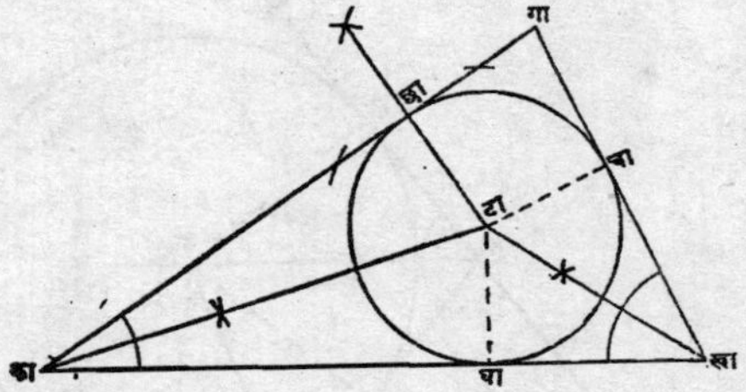

मान लो कि △ का खा गा का अन्तर्वृत्त खींचना है ।

रचना : ∠ का तथा ∠ खा के अर्धक का टा तथा खा टा खींचो जो परस्पर टा पर काटें ।

तो टा △ का अन्तः केन्द्र है ।

टा से का खा पर टा घा ⊥ डालो । टा घा अभीष्ट वृत्त की त्रिज्या है ।

उपपत्ति : टा से क, ख पर क्रमशः टा चा, टा छा लम्ब डालो ।

अब, का टा का प्रत्येक बिन्दु का खा, खा गा से समदूरस्थ है ।

∴ घा टा = छा टा

और खा टा का प्रत्येक बिन्दु का खा, खा गा से समदूरस्थ है

∴ घा टा = चा टा

∴ घा टा = चा टा = छा टा

अतः केन्द्र टा और त्रिज्या घा टा से खींचा गया वृत्त बिन्दुओं चा तथा छा से भी होकर जायगा ।

और घा, चा, छा पर के कोण लम्बकोण हैं;

∴ वृत्त (टा) भुजाओं क, ख, ग, को क्रमशः चा, छा, घा पर स्पर्श करेगा ।

∴ ⊙ छा चा घा ही अभीष्ट अन्तर्वृत्त है ।

निर्मेय २६

किसी △-का एक बहिर्वृत्त खींचना ।

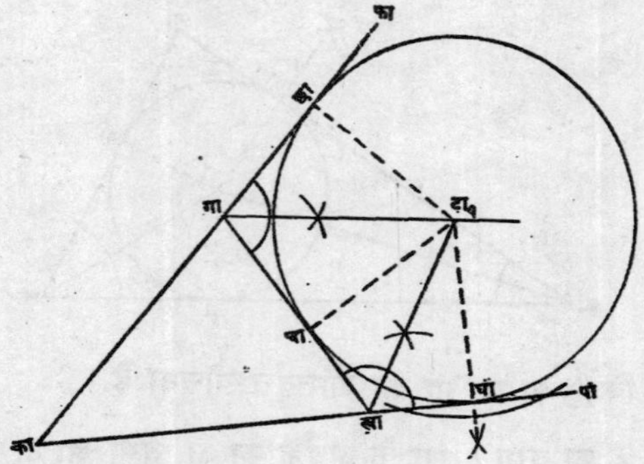

मान लो कि △ का खा गा की भुजायें का खा, का गा क्रमशः पा, फा तक बढ़ाई गई हैं ।

तो △ का खा गा का एक बहिर्वृत्त खींचना है जो खा पा, खा गा, गा फा को स्पर्श करे ।

रचना : बाह्यकोण खा तथा बाह्यकोण गा के अर्धक खा टा१ तथा गा टा१ का कटान बिन्दु टा१ अभीष्ट वृत्त का केन्द्र होगा ।

टा१ से खा पा पर ⊥ टा१ घा डालो । टा१ घा अभीष्ट वृत्त की त्रिज्या है ।

उपपत्ति : (निर्मेय २५ की भाँति) ।

टिप्पणी :

१—स्पष्ट है कि प्रत्येक △ के तीन बहिर्वृत्त होते हैं ।

२—निर्मेयों २४, २५, २६ की उपपत्तियाँ त्रिभुजों की सर्वांगसमता द्वारा दी जा सकती हैं ।

उपर्युक्त तीन निर्मेयों की सहायता से निम्नलिखित तीन महत्वपूर्ण साध्य सिद्ध होते हैं:—

(१) किसी △ की भुजाओं के लम्बार्धक संगामी होते हैं । उनका मिलन-बिन्दु △ का परिकेन्द्र होता है ।

(२) किसी △ के कोणों के अर्धक संगामी होते हैं । उनका मिलन-बिन्दु △ का अन्तःकेन्द्र होता है ।

(३) किसी △ के दो बाह्यकोणों तथा तीसरे अन्तःकोण के अर्धक संगामी होते हैं । उनका मिलन-बिन्दु △ का संगत बाह्य केन्द्र होता है ।

प्रश्नावली ६३

१—यदि △ पा फा बा का परिकेन्द्र गा हो तो सिद्ध करो कि ∠पा = $\frac{1}{2}$ ∠फा गा बा।

२—किसी वृत्त का परिगत समचतुर्भुज खींचो।

३—किसी वृत्त का परिगत समबाहु △ खींचो।

४—△ का खा गा बनाओ, जिसमें का खा = २", खा गा = २·५" और ∠खा = १२०°। △का खा गा की परित्रिज्या ज्ञात करो।

५—किसी समबाहु △ के परिकेन्द्र तथा अन्तः केन्द्र संपाती होते हैं।

६—(अ) किसी आयत का परिवृत्त खींचो।

(आ) किसी आयत का परिवर्ग खींचो।

७—(अ) किसी वृत्त के एक पाद (Quadrant) का अन्तःवृत्त खींचो।

(आ) किसी वृत्त के एक पाद का अन्तःवर्ग खींचो।

८—△पा फा बा के बाह्यकेन्द्र टा$_१$, टा$_२$, टा$_३$ हैं। सिद्ध करो कि—

(अ) टा$_१$ पा ⊥ टा$_२$ टा$_३$

(आ) टा$_२$ फा ⊥ टा$_३$ टा$_१$

(इ) टा$_३$ बा ⊥ टा$_१$ टा$_२$

९—२" की त्रिज्या वाले वृत्त में एक समबाहु △ बनाओ।

१०—एक वृत्त का परिवर्ग खींचो। यह सिद्ध करो कि इस वर्ग का क्षेत्रफल इसी वृत्त के अन्तःवर्ग का दुगुना है।

११—△ या रा ला का बहिर्वृत्त (टा$_१$), या रा को पा पर स्पर्श करता है। सिद्ध करो कि या पा = भ, जिसमें भ △ का अर्ध परिमाप है।

१२—५ सें० मी० की त्रिज्या वाले किसी ⊙ में एक ऐसा △ बनाओ, जिसके कोण क्रमशः ३०°, ८०°, ७०° के हों। △ की भुजाओं को नापो।

१३—किसी वृत्त के अन्दर एक वर्ग तथा एक समबाहु △ बनाओ। यदि वर्ग तथा △ की भुजाओं की लम्बाइयाँ प, फ हैं तो सिद्ध करो कि प^२ = $\frac{२}{३}$फ^२।

निर्मेय २७

एक दिये हुए वृत्त के (१) अन्तर्गत (२) परिगत एक समबहुभुज खींचना।

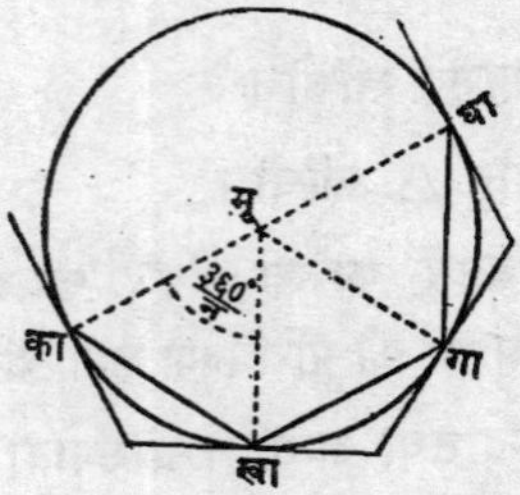

मान लो कि का खा गा...दिया हुआ ⊙ है जिनका केन्द्र मू है।
तो ⊙ का खा गा के (१) अन्तर्गत (२) परिगत एक समबहुभुज खींचना है।
मान लो कि बहुभुज की भुजाओं की संख्या न है।

रचना : [१] केन्द्र मू पर $\frac{३६०}{न}$ अंशों का एक कोण का मू खा बनाओ।

तो का खा अभीष्ट सम न-भुज की एक भुजा होगी।
अब, वृत्त में से का खा के बराबर जीवायें काट लो।
इस प्रकार बना बहुभुज का खा गा...अभीष्ट बहुभुज होगा।
[२] बिन्दुओं का, खा, गा......पर वृत्त के स्पर्शी खींचो।
इस प्रकार बना बहुभुज अभीष्ट बहुभुज होगा।

निर्मेय २८

दिये हुए समबहुभुज का (१) अन्तर्वृत्त (२) परिवृत्त खींचना।

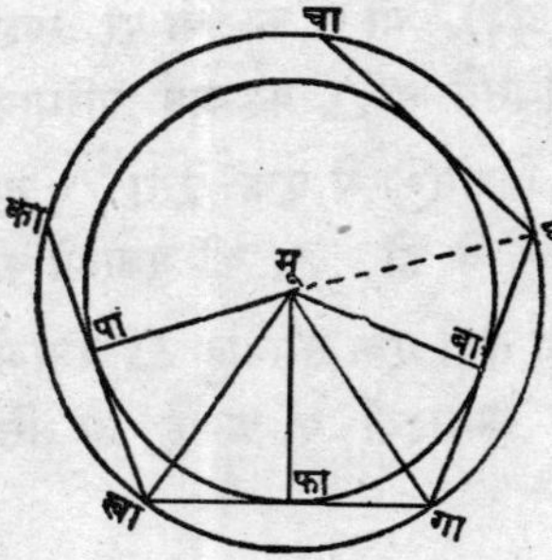

मान लो कि का खा गा घा......दिया हुआ सम न-भुज है।

तो का खा गा घा......का (१) अन्तर्वृत्त (२) परिवृत्त खींचना है।

रचना : [१] ∠ का खा गा, ∠ खा गा घा......के अर्धक खा मू, गा मू......खींचो। मान लो कि ये एक दूसरे को मू पर काटते हैं।

मू से का खा पर मू पा ⊥ डालो।

मू केन्द्र तथा मू पा त्रिज्या लेकर ⊙ खींचो। यही अभीष्ट वृत्त है।

[२] केन्द्र मू तथा मू का त्रिज्या लेकर एक वृत्त खींचो।

यही अभीष्ट वृत्त है।

परिभाषा :

एक △ के शीर्षों से सम्मुख भुजाओं पर डाले गये लम्बों के मूलों (Feet) को मिलाने से जो △ बनता है, वह उस △ का **पदिक त्रिभुज** (Pedal Triangle) कहलाता है।

प्रश्नावली ६४

प्रश्न १–४ में १·२" की भुजा पर दिये हुए प्रकार की आकृति बनाओ। प्रत्येक आकृति का अन्तर्वृत्त और परिवृत्त खींचो। उनकी त्रिज्यायें नापो और परिकलन से अपनी नाप की जाँच करो—

१—समबाहु त्रिभुज   २—वर्ग

३—सम षड्भुज   ४—सम अष्टभुज

३·२ सें० मी० की त्रिज्या का एक वृत्त खींचो। उसके अन्तर्गत और परिगत प्रश्न ५–८ में दिये हुये प्रकार की आकृतियाँ खींचो। उनकी भुजा नापो और परिकलन द्वारा अपनी नाप की जाँच करो—

५—समबाहु त्रिभुज   ६— वर्ग

७—सम षड्भुज   ८—सम अष्टभुज

९—एक वृत्त के अन्तर्गत और परिगत सम षड्भुज खींचे गये हैं। उनके क्षेत्रफलों का अनुपात निकालो।

१०—△ का खा गा का अन्तःकेन्द्र के और का का सम्मुख बाह्य केन्द्र बा है। सिद्ध करो कि खा, गा, बा के संवृत्तीय हैं।

अध्याय १६

आयत और वर्ग (Rectangles & Squares)

प्रारम्भिक

कोई आयत का खा गा घा अपनी संलग्न भुजाओं का खा और का घा से घिरा हुआ कहलाता है।

आयत का क्षेत्रफल = का खा × का घा।

कभी-कभी हम आयत का खा गा घा को आयत का गा अथवा आयत खा घा भी कहते हैं। इसी आयत को आयंत का खा, का घा भी कह सकते हैं।

यदि किसी ऋजु रेखा का खा में कोई बिन्दु पा लिया जाय तो वह का खा को दो खण्डों में विभाजित करेगा।

उपरिलिखित चित्र में बिन्दु पा, का और खा के बीच में है और का खा बिन्दु पा पर अन्तर्विभक्त (Interally divided) है।

आसन्न चित्र में का खा को बढ़ाकर बिन्दु पा लिया गया है। इस दशा में रेखा का खा बिन्दु पा पर बर्हिर्विभक्त (Externally divided) है।

पहले चित्र में का खा = खण्ड का पा + खण्ड पा खा।

दूसरे चित्र में का खा = खण्ड का पा − खण्ड पा खा।

प्रमेय ५२

किसी अधिक कोण त्रिभुज में अधिक कोण की सम्मुख भुजा का वर्ग, अन्य दोनों भुजाओं के वर्गों और उन भुजाओं में से एक तथा उस पर दूसरी के विक्षेप द्वारा निर्मित आयत के दुगुने के योग के बराबर होता है।

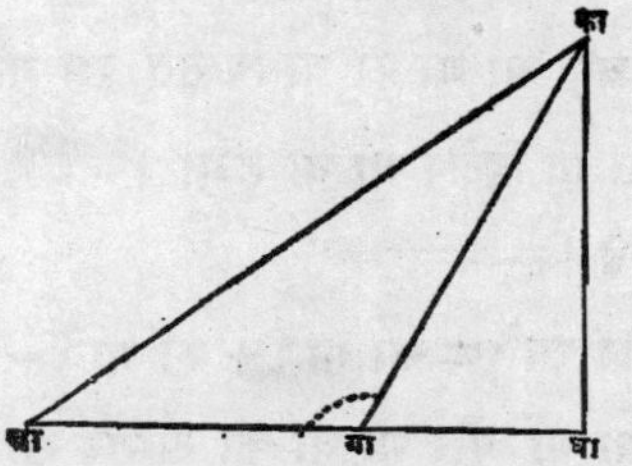

मान लो कि का खा गा एक △ है, जिसमें ∠ गा एक अधिक ∠ है।
खा गा को बढ़ाकर उस पर का से का घा ⊥ डालो।
अब खा गा पर का गा का विक्षेप गा घा हुआ।
तो यह सिद्ध करना है कि—

का खा^{2} = खा गा^{2} + गा का^{2} + २ खा गा. गा घा

उपपत्ति : ∵ खा घा = खा गा + गा घा

∴ खा घा^{2} = खा गा^{2} + गा घा^{2} + २ खा गा. गा घा

समीकरण में दोनों ओर का घा^{2} जोड़ने से—

खा घा^{2} + का गा^{2} = खा गा^{2} + (गा घा^{2} + का घा^{2}) + २खा गा. गा घा,

अर्थात् का खा^{2} = खा गा^{2} + गा का^{2} + २ खा गा. गा घा।

टिप्पणी : चूँकि गा एक अधिक ∠ है, अतः बिन्दु घा सदैव खा गा के बाहर ही पड़ेगा।

प्रमेय ५३

किसी △ में न्यून कोण की सम्मुख भुजा का वर्ग, अन्य दोनों भुजाओं के वर्गों, तथा एक भुजा और उस पर दूसरी के विक्षेप द्वारा निर्मित आयत के दुगुने के अन्तर के बराबर होता है।

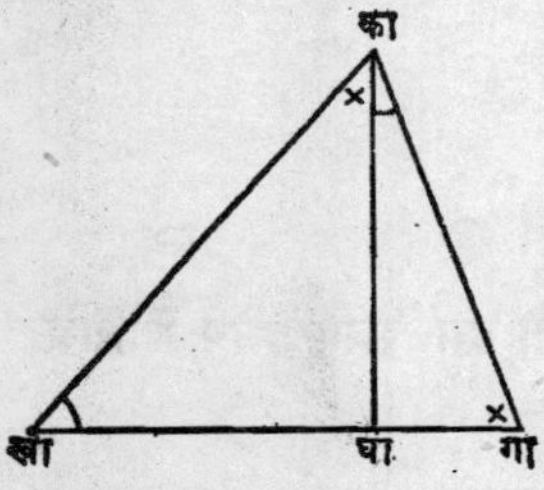

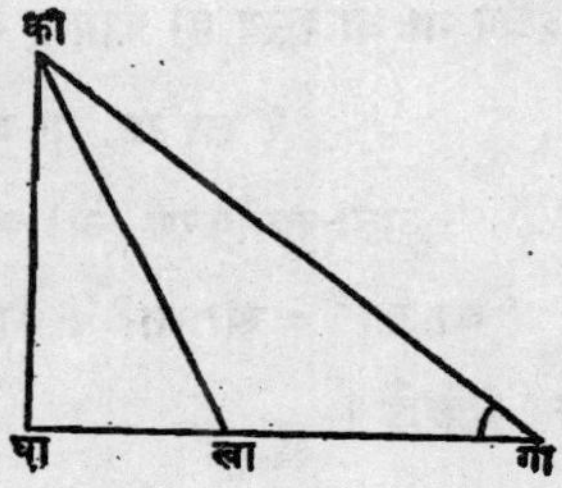

मान लो कि का खा गा एक △ है, जिसमें ∠ गा एक न्यून ∠ है।

मान लो कि का घा, खा गा पर या विस्तृत खा गा पर ⊥ है।

तो खा गा पर का गा विक्षेप गा घा हुआ।

यह सिद्ध करना है कि—

$$\text{का खा}^2 = \text{खा गा}^2 + \text{का गा}^2 - 2\ \text{खा गा. गा घा} \quad (\text{अ})$$

उपपत्ति : ∵ खा गा और गा घा का अन्तर खा घा है

$$\therefore \text{खा घा}^2 = \text{खा गा}^2 + \text{गा घा}^2 - 2\ \text{खा गा. गा घा}$$

समीकरण के दोनों ओर का घा^{2} जोड़ने से, खा घा^{2} + का घा^{2} = खा गा^{2} + (गा घा^{2} + का घा^{2}) − २ खा गा. गा घा

अर्थात् का खा^{2} = खा गा^{2} + का गा^{2} − २ खा गा. गा घा।

टिप्पणी :

१—यदि △ न्यून कोणीय है, तो घा, खा और गा के बीच में पड़ेगा; यदि △ अधिक कोणीय है तो घा, खा गा के बाहर पड़ेगा।

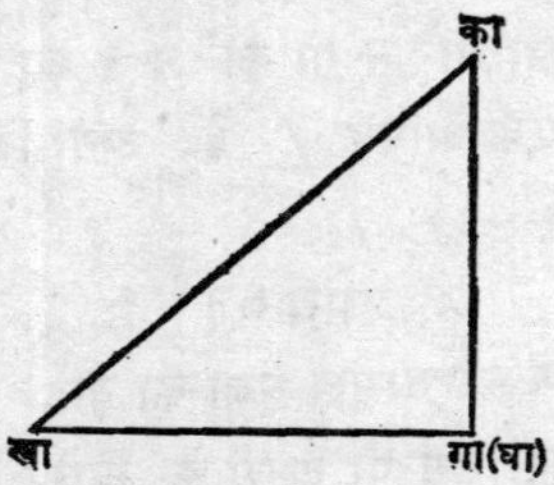

२—यदि △ लम्बकोणीय है, तो बिन्दु गा और घा संपाती हो जायेंगे, विक्षेप गा घा शून्य हो जायगा और

$$2\ \text{खा गा. गा घा} = 0$$

अतः समीकरण (अ) का रूप

का खा^{2} = खा गा^{2} + का गा^{2} हो जायगा, जो हम शुल्ब प्रमेय में सिद्ध कर चुके हैं।

प्रमेय ५२, ५३ का सारांश

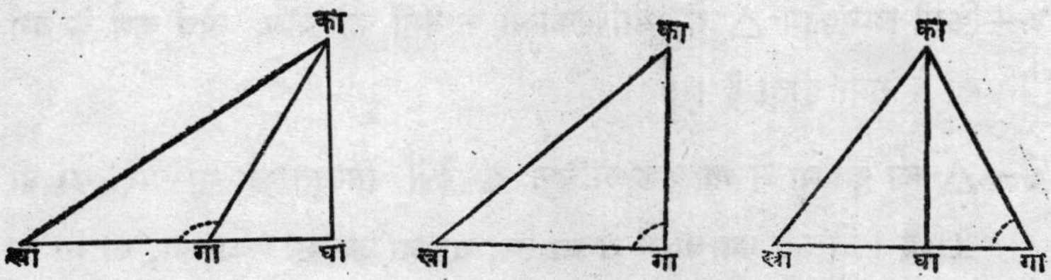

(क) यदि कोण गा एक अधिक ∠ है, तो—

का खा^{2} = खा गा^{2} + का गा^{2} + २ खा गा, गा घा । (प्रमेय ५२)

(ख) यदि ∠ गा एक लम्ब कोण है, तो—

का खा^{2} = खा गा^{2} + का गा । (प्रमेय ३५)

(ग) यदि ∠गा एक न्यून कोण है, तो—

का खा^{2} = खा गा^{2} + का गा^{2} − २ खा गा, गा घा । (प्रमेय ५३)

प्रश्नावली ६५

१—(क) प्रमेय ५२ में यदि ∠गा = १२०° तो ग^2 का क्या मान होगा ?

(ख) यदि प्रमेय ५२ में ∠ गा = ६०° तो ग^2 का क्या मान होगा ?

२—निम्नलिखित त्रिभुजों में ज्ञात करो कि ∠गा अधिक ∠, लम्ब ∠ अथवा न्यून ∠ है ।

क = ६ से० मी०, ख = ८ से० मी ।

(i) ग = ९ से० मी०, (ii) ग = १० से० मी०, (iii) ग = ११ से०मी० ।

(iii) में बिना रचना या गणना के सिद्ध करो कि ∠खा एक न्यून ∠ है ।

३—एक $\triangle$ की भुजायें क्रमशः ४·२″, ३·४″ और २″ है। दूसरी भुजा का पहली भुजा पर लम्बकोणीय विक्षेप ज्ञात करो।

४—किसी लम्बकोण $\triangle$ में माध्यिकाओं के वर्गों का योग, अर्ध कर्ण के बर्ग का ६ गुना होता हैं।

५—$\triangle$ का खा गा में गा एक अधिक $\angle$ है। विस्तृत खा गा पर का घा $\perp$ है। विस्तृत का घा में से घा छा, घा जा क्रमशः का खा, का गा के बराबर काटी गई हैं। सिद्ध करो कि—छा गा = जा खा।

६—किसी समान्तर चतुर्भुज में भुजाओं के वर्गों का योग विकर्णों के वर्गों के योग के समान होता है।

७—यदि चतुर्भुज का खा गा घा में का खा $\|$ गा घा, तो सिद्ध करो कि—

$$\text{का गा}^2 + \text{खा घा}^2 = \text{का घा}^2 + \text{खा गा}^2 + 2\ \text{का खा. गा घा}$$ ।

८—समद्विबाहु $\triangle$ का खा गा में आधार खा गा के एक सिरे खा से का गा पर $\perp$ का घा डाला गया है। सिद्ध करो कि—

$$\text{गा घा. गा का} = \text{खा गा}^2$$ ।

९—$\triangle$ का खा गा में यदि $\angle$का = ६०°, तो सिद्ध करो कि :—

$$\text{क}^2 = \text{ख}^2 + \text{ग}^2 - \text{ख ग}$$ ।

१०–किसी $\triangle$ का खा गा में यदि $\text{ग}^2 + \text{क ख} = \text{क}^2 + \text{ख}^2$, तो सिद्ध करो कि $\angle$गा = ६०°।

११–का खा गा एक समद्विबाहु लम्बकोण $\triangle$ है। कर्ण खा गा में पा कोई बिन्दु है। सिद्ध करो कि $2\ \text{का पा}^2 = \text{खा पा}^2 + \text{गा पा}^2$।

१२–का खा गा एक समद्विबाहु लम्बकोण $\triangle$ है। विस्तृत कर्ण खा गा में घा कोई बिन्दु है। यदि $\text{का घा}^2 = \text{घा खा}^2 + 3\ \text{खा का}^2$ तो सिद्ध करो कि घा खा = खा गा।

प्रमेय ५४

किसी△ में दो भुजाओं के वर्गों का योग, तीसरी अर्ध-भुजा के वर्ग तथा तीसरी भुजा को अधियाने वाली माध्यिका के वर्ग के योग का दुगुना होता है।

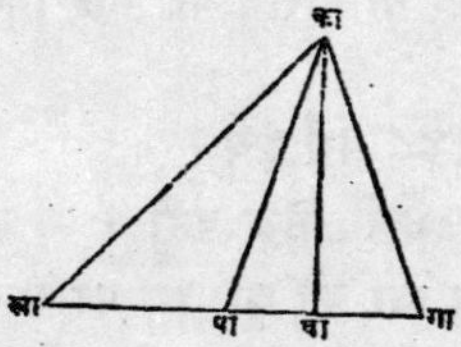

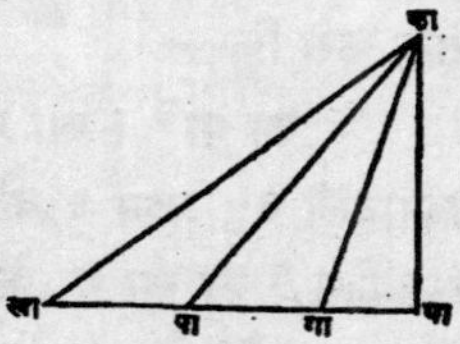

मान लो कि का खा गा एक△है, जिसकी एक माध्यिका-का पा है।

तो यह सिद्ध करना है कि—

का खा^{2} + का गा^{2} = २ (खा पा^{2} + का पा^{2})

खा गा पर का घा ⊥ डालो।

∠का पा खा और∠का पा गा में से एक अधिक होगा, दूसरा न्यून;

मान लो कि ∠का पा खा अधिक∠है।

अब△का पा खा में—

का खा^{2} = खा पा^{2} + का पा^{2} + २ खा पा . पा घा (प्रमेय ५२)

और △ का पा गा में—

का गा^{2} = गा पा^{2} + का पा^{2} − २ गा पा. पा घा (प्रमेय ५३)

और खा पा = पा गा।

अतः दोनों समीकरणों को जोड़ने से—

का खा^{2} + का गा^{2} = २ (खा पा^{2} + का पा^{2})।

टिप्पणी :

यह प्रमेय ऐपोलोनियस का प्रमेय कहलाता है।

उपप्रमेय :

१—का खा^{2} ∼ का गा^{2} = २ खा गा . पा घा।

२—ऋजु रेखा का खा बिन्दु पा पर अर्धित है और बिन्दु फा पर अन्तर्विभक्त या बहिर्विभक्त। सिद्ध करो कि—

का फा^{2} + फा खा^{2} = २ (का पा^{2} + पा फा^{2})।

प्रश्नावली ६६

१—△का खा गा में आधार खा गा का मध्यबिन्दु पा है। यदि क = १३″ ख = ५″, ग = १२″ तो माध्यिका का पा और ∠का के मान बताओ।

२—रेखा का खा १०″ लम्बी है : उसके मध्यबिन्दु मू से ७″ की त्रिज्या लेकर एक ⊙ खींचा गया है। यदि पा परिधि पर कोई बिन्दु है तो सिद्ध करो कि—

$$\text{का पा}^2 + \text{खा पा}^2 = \text{१४८ वर्ग इंच}$$

३—प्रश्नावली ६५ प्रश्न ६ को प्रमेय ५४ से सिद्ध करो।

४—लम्बकोण △ का खा गा के कर्ण का खा को घा, चा पर समत्रिभाजित किया गया है और गा घा, गा चा को जोड़ा गया है। सिद्ध करो कि ३ (गा घा^{2} + घा चा^{2} + गा चा^{2}) = २ का खा^{2}।

५—मू त्रिभुज का खा गा का केन्द्रव है। सिद्ध करो कि—

$$\text{क}^2 + \text{ख}^2 + \text{ग}^2 = \text{३} (\text{मू का}^2 + \text{मू खा}^2 + \text{मू गा}^2)$$

इस साध्य की सहायता से सिद्ध करो कि किसी △ में भुजाओं के वर्गों के योग का तिगुना, माध्यिकाओं के वर्गों के योग का चौगुना होता है।

६—का खा गा और घा खा गा दो △ एक ही आधार पर समान उच्चताओं के हैं। यदि △ का खा गा समद्विबाहु हो, तो सिद्ध करो कि—

$$\text{का खा}^2 + \text{का गा}^2 < \text{घा खा}^2 + \text{घा गा}^2$$

७—एक △ का आधार ६″ लम्बा है। यदि दोनों भुजाओं के वर्गों का योग १७० वर्ग इंच हो, तो शीर्ष का बिन्दुपथ ज्ञात करो।

८—▱ का खा गा घा के विकर्ण जा पर मिलते हैं और पा उसके अन्दर कोई बिन्दु है। सिद्ध करो कि—

$$\text{पा का}^2 + \text{पा खा}^2 + \text{पा गा}^2 + \text{पा घा}^2 = \text{का खा}^2 + \text{खा गा}^2 + \text{४ पा जा}^2$$

९—का खा गा घा एक समान्तर चतुर्भुज है। बिन्दु पा इस प्रकार चलता है कि पा का^{2} + पा खा^{2} = पा गा^{2} + पा घा^{2}। पा का बिन्दुपथ ज्ञात करो।

१०—का खा गा घा एक समान्तर चतुर्भुज है। पा एक ऐसा बिन्दु है कि पा का^{2} + पा गा^{2} = पा खा^{2} + पा घा^{2}। सिद्ध करो कि का खा गा घा एक आयत है।

११—आयत का खा गा घा के अन्दर मू कोई बिन्दु है। सिद्ध करो कि—
मू का^{2} + मू गा^{2} = मू खा^{2} + मू घा^{2} ।

१२—किसी चतुर्भुज में जो रेखायें सम्मुख भुजाओं के मध्य-बिन्दु को मिलाती हैं, उनके वर्गों का योग, विकर्णों के वर्गों के योग के समान होता है।

१३—चतुर्भुज का खा गा घा में विकर्णों के मध्य बिन्दु चा, छा हैं। सिद्ध करो कि—

का खा^{2} + खा गा^{2} = गा घा^{2} + घा का^{2} =
का गा^{2} + खा घा^{2} + ४ चा छा^{2}

१४—चतुर्भुज का खा गा घा की भुजायें का खा, खा गा, गा घा, घा का के मध्यबिन्दु क्रमशः चा, छा, जा, झा हैं। सिद्ध करो कि—

खा गा^{2} + का घा^{2} + का गा^{2} + खा घा^{2} =
का खा^{2} + गा घा^{2} + ४ चा जा^{2}

प्रमेय ५५

यदि किसी वृत्त की दो जीवायें वृत्त के भीतर किसी बिन्दु पर परस्पर काटे, तो उनके खंडों द्वारा निर्मित आयत समान होंगे।

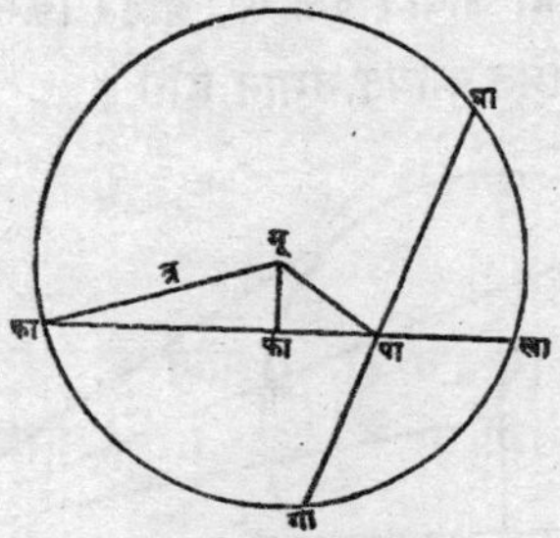

मान लो कि ⊙ का खा गा की जीवायें का खा और गा घा बिन्दु पा पर परस्पर काटती हैं। तो यह सिद्ध करना है कि आयत का पा, पा खा = आयत गा पा, पा घा।

मान लो कि ⊙ की त्रिज्या त्र और केन्द्र मू है

मू का, मू पा को मिलाओ

मू से का खा पर मू फा ⊥ डालो

अब फा, का खा का मध्य-बिन्दु हुआ।

उपपत्ति : आयत का पा, पा खा = (का फा + फा पा) (फा खा − पा फा)

= (का फा + फा पा) (का फा − पा फा)

= का फा^{2}—फा पा^{2}

= (का फा^{2} + मू फा^{2}) − (फा पा^{2} + मू फा^{2})

= त्र^2—मू पा^{2}

इसी प्रकार हम यह सिद्ध कर सकते हैं कि

आयत गा पा, पा घा = त्र^2 − मू पा^{2}

अतः आयत का पा, पा खा = आयत गा पा, पा घा ।

विलोमतः यदि दो ऋजु रेखायें का खा, गा घा बिन्दु पा पर इस प्रकार परस्पर काटें कि आयत का पा, पा खा = आयत गा पा, पा घा तो बिन्दु का, खा, गा, घा संवृत्तीय होंगे । [अनिष्ट प्रदर्शन द्वारा]

उपप्रमेय : उपर्युक्त प्रमेय में प्रत्येक आयत उस जीवा की आधी के वर्ग के तुल्य होगा, जो उस बिन्दु पर अर्धित होती है ।

प्रमेय ५६

यदि किसी वृत्त की दो जीवायें वृत्त के बाहर किसी बिन्दु पर परस्पर काटे तो उनके खण्डों द्वारा निर्मित आयत समान होंगे ।

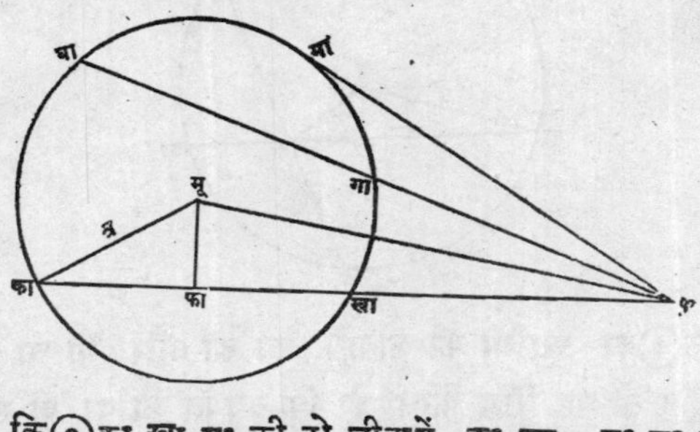

मान लो कि ⊙ का खा गा की दो जीवायें का खा, गा घा वृत्त के बाहर, बिन्दु पा पर परस्पर काटती हैं ।

तो यह सिद्ध करना है कि आयत का पा, पा खा = आयत गा पा, पा घा

मान लो कि वृत्त का केन्द्र मू और त्रिज्या त्र है

मू का, मू पा को मिलाओ ।

मू से का खा पर मू फा | डालो।

अब फा, का खा का मध्य बिन्दु हुआ।

उपपत्ति : आयत का पा, पा खा = (फा पा + का फा) (फा पा − खा फा)

= (फा पा + का फा) (फा पा − का फा)

= फा पा^{2} − का फा^{2}

= (फा पा^{2} + मू फा^{2}) − (का फा^{2} + मू फा^{2})

= मू पा^{2} − त्र^2 ।

इसी प्रकार हम यह सिद्ध कर सकते हैं कि—

आयत पा गा, पा घा = मू पा^{2} − त्र^2

अतः आयत का पा, पा खा = आयत गा पा, पा घा।

विलोमतः यदि दो विस्तृत ऋजु रेखायें का खा, गा घा बिन्दु पा पर परस्पर इस प्रकार काटें कि आयत का पा, पा खा = आयत गा पा, पा घा तो बिन्दु का, खा, गा, घा संवृत्तीय होंगे। [अनिष्ट प्रदर्शन द्वारा]

उपप्रमेय :

१—उपर्युक्त प्रमेय में प्रत्येक आयत बिन्दु पा से वृत्त पर डाले गए स्पर्शी के वर्ग के तुल्य होगा।

२—दो वृत्तों की सामान्य जीवा के किसी बिन्दु से दोनों वृत्तों को खींचे गए स्पर्शी समान होते हैं।

टिप्पणी : प्रमेय ५५ और ५६ की प्रतिज्ञाओं को मिला कर इस प्रकार लिख सकते हैं :—

"यदि किसी वृत्त की दो जीवायें किसी बिन्दु पर परस्पर काटें तो, उनके खण्डों द्वारा निर्मित आयत समान होंगे।"

प्रश्नावली ६७

१—प्रमेय ५६ से सिद्ध करो कि किसी बिन्दु से किसी वृत्त को खींचे गए स्पर्शी समान होते हैं।

२—दो ⊙ बहिरस्पर्शी हैं। सिद्ध करो कि स्पर्श बिन्दु पर खींचे गए सामान्य स्पर्शी के किसी बिन्दु से दोनों वृत्तों को खींचे गए स्पर्शी समान होंगे।

३—लम्बकोण △ का खा गा में लम्बकोण का से कर्ण खा गा पर गा घा |

डाला गया है । सिद्ध करो कि का घा^{2} = खा घा. घा गा ।
तथा सिद्ध करो कि खा. घा खा गा = खा का^{2} ।

४—किसी ⊙ में एक जीवा की लम्बाई २ ग है। जीवा के चाप की उच्चता झ है और वृत्त की त्रिज्या त्र है। सिद्ध करो कि झ (२त्र − झ) = ग^2 । किसी वृत्त की एक जीवा १६ से॰ मी॰ की है। यदि जीवा के चाप की उच्चता ४ से॰ मी॰ है, तो वृत्त का व्यास बताओ ।

५—दो प्रतिच्छेदक वृत्तों की सामान्य जीवा सामान्य स्पर्शियों को अधियाती है ।

६—यदि तीन ⊙ परस्पर काटें तो, उनमें से प्रत्येक जोड़े की सामान्य जीवायें संगामी होंगी ।

७—दो वृत्तों की सामान्य जीवा पर पा कोई बिन्दु है । यदि पा से दो जीवायें का खा, गा घा क्रमशः दोनों वृत्तों में खींची जायँ, तो बिन्दु का, खा, गा, घा संवृत्तीय होंगे ।

८—एक गेंद जिसका व्यास ४" है, एक समतल मेज़ पर लुढ़क कर एक छेद में गिर पड़ती है जिसका व्यास २·५" है । गेंद की चोटी मेज से कितनी ऊँची रहेगी ।

९—एक विद्युत् के तार का वित्ता (Span) १०० फुट और उसके मध्य का अवपात ६" है । यदि तार एक वृत्तीय चाप की आकृति का हो, तो उसकी त्रिज्या बताओ ।

१०—एक वृत्तीय चाप की उच्चता झ और त्रिज्या त्र है । यदि आधे चाप की जीवा ग है तो सिद्ध करो कि ग^2 = २ त्र झ ।

११—किसी वृत्त के एक स्थिर व्यास का खा के दोनों सिरों पर स्पर्शी खींचे गए हैं । एक तीसरा स्पर्शी इन दोनों को भा, मा पर काटता है । सिद्ध करो कि का भा. खा मा का अचर राशि है ।

१२—किसी वृत्त को, जिसका केन्द्र गा और त्रिज्या त्र है, एक बाह्य बिन्दु का से दो स्पर्शी खींचे गए हैं । यदि का गा स्पर्श जीवा को ना पर काटती है, तो सिद्ध करो कि गा ना. गा का = त्र^2 ।

१३—एक वृत्त की त्रिज्या २·५" है और एक बिन्दु पा केन्द्र से १·५" की दूरी पर स्थित है । उस जीवा का मान बताओ जो पा पर ऐसे दो खण्डों में विभक्त होता है, जिनमें से एक दूसरे का दुगुना हो ।

निर्मेय २९

एक आयत के समान क्षेत्रफल वाले एक वर्ग का निर्माण करना।

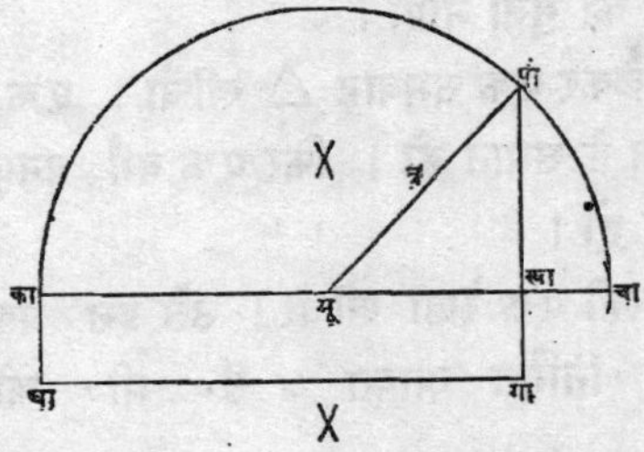

मान लो कि का खा गा घा निर्दिष्ट आयत है। का खा को चा तक इस प्रकार बढ़ाओ कि खा चा = खा गा।

मान लो कि का चा का मध्य बिन्दु मू है।

का चा को व्यास मान कर एक अर्धवृत्त खींचो।

गा खा को बढ़ाओ ताकि वह परिधि से पा पर मिले।

तो खा पा अभीष्ट वर्ग की भुजा होगी।

मान लो कि खा पा = त्र

उपपत्ति : आयत का खा . खा गा = का खा . खा चा

= (का मू + मू खा) (मू चा − मू खा)

= (का मू + मू खा) (का मू − मू खा)

= का मू^{2} − मू खा^{2}

= त्र^2 − मू खा^{2}

= खा पा^{2}

उपनिर्मेय : दी हुई ऋजुरेखीय आकृति के समान क्षेत्रफल वाला एक वर्ग खींचना।

प्रश्नावली ६८

१—३″ और २″ की भुजाओं पर एक आयत खींचो और एक वर्ग बनाओ जो क्षेत्रफल में आयत के बराबर हो।

२—एक अधिक कोण △ का ख ग गा खींचो, जिसमें—

ख = ७·३ सें० मी०, ग = ५·१ सें० मी०; और का से क पर डाला गया ⊥ ४ सें० मी० है। एक वर्ग खींचो जो क्षेत्रफल में इस △ के बराबर हो। वर्ग की भुजा नापो।

३—४″ लम्बी भुजा लेकर एक समबाहु △ खींचो। एक आयत बनाओ जो क्षेत्रफल में त्रिभुज के समान हो। फिर एक वर्ग बनाओ जो क्षेत्रफल में आयत के बराबर हो।

४—१० सें० मी० लम्बी एक रेखा खींचो। उसे इस प्रकार अन्तर्विभाजित करो कि खण्डों से निर्मित आयत ४ सें० मी० की भुजा के वर्ग के बराबर हो।

इस प्रकार निम्नलिखित समीकरणों का साधन करो :—

य + र = १०; य र = १६ ।

५—५″ लम्बी एक रेखा खींचो। उसे इस प्रकार बहिर्विभाजित करो कि खण्डों से निर्मित आयत ६″ की भुजा के वर्ग के बराबर हो।

इस प्रकार निम्नलिखित समीकरणों का साधन करो :—

य − र = ५; य र = ३६ ।

उत्तरमाला

प्रश्नावली १

(१) [क] (१) ३५° (२) ६७½ (३) ४१°
[ख] (१) ५५° (२) १७६° (३) १०८°

(२) [क] ३०° [ख] १५०°

(५) १३०°, ५०°, १३०°; तीनों कोण लम्बकोण होंगे।

(६) १४०°, ५०° (८) १४७° (९) १०५°, ३¾ बजे

प्रश्नावली २

(४) नहीं, १. नहीं २. नहीं ३. नहीं।

प्रश्नावली ५

(१) १३५°, ४५°, १३५°

(२) (१) १४०° (२) १०५° (३) १०५° (४) १४०° (५) ४०°, (६) १४०°, (७) ४०° (८) ३५° (९) १४५° (१०) ७५°

प्रश्नावली ७

(१) [अ] हाँ [आ] नहीं [इ] नहीं (२) [क] ३०°, ६०°, ९०°, [ख] २०°, ६०°, १००° (३) ३०°, ६०° (४) ३०°, ६०° ९०°, ४५°, ४५°, ९०° (५) ५५° (६) ३६° (७) ५७° (८) ८०°, १००° (९) ३६°, ७२°, १०८°, १४४°।

प्रश्नावली ८

(१) [अ] ४ [आ] १० [इ] १२ (२) ३ (३) [अ] ४ [आं] ६ (४) १४५° (६) ३०°, १२०°, ३००°, ९०°, १२०°, १५०° २१०°, ६०°।

प्रश्नावली ९

(२) [अ] ४ [आ] ४ (३) ९०° (४) [अ] ६ [आ] १५ (६) ∠का खा खी पर घूमें, ३६०° ।

प्रश्नावली ११

(२) एक, तीन (३) [अ] ४५°, ४५° [आ] ४०°, १००° [इ] ६२·५°, ६२·५° (४) २ (आधार कोण)

प्रश्नावली १५

(१) [अ] नहीं [आ] हाँ [इ] नहीं [ई] हाँ [उ] हाँ [ऊ] नहीं [ए] हाँ

प्रश्नावली २४

(१) का खा, खा गा, का गा (२) पा फा

प्रश्नावली २५

(१) [अ] नहीं [आ] नहीं [इ] हाँ (३) नहीं

प्रश्नावली ३६

(५) ११·८′

प्रश्नावली ४०

(२) [अ] वृत्त : त्रिज्या २·५ से० मी०; केन्द्र आधार का मध्य बिन्दु [आ] वृत्त : त्रिज्या दी हुई भुजा; केन्द्र आधार का एक सिरा (५) [अ] लम्बार्द्धक (७) एक समान्तर रेखा

प्रश्नावली ४१

(१) ३०९७६०० वर्ग गज (४) ३·४ वर्ग इंच [आ] ८ से० मी०

प्रश्नावली ४२

(१) ५ वर्ग इंच, ७ से० मी०, २४·९′ (२) २२·८ वर्गफ़ुट (३) १० वर्ग इंच

प्रश्नावली ४७

(१) $\sqrt{७}''$ (२) १·६ से० मी०

प्रश्नावली ४९

(१) ३·१ से० मी० (२) $२\sqrt{५}''$

प्रश्नावली ५१

(४) ४″

प्रश्नावली ५४

(१) [अ] $(१८० - य - र)^\circ$, $२(१८० - य - र)^\circ$

[आ] ल°, २ल°, $(९० - ल)^\circ$

प्रश्नावली ५६

(१६) फा = बा = २ पा

प्रश्नावली ५७

(७) ·५ से० मी०; ४ से० मी०

प्रश्नावली ६०

(१७) ६०°, १२०°, ६०°, १२०°

प्रश्नावली ६१

(१) ७·५ से० मी० (४) ३·९ से० मी०

प्रश्नावली ६५

(१) [क] $क^२ + ख^२ + क ख$ [ख] $क^२ + ख^२ - क ख$ ।

(२) (i) न्यून (ii) लम्ब (iii) अधिक (३) ३″

प्रश्नावली ६६

(१) ६·५″, ९०°

प्रश्नावली ६७

(४) २० से० मी० (८) ३·५६″ (९) २५००·२५′ (१३) $३\sqrt{२}$